步进电动机控制电路

电子秤电路

出租车计价器电路

综合报警系统电路

空调器电路

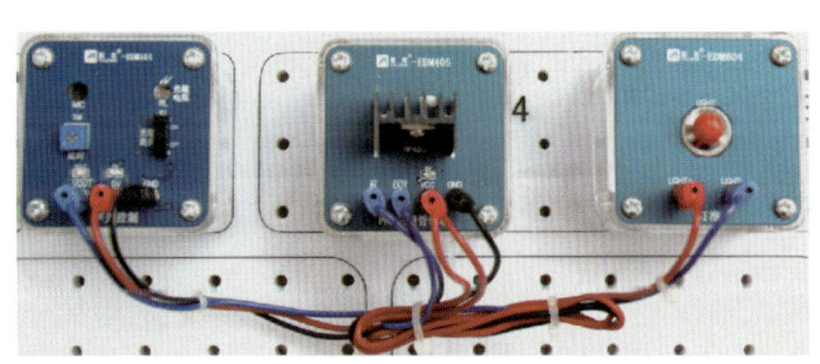

声光控制灯电路

频率计电路

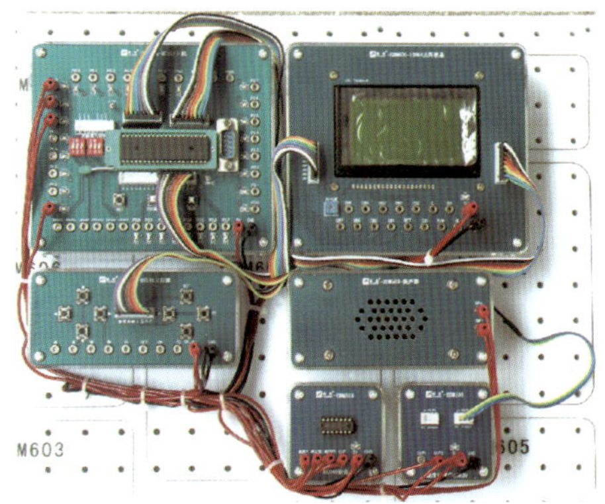

电子语音万年历电路

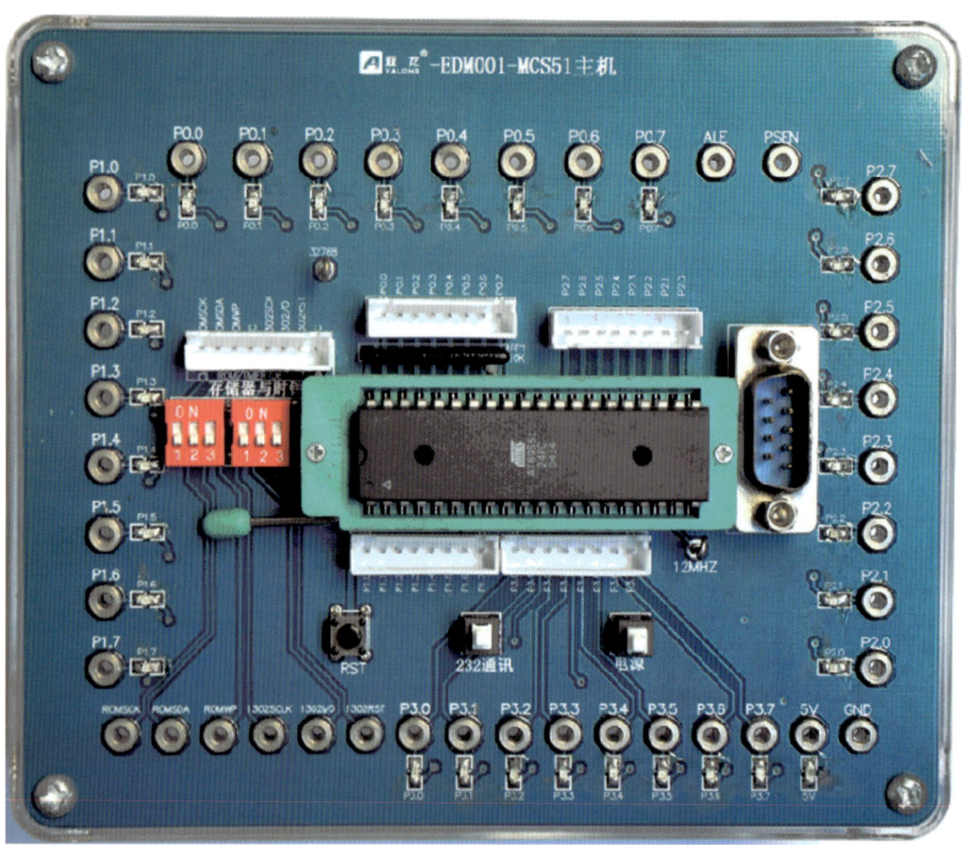

EDM001

EDM002

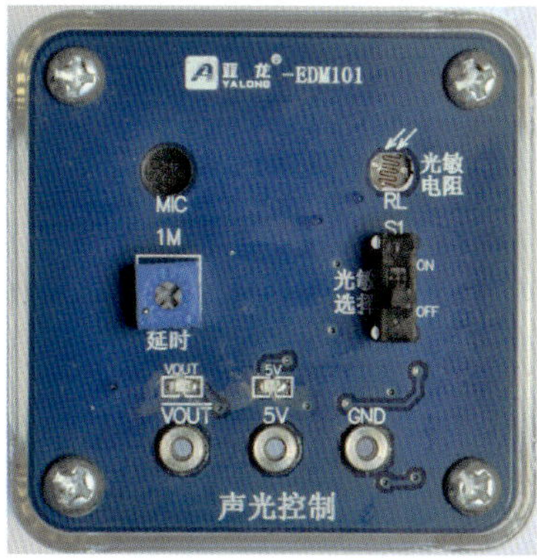

EDM101

EDM102

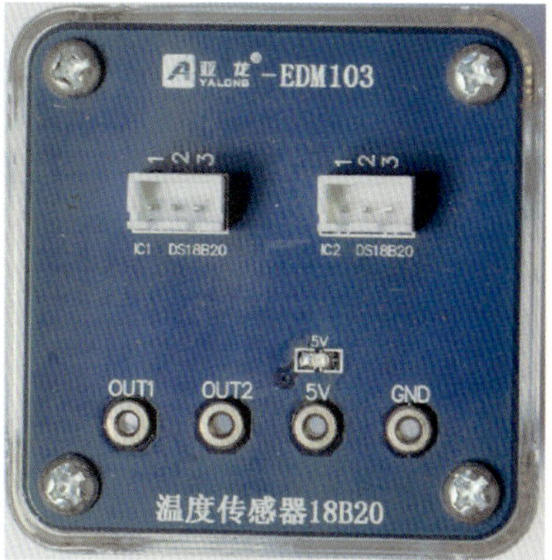

EDM103

EDM105

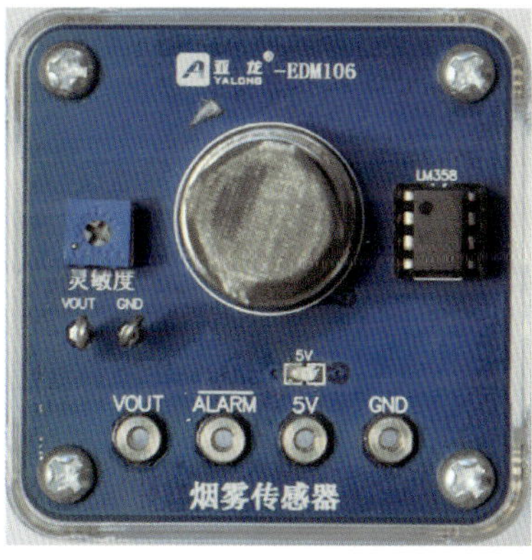

EDM106

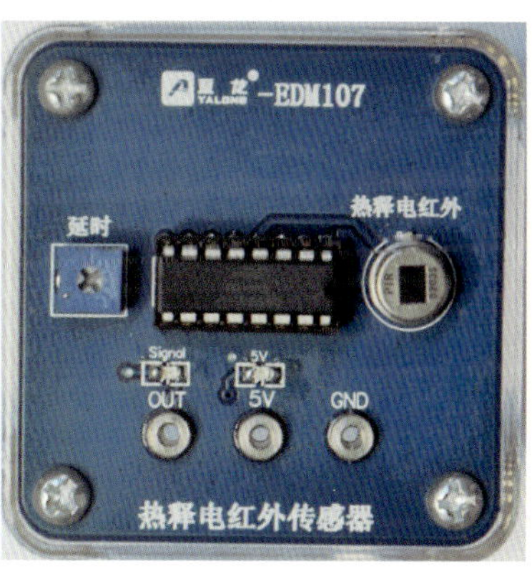

EDM107

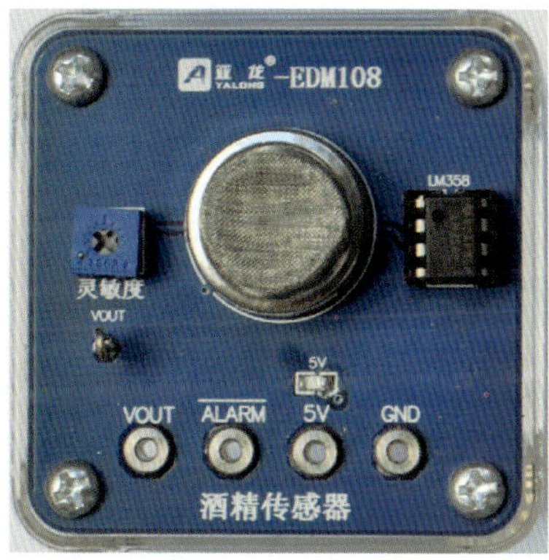

EDM108

EDM109

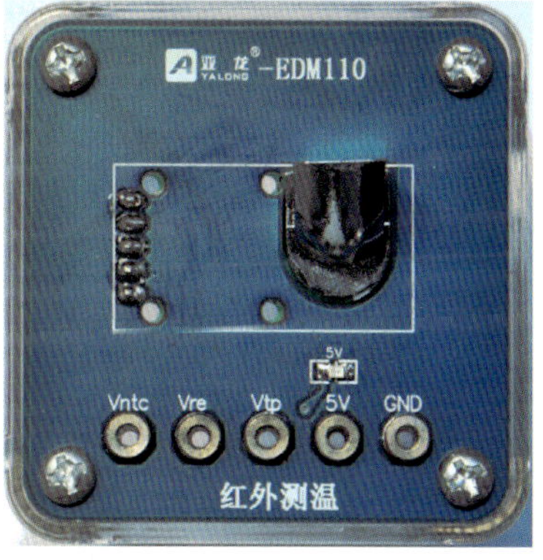

EDM110

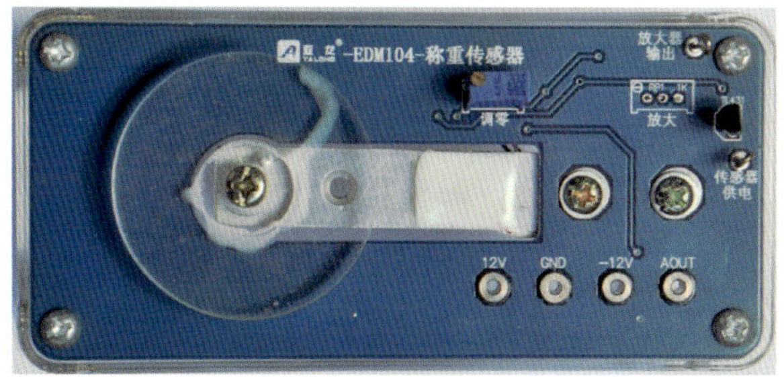

EDM104

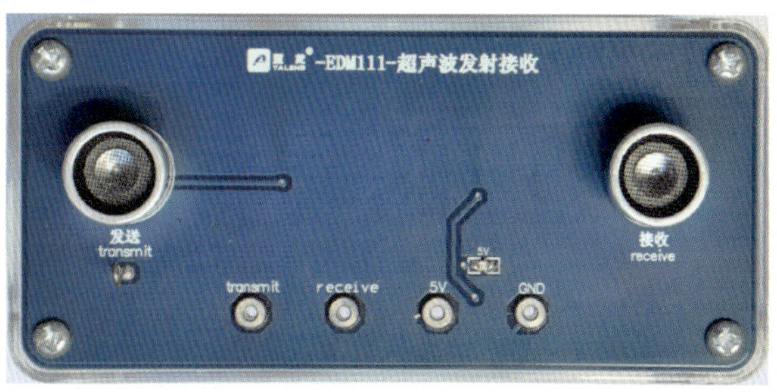

EDM111

EDM112

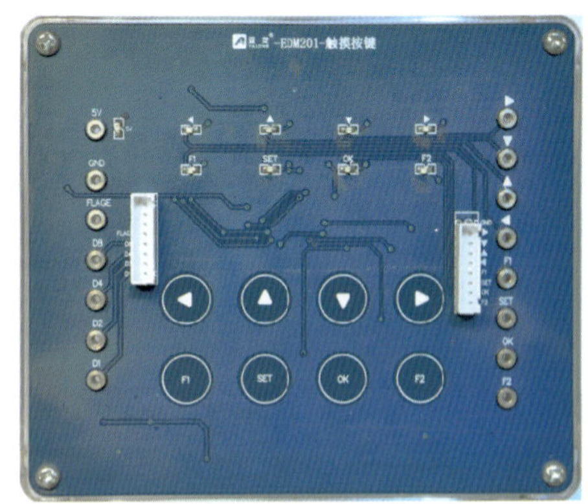
EDM201

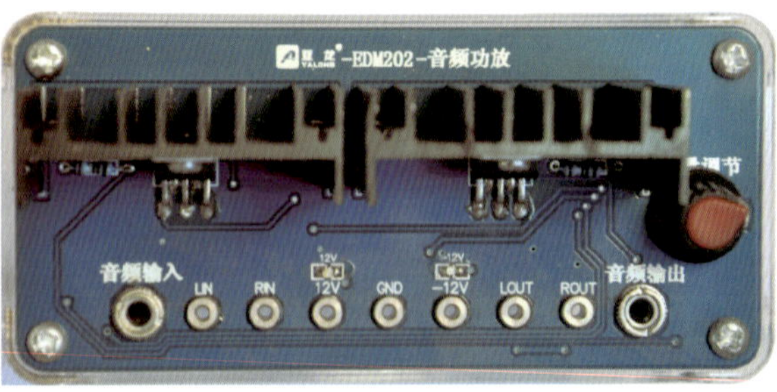

EDM202

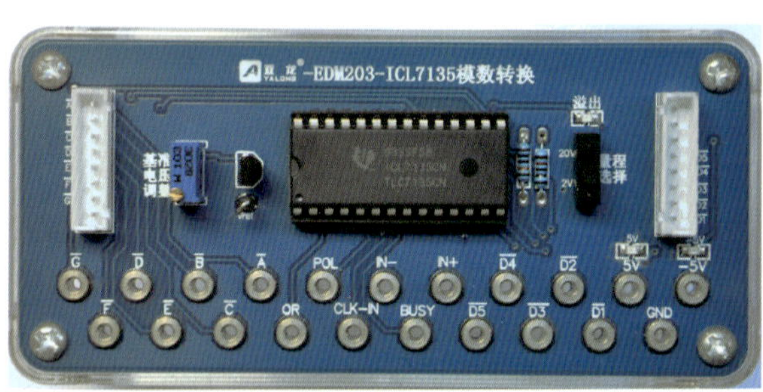

EDM203

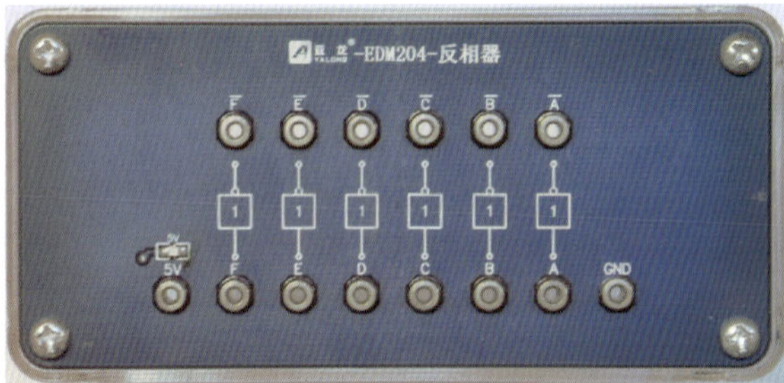

EDM204

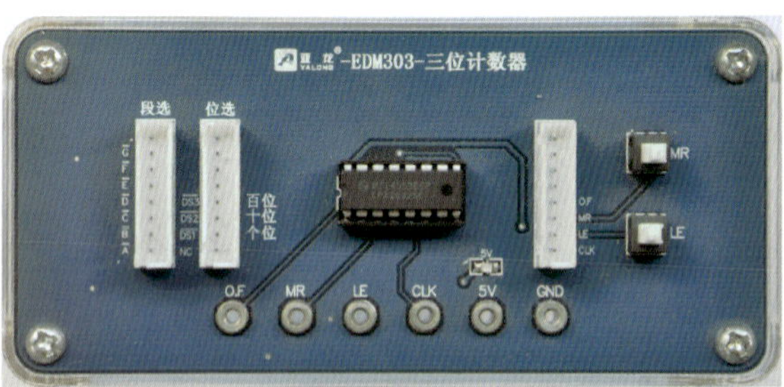

EDM303

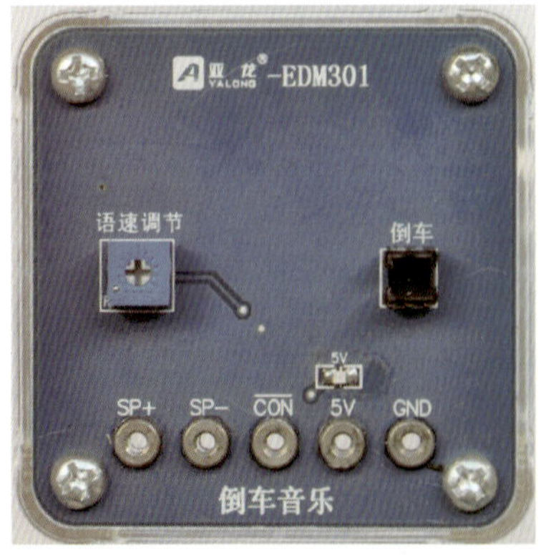

EDM301

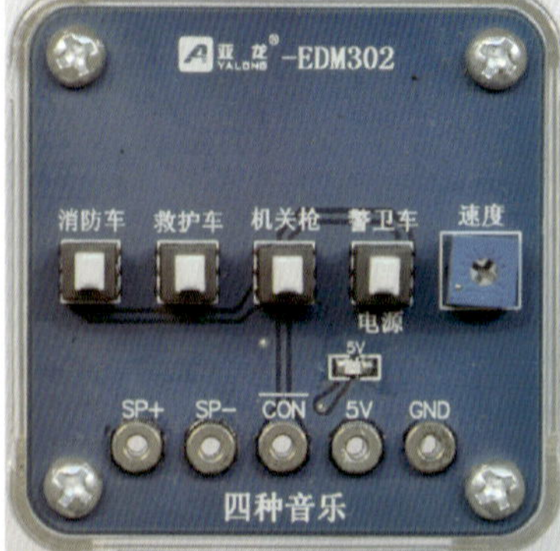

EDM302

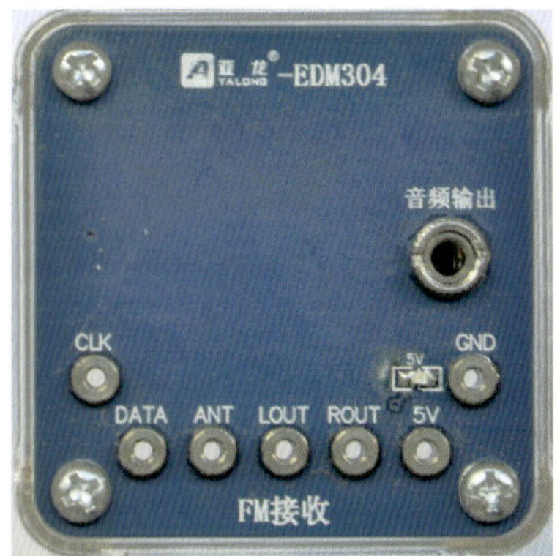

EDM304

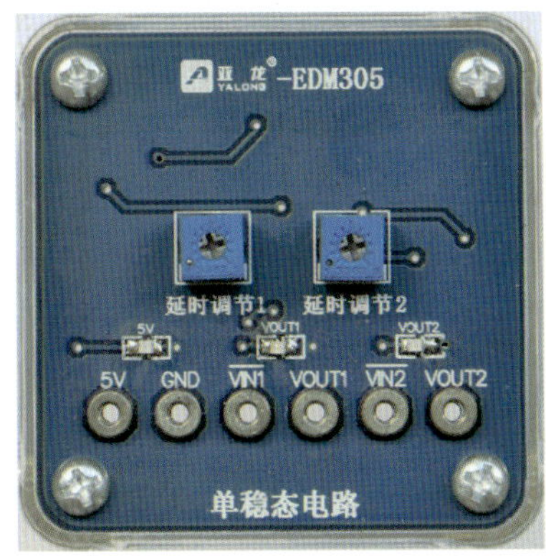

EDM305

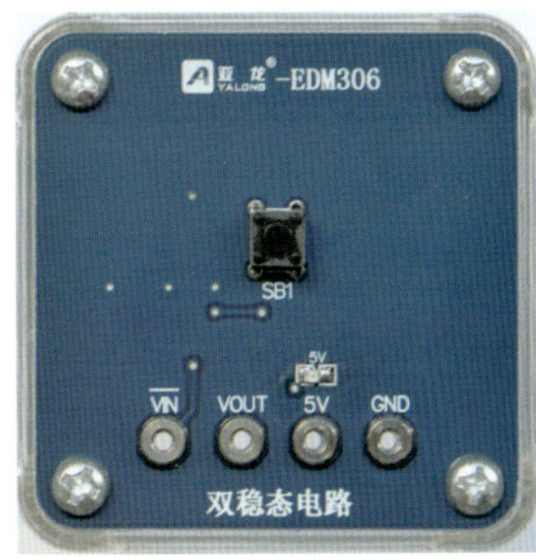

EDM306

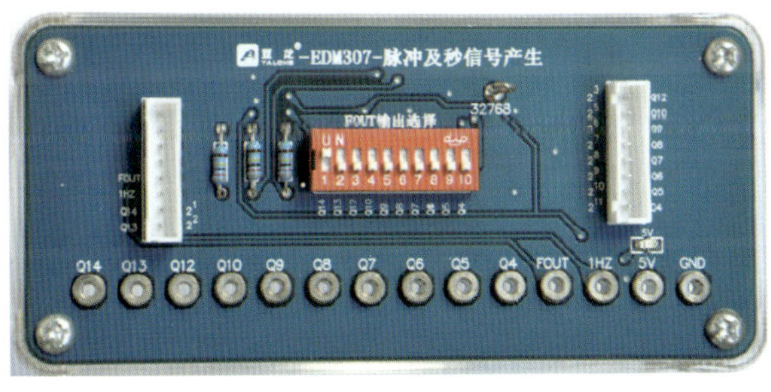

EDM307

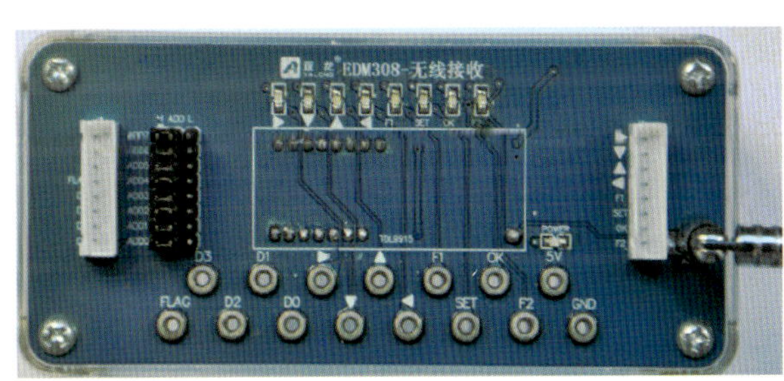

EDM308

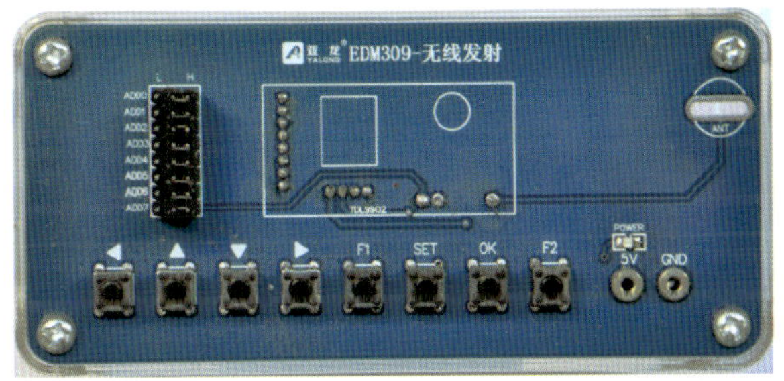

EDM309

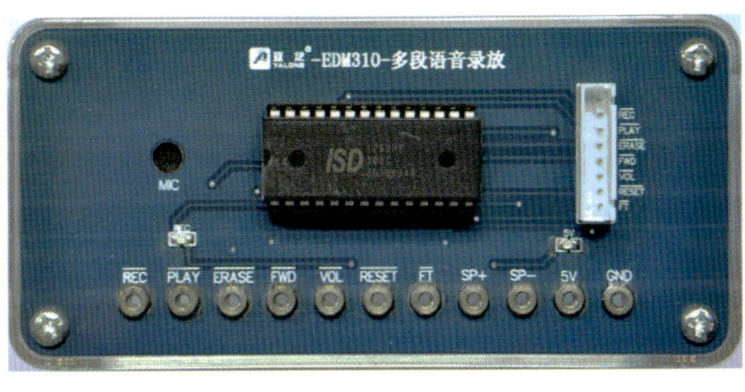

EDM310

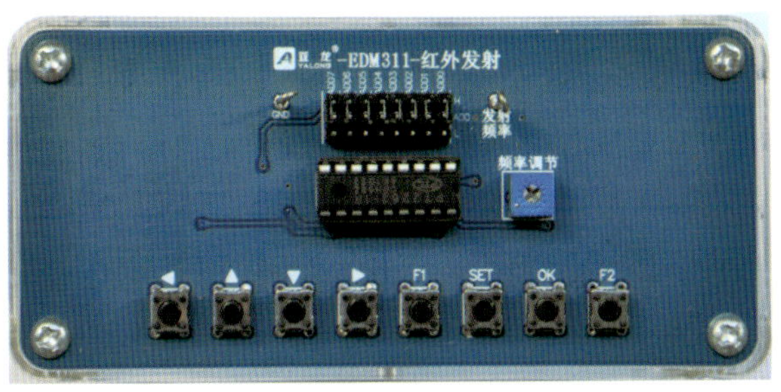

EDM311

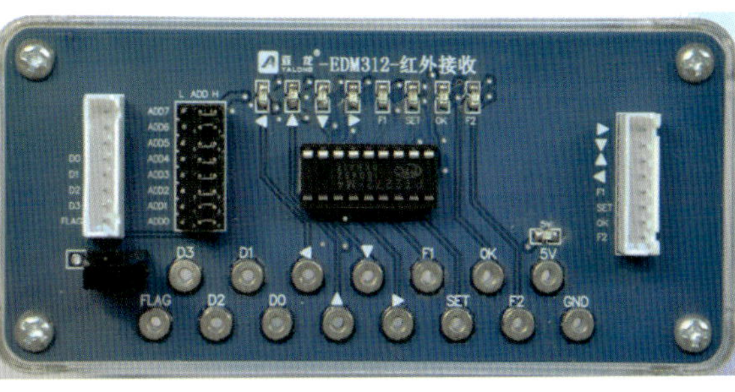

EDM312

EDM313

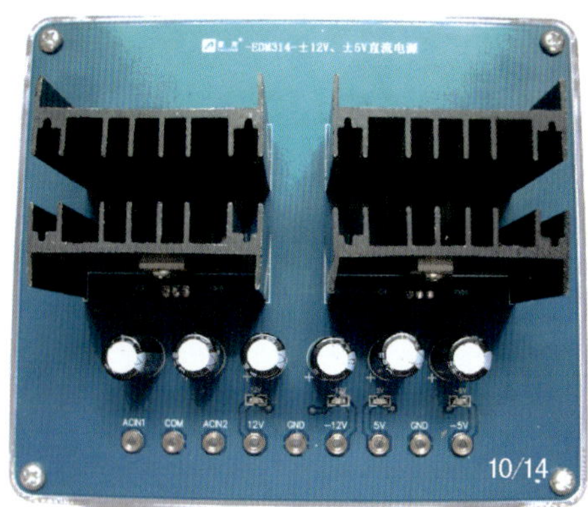
EDM314

EDM315

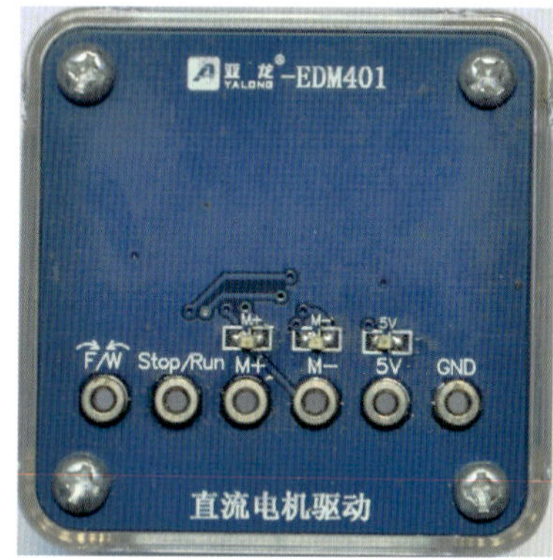

EDM401

EDM402

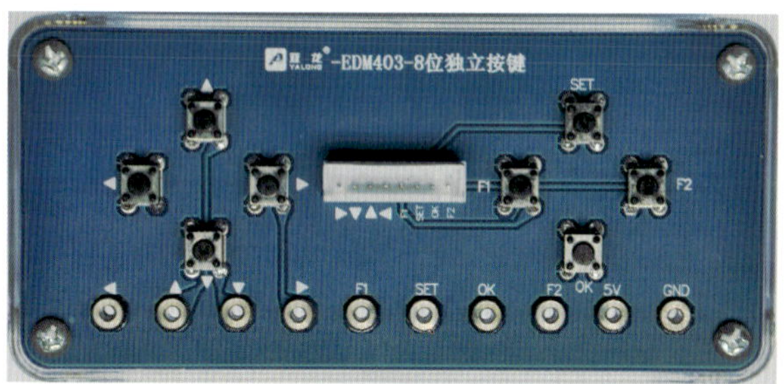

EDM403

EDM404

EDM405

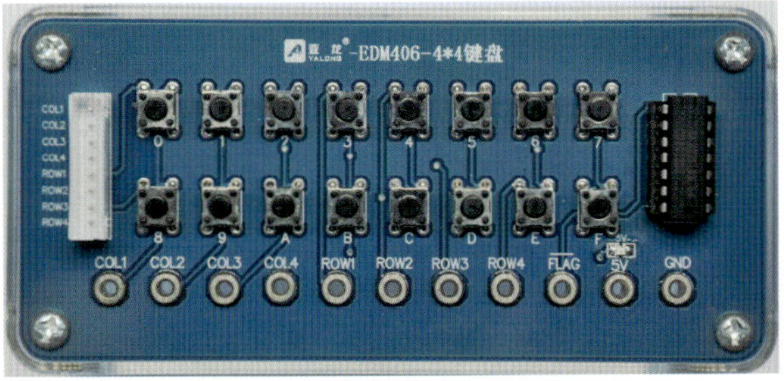

EDM406

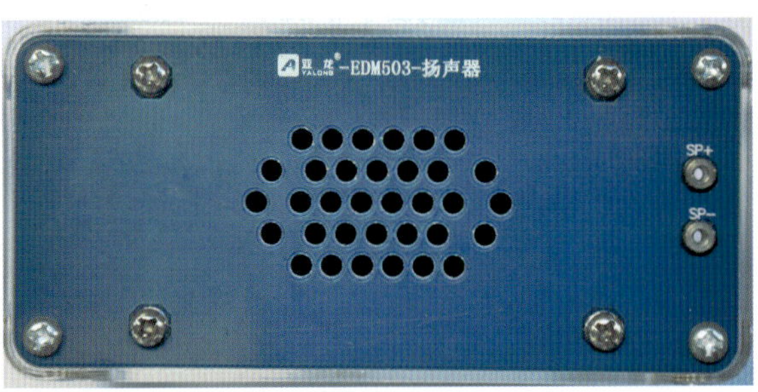

EDM501

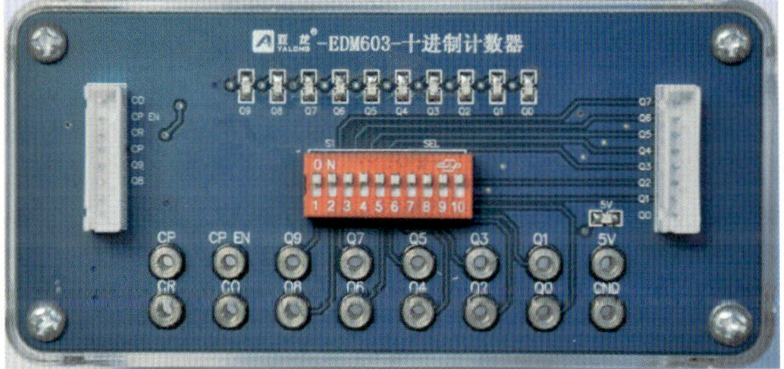

EDM603

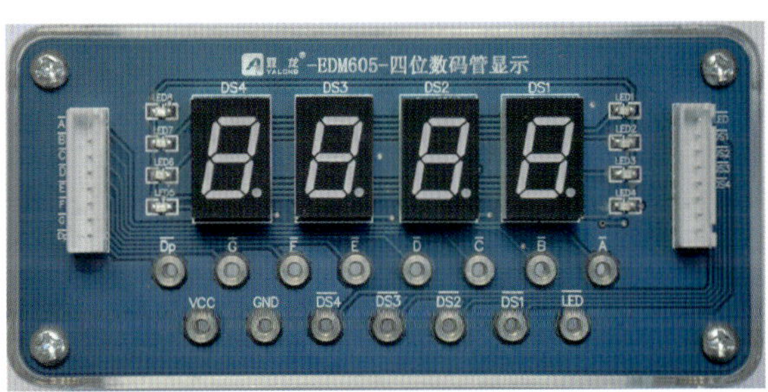

EDM605

EDM502

EDM503

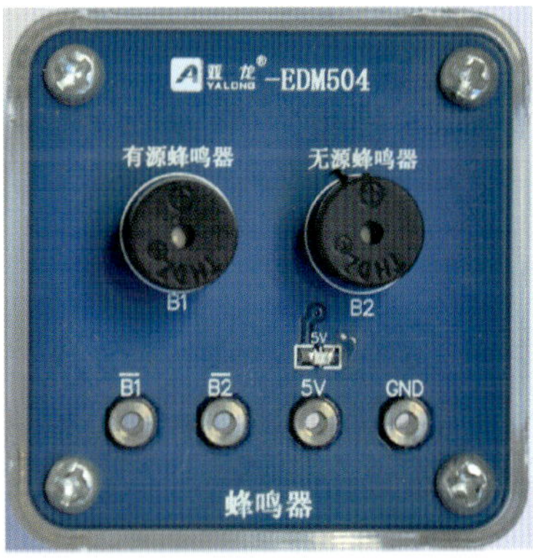

EDM504

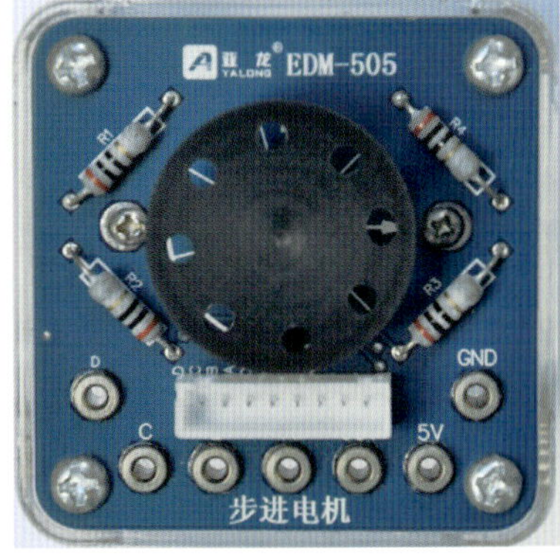

EDM505

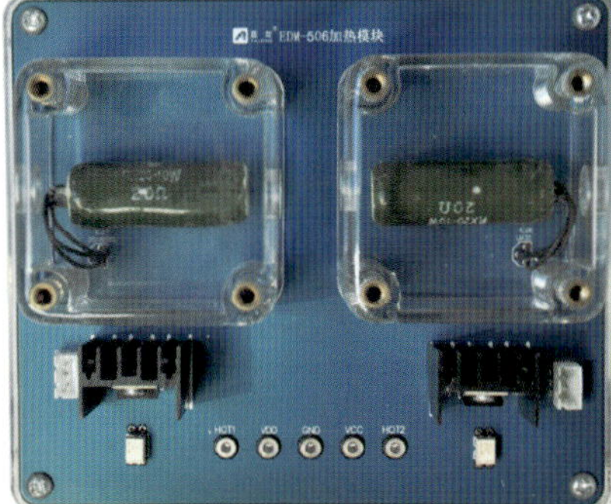

EDM506

EDM507

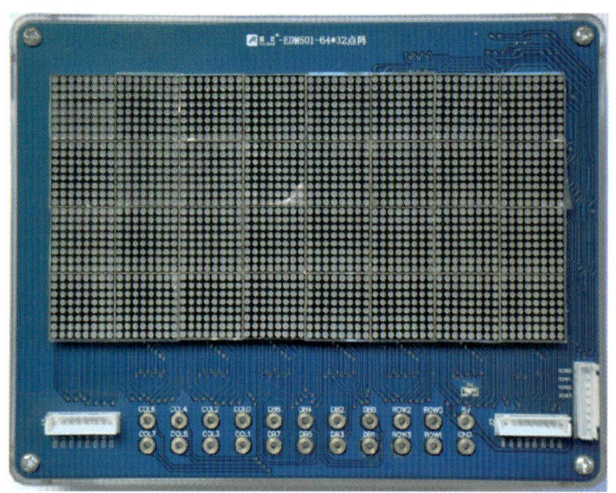
EDM601

EDM602

EDM604

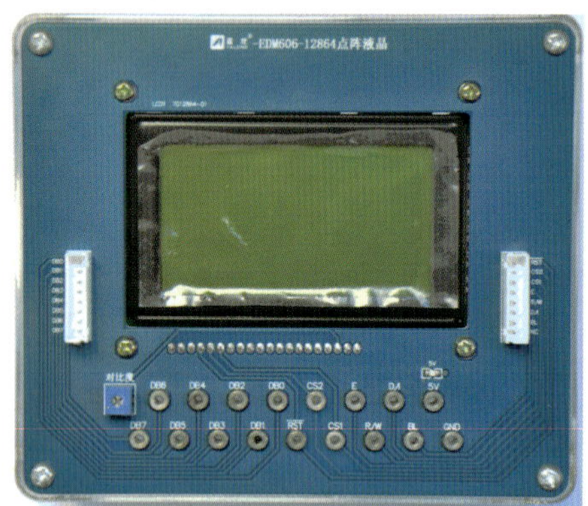
EDM606

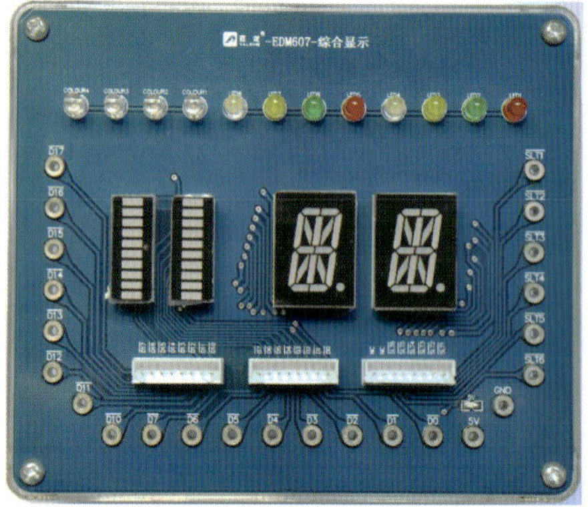
EDM607

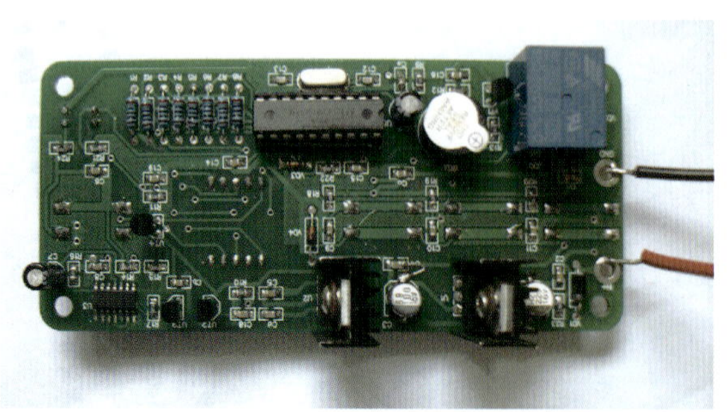
感应计数器底层 1

感应计数器顶层 1

“做学教一体化”课程改革系列规划教材

亚龙集团校企合作项目成果系列教材

电子产品模块电路及应用

林红华　聂辉海　陈红云　编著

机 械 工 业 出 版 社

本书是机械工业出版社与中国亚龙科技集团，协同全国职业院校技能大赛中职组电工电子竞赛项目总评委、电子产品装配与调试比赛首席评委等知名专家，共同编写的**“做学教一体化”课程改革系列规划教材之一**。它是根据全国职业院校技能大赛中职组电工电子项目“电子产品装配与调试”内容及相关知识点、技能点，以大赛指定的、由中国亚龙科技集团生产的YL—291模块为依托，按照工作过程系统化课程的开发理念编写而成的。主要内容包括：搭建声光控制灯电路、搭建频率计电路、搭建电子语音万年历电路、搭建空调器电路、搭建出租车计价器电路、搭建电子秤电路和搭建综合报警系统电路等工作任务。通过完成这些与实际工作过程有着紧密联系、带有经验性质的工作任务，学生可以熟悉技能大赛的完成步骤和操作规范，获得成就感，提高学习兴趣和自信心，不仅为参与各项技能大赛提供知识、技能和心理准备，同时也为学生顺利走向就业岗位铺平道路。

本书可作为全国职业院校技能大赛中职组电工电子项目“电子产品装配与调试”培训教材，也可作为电子类专业的理实一体化教材，还可供相关专业从业人员参考。

图书在版编目（CIP）数据

电子产品模块电路及应用/林红华，聂辉海，陈红云编著. —北京：机械工业出版社，2011.4（2024.8重印）

“做学教一体化”课程改革系列规划教材

ISBN 978-7-111-33431-6

Ⅰ.①电…　Ⅱ.①林…②聂…③陈…　Ⅲ.①电子产品-电路-高等学校：技术学校-教材　Ⅳ.①TN05

中国版本图书馆CIP数据核字（2011）第022928号

机械工业出版社（北京市百万庄大街22号　邮政编码100037）
策划编辑：高　倩　责任编辑：范政文　版式设计：霍永明
责任校对：陈延翔　封面设计：王伟光　责任印制：常天培
固安县铭成印刷有限公司印刷
2024年8月第1版第10次印刷
184mm×260mm · 11.5印张 · 4插页 · 256千字
标准书号：ISBN 978-7-111-33431-6
定价：34.00元

凡购本书，如有缺页、倒页、脱页，由本社发行部调换

电话服务	网络服务
社服务中心：（010）88361066	教材网：http://www.cmpedu.com
销售一部：（010）68326294	机工官网：http://www.cmpbook.com
销售二部：（010）88379649	机工官博：http://weibo.com/cmp1952
读者购书热线：（010）88379203	**封面无防伪标均为盗版**

序

在落实《国家中长期教育改革和发展规划纲要（2010—2020年）》新时期职业教育的发展方向、目标任务和政策措施的时候，教育部制定了《中等职业教育改革创新行动计划（2010—2012）》（以下简称《计划》）。《计划》中指出，以教产合作、校企一体和工学结合为改革方向，以提升服务国家发展和改善民生的各项能力为根本要求，全面推动中等职业教育随着经济增长方式转变“动”，跟着产业结构调整升级“走”，围绕企业人才需要“转”，适应社会和市场需求“变”。

中等职业教育的改革，着力解决教育与产业、学校与企业、专业设置与职业岗位、课程教材与职业标准不对接，职业教育针对性不强和吸引力不足等各界共识的突出问题。紧贴国家经济社会发展需求，结合产业发展实际，加强专业建设，规范专业设置管理，探索课程改革，创新教材建设，实现职业教育人才培养与产业，特别是区域产业的紧密对接。

《计划》中关于推进中等职业学校教材创新的计划是：围绕国家产业振兴规划、对接职业岗位和企业用人需求，创新中等职业学校教材管理制度，逐步建立符合我国国情、具有时代特征和职业教育特色的教材管理体系。开发建设覆盖现代农业、先进制造业、现代服务业、战略性新兴产业和地方特色产业，苦脏累险行业，民族传统技艺等相关专业领域的创新示范教材，引领全国中等职业教育教材建设的改革创新。2011—2012年，制订创新示范教材指导建设方案，启动并完成创新示范教材开发建设工作。

在落实该《计划》的背景下，中国·亚龙科技集团与机械工业出版社共同组织中等职业学校教学第一线的骨干教师，为先进制造业、现代服务业和新兴产业类的电气技术应用、电气运行与控制、机电技术应用、电子技术应用、汽车运用与维修等专业的主干课程、方向性课程编写“做学教一体化”系列教材，探索创新示范教材的开发，引领中等职业教育教材建设的改革创新。

多年来，中等职业学校第一线的教师对教学改革的研究和探索，得到了一个共同的结论：要提升服务国家发展和改善民生的各项能力，就应该采用理实一体的教学模式和教学方法。以项目为载体，工作任务引领，完成工作任务的行动导向；让学生在完成工作任务的过程中学习专业知识和技能，掌握获取资讯、决策、计划、实施、检查、评价等工作过程的知识，在完成工作任务的实践中形成和提升服务国家发展和改善民生的各项能力。一本体现课程内容与职业资格标准、教学过程与生产过程对接，符合中等职业学校学生认知规律和职业能力形成规律，形式新颖、职业教育特色鲜明的教材；一本解决“做什么、学什么、教什么？怎样做、怎样学、怎样教？做得怎样、学得怎样、教得怎样？”问题的教材，是中等职业学校广大教师热切期盼的。

承载职业教育教学理念，解决“做什么、学什么、教什么？怎样做、怎样学、怎样教？做得怎样、学得怎样、教得怎样？”问题的教学实训设备，同样是中等职业学校广大教师热切期盼的。中国·亚龙科技集团秉承服务职业教育的宗旨，潜心研究职业教育。在源于企业、源于实际、源于职业岗位的基础上，开发“既有真实的生产性功能，又整合学习功能”的教学实训设备；同时，又集设备研发与生产、实训场所建设、教材开发、师资队伍建设等于一体的整体服务方案。

广大教学第一线教师的期盼与中国·亚龙科技集团的理念、热情和真诚，激发了编写“做学教一体化”系列教材的积极性。在中国·亚龙科技集团、机械工业出版社和全体、编者的共同努力和配合下，“做学教一体化”系列教材以全新的面貌、独特的形式出现在中等职业学校广大师生的面前。

“做学教一体化”系列教材是校企合作编写的教材，是把学习目标与完成工作任务、学习内容与工作内容、学习过程与工作过程、学习评价与工作评价有机结合在一起的教材。呈现在大家面前的“做学教一体化”系列教材，有以下特色：

一、教学内容与职业岗位的工作内容对接，解决做什么、学什么和教什么的问题

真实的生产性功能、整合的学习功能，是中国·亚龙科技集团研发、生产的教学实训设备的特色。根据教学设备，按中等职业学校的教学要求和职业岗位的实际工作内容设计工作项目和任务，整合学习内容，实现教学内容与职业岗位、职业资格的对接，解决中等职业学校在教学中“做什么、学什么、教什么”的问题，是“做学教一体化”系列教材的特色。

职业岗位做什么，学生在课堂上就做什么，把职业岗位要做的事情规划成工作项目或设计成工作任务；把完成工作任务涉及的理论知识和操作技能，整合在设计的工作任务中。拿职业岗位要做的事，必需、够用的知识教学生；拿职业岗位要做的事来做，拿职业岗位要做的事来学。做、学、教围绕职业岗位，做、学、教有机结合、融于一体，“做学教一体化”系列教材就这样解决做什么、学什么、教什么的问题。

二、教学过程与工作过程对接，解决怎样做、怎样学和怎样教的问题

不同的职业岗位，工作的内容不同，但包括资讯、决策、计划、实施、检查、评价等在内的工作过程却是相同的。

“做学教一体化”系列教材中工作任务的描述、相关知识的介绍、完成工作任务的引导、各工艺过程的检查内容与技术规范和标准等，为学生完成工作任务的决策、计划、实施、检查和评价并在其过程中学习专业知识与技能提供了足够的信息。把学习过程与工作过程、学习计划与工作计划结合起来，实现教学过程与生产过程的对接，“做学教一体化”系列教材就这样解决怎样做、怎样学、怎样教的问题。

三、理实一体的评价，解决评价做得怎样、学得怎样、教得怎样的问题

企业不是用理论知识的试卷和实际操作考题来评价员工的能力与业绩，而是根据工作任务的完成情况评价员工的工作能力和业绩。“做学教一体化”系列教材根据理实一体的原则，参照企业的评价方式，设计了完成工作任务情况的评价表。评价的内容为该工作任务中各工艺环节的知识与技能要点、工作中的职业素养和意识；评价标准为相关的技术规范和标准，评价方式为定性与定量结合，自评、小组与老师评价相结合。

全面评价学生在本次工作中的表现，激发学生的学习兴趣，促进学生职业能力的形成和提升，促进学生职业意识的养成，“做学教一体化”系列教材就这样解决做得怎

样、学得怎样、教得怎样的问题。

四、图文并茂，通俗易懂

“做学教一体化”系列教材考虑到中等职业学校学生的阅读能力和阅读习惯，在介绍专业知识时，把握知识、概念、定理的精神和实质，将严谨的语言通俗化；在指导学生实际操作时，用图片配以文字说明，将抽象的描述形象化。

用中等职业学校学生的语言介绍专业知识，图文并茂的形式说明操作方法，便于学生理解知识、掌握技能，提高阅读效率。对中等职业学校的学生来说，“做学教一体化”系列教材是非常实用的教材。

五、遵循规律，循序渐进

“做学教一体化”系列教材设计的工作任务，有操作简单的单一项目，也有操作复杂的综合项目。由简单到复杂，由单一向综合，采用循序渐进的原则呈现教学内容、规划教学进程，符合中等职业学校学生认知和技能学习的规律。

“做学教一体化”系列教材是校企合作的产物，是职业院校教师辛勤劳动的结晶。“做学教一体化”系列教材需要人们的呵护、关爱、支持和帮助，才能健康发展，才能有生命力。

中国·亚龙科技集团　陈继权

2011 年 6 月　浙江温州

前 言

本书是根据全国职业院校技能大赛中职组电工电子项目“电子产品装配与调试”内容及相关知识点、技能点，以大赛指定的、由中国亚龙科技集团生产的 YL—291 模块电路为依托，按照工作过程系统化课程的开发理念编写而成的。

电子产品广泛应用在日常生活、工农业生产、医疗器械、航空航天、军工制造等各个领域。在中等职业学校开设的电气技术、机电技术应用、自动控制技术、电子与信息技术等专业，均与“电子产品装配与调试”技术密切关联。

职业教育的目的是培养学生的综合职业能力，是面向全体学生的技能型教育，而综合职业能力是在经历完整工作过程中不断积累逐步形成的。为了更好地培养学生的综合职业能力，学习任务必须密切结合生产生活实际，因此在编写本书时，我们对每个学习任务进行了有目的的选择和设计，尽量使学生在完成工作任务中不仅获得与实际工作过程有着紧密联系、带有经验性质的工作过程知识，而且获得成就感，激发学习兴趣，增强竞赛的信心。本书的每个工作任务均联系实际、由浅入深，在本书的指导下，学生可以通过自己动手训练，掌握电子产品装配与调试的知识和技能。

本书中介绍的工作任务是生产生活中的电子产品及其电路模块，真正做到“做中学、学中做”。全书围绕中等职业学校电子类及相关专业的学生综合职业能力的培养、电子产品装配与调试技能比赛内容，利用行动导向教学中的任务驱动教学法展开编写。内容包括声光控制灯电路、频率计电路、电子语音万年历电路、空调器电路、出租车计价器电路、电子秤电路和综合报警系统电路搭建，介绍及其相关知识。

本套书由全国职业院校技能大赛中职组电工电子竞赛项目总评委杨少光任总主编，本书由高级教师林红华、电子产品装配与调试比赛首席评委聂辉海、特级教师陈红云编著，电子工程师王暑泉对电路数据进行核实，聂辉海对全书进行统稿。

本书可作为参加全国职业院校技能大赛电工电子项目“电子产品装配与调试”比赛系统学习与训练之用，也可作为电子类相关专业实训的教学用书。

本书中的电子产品单元电路模块技术资料由大赛设备提供企业中国亚龙科技集团提供，在此谨对此书出版提供帮助的单位和个人表示衷心感谢。

由于编著者水平有限，书中错误与不足在所难免，恳请读者批评指正。有任何问题可通过 E-mail 联系我们：13380093788@163. com。

编著者

目　录

绪论
工作任务说明

中等职业学校电子信息类专业学生以电子产品为依托进行技能训练，是提高实践能力和综合职业能力的主要途径和手段，在专业教学体系中应占有极为重要的地位。围绕电子产品结构进行学习，设计技能训练课程和进行综合技能训练教学，引导学生产生自主学习的兴趣，是让其掌握职业综合能力、走向工作岗位时能够胜任岗位要求和可持续发展的可靠保证。使用单元电路模块组建电子产品，对单元电路的基本运用能力和电路认识的提高是有很大帮助的。

一、电子产品一体化结构模型

在众多的电子产品中，能够找出不同电子产品具有的相同结构特点，对于教师的教学与学生的学习都有极大帮助，所以，首先要了解电子产品的结构模型及其单元电路。

1. 电子产品的结构模型

从图 0-1 来看，电子产品一般的结构可以分为如下几部分：电源接口、微处理器、显示器、键盘电路、传感器、警示器、执行电路等。

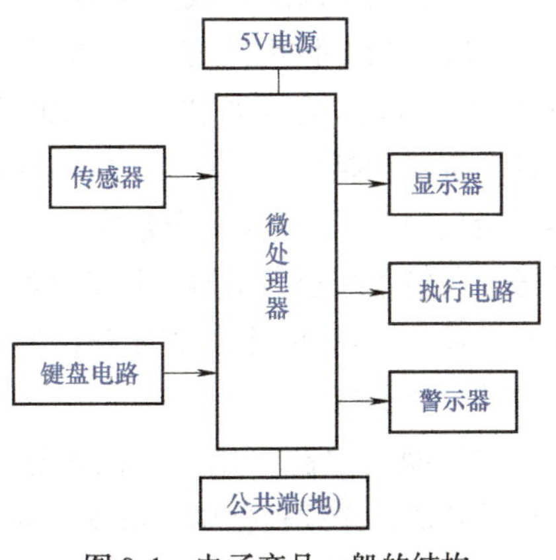

图 0-1　电子产品一般的结构

2. 电子产品的单元电路

从图 0-1 还可以看到，电子产品是由一些基本单元电路组成的，这些基本单元电路各自具备一定功能作用，如放大、显示、数模转换、发射、接收等。如果我们把这些单元电路制成单元电路模块，用这些单元电路模块根据需要的电子产品功能便可搭建成一种电子产品。根据电路的功能性质，可把单元电路模块大概分为如下几部分：

（1）微处理器　它是电子产品的核心电路，人们根据需要编制出相应的程序并把程序输入到微处理器中，以实现电子产品的功能。微处理器还要接受其他部分电路的信息，并根据程序发出相应的指令，使其他电路按照规定的功能运作执行。

微处理器多种多样，在这里主要介绍的是 MCS-51T、AT 和 AVR 系列单片机。相同系列、不同型号的单片机，其内部结构是相同的，不同的是 CPU 的工作频率、I/O 接口的数量、存储器容量的大小等。图 0-2 是常用的部分微处理器实物。

图 0-2 常用的部分微处理器实物

(2) 传感器 传感器是用来采集自然界的各种信息，并进行处理的特殊器件。可以这样说，传感器的实质是将各种非电量（如光线、温度、湿度、浓度、速度、位移、流量、重量、压力、声音、电磁场等）转变为电信号，是能量转换的器件或机构。虽然都有获取信息、传输信息的功能，但不同的传感器有不同识别信息的功能，所以在使用时应该根据需要检测不同的物理信息的不同来选取传感器。

传感器按信息转换方式可分为光/电转换、热/电转换、声/电转换、力/电转换、电磁场/电转换等传感器。图 0-3 为常见的部分传感器。

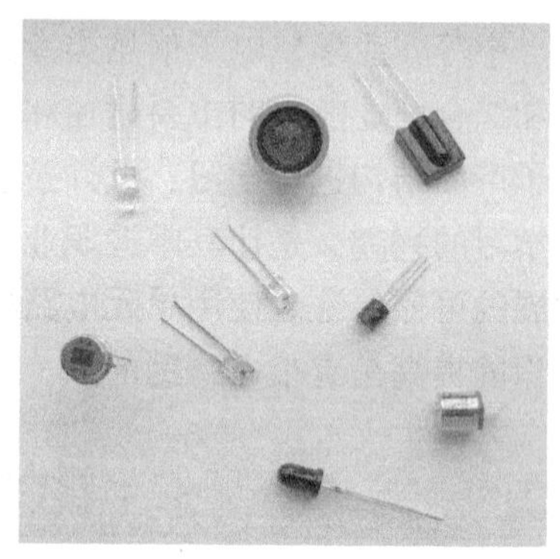
图 0-3 常见的部分传感器

(3) 键盘电路 键盘电路是人与机器对话的输入设备，通过键盘电路的操控，可以在控制操作范围内对机器进行控制操作。在电子产品中多数采用非编码键盘，即按下键盘时，只改变键盘原信号输出的大小。

(4) 显示器 显示器用来显示电子产品运行时状态及各种信息。在电子产品中应用比较多的是 LED 的数码显示器、LCD 液晶显示器和点阵 LED。LED 数码显示器可以单个使用，也可以组合成多位数码显示器使用，而一般的 LCD 液晶显示器单个使用，点阵 LED 可以不断扩充，也有彩色的点阵 LED。LCD 液晶显示器和点阵 LED 可以显示多种字符（包括中文字符），而 LED 数码显示器一般只能显示 0 ~ 9 十个数字及一些简单的符号。若使用综合显示器，除了可显示 2 位数字外，还可显示 26 个英文字母。图 0-4 为常见的部分显示器。

图 0-4 常见的部分显示器

(5) 执行电路 电子产品最终需要执行设定的功能，必须根据单片机发出的执行命令进行。这种实现执行功能的电路称为执行电路。很多时候为了使执行电路动作，在单片机驱动信号输出口与执行器件间还要加接驱动电路，以便驱动执行电路动作。执行器件是实现电子产品所要求功能的器件，如实现制冷、制热，产生光、电等物理量。图 0-5 为常见的部分执行器件。

(6) 警示器 警示器是电子产品正常执行功能时或在执行过程中出现错误时发出警示信号的设备，以便能够正确判断电子产品是否继续执行。它是可以发出单一声音或各种提示音乐、语音或其他引起听觉和视觉警觉的器件。警示器可以是扬声器、蜂鸣器、灯泡以及其他相关的显示器等。

图 0-5 常见的部分执行器件

3. 电子产品单元电路的模块分类

根据电子产品电路的结构与实现的功能，单元电路模块可分为单片机电路模块、传感器电路模块、信号处理电路模块、驱动电路模块、执行器件模块、显示电路模块及其他模块等。

二、电子产品单元电路模块实训任务建议

中等职业学校电子信息类专业的教学与实训应该以产品为依托进行，用产品装配与调试作为项目任务进行竞赛也完全符合教学与实训的实际。使用电子产品单元电路模块进行实训时，必须要注意解决以下的问题：

1. 如何使用单元电路模块搭建电子产品

(1) 要认真分析电子产品电路 在没有动手选择单元电路模块之前，必须要认真识读、分析电子产品电路，弄懂每部分单元电路的结构，信号输入、输出端口，工作过程和主要的功能作用等。这些内容是选择单元电路模块的依据。

(2) 要准确选择单片机程序 根据电子产品的功能，准确地输入对应程序并下载到微处理器里。因为每一种电子产品的功能不尽相同，使用的微处理器也不相同，即使是相同的微处理器，但因不同的电子产品功能不同，程序也就不同了。如果电子产品使用了微处理器，必须要编制正确的程序。

(3) 要根据功能需求选择单元电路模块 单元电路模块要根据实际电路的需要来选择，不要选择多余的模块。选择了单元模块后，要按电路要求排列：一般来说模块的摆放顺序是以输入到输出的顺序放置，模块之间的距离不能太远，相互间尽量要靠近，以尽量减小外界的干扰；尽量把微处理器模块放在中央，显示模块放在右上角，操控的模块（如键盘电路模块）放在右下角，电源模块放在左上角，执行模块放在左下角。这样便于用导线连接模块，便于对电路进行测量，出现故障时也便于查找维修。

(4) 各模块间要根据电路工作需要用合适的导线连接 一般可以先连接好信号线，然后连接地线及电源线。根据不同性质的连接点，可采用不同颜色的导线以示区别，为的是在出现问题的时候方便查找。若一些导线较长，在保证实现电子产品功能的前提下，可以对已经连接好的导线进行捆扎。这样不但使模块连接更加美观，而且也可以减

小外界干扰对电路的影响。

2. 使用单元电路模块搭建电子产品时要注意的问题

(1) 选择熟悉的单元电路模块　首先应该了解所提供的单元电路模块的基本电路、工作过程、功能作用和插孔用途等，只有对单元电路模块有比较深刻的认识，才能更加熟练地运用。

(2) 以单元电路模块作为依据分解产品电路　把电子产品电路分解为单元电路时，要以单元电路模块作为依据，有时候也要注意信号的变化情况。由于单元电路模块已经是一个具有完整功能的电路，在使用时就需要考虑这一情况。

(3) 使用尽量少的模块　实现电子产品的功能，要尽量使用较少数量的模块。对一些放大电路，能不用的尽量不用。

(4) 使用时要小心谨慎　在使用单元电路模块时，要小心爱护，严格检查电路并保证在确实连接正确的情况下才接通电源，否则很容易损坏器件。另外对传感器和微处理器使用时要更加小心，并采取适当的措施注意防静电保护。

(5) 用不同颜色的导线区分连接　连接各模块时，要根据连接端口的信号类型使用不同颜色的导线，以便进行区分。如可以用红色导线连接电源，用黑色导线连接地线，用棕色或黄色导线连接信号端口。这样如果发现电路有什么故障，对检查判断也有帮助。

工作任务一
搭建声光控制灯电路

一、任务名称

选择声光控制灯作为搭建电路，主要是该电路比较简单，我们运用单元模块搭建电路就是从简单开始。通过对声光控制灯电路的测量与调试，可以认识和了解声光控灯相关知识以及相关应用电路的功能作用。

二、任务描述

1. 电路原理图

声光控电路原理图如图 1-1 所示。

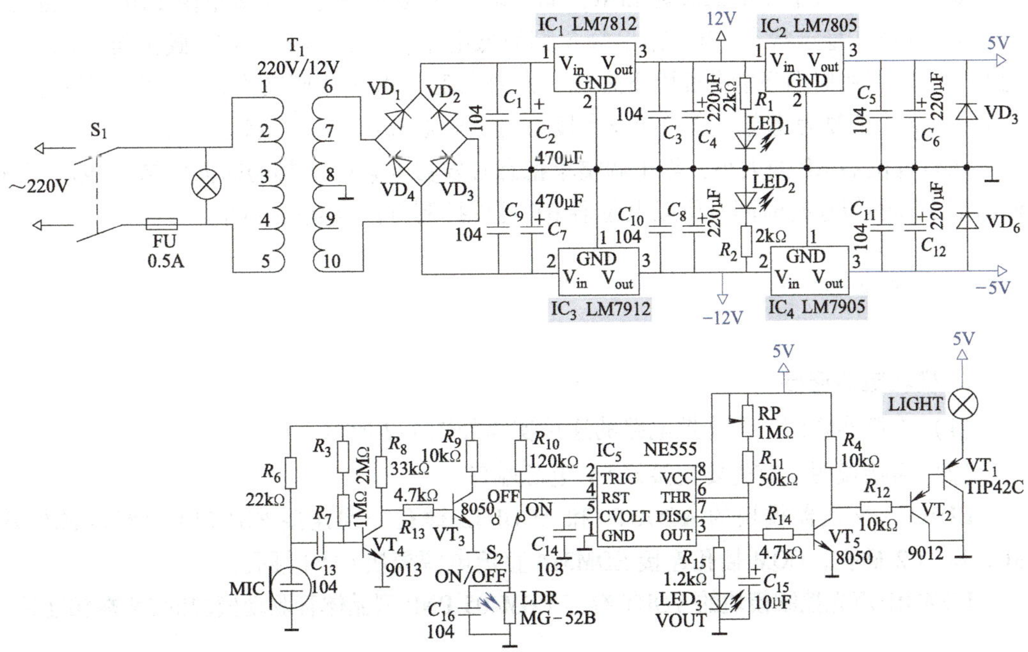

图 1-1　声光控电路原理图

2. 单元电路模块的配置

根据电路原理图，组建该电路可配置 EDM314 ±12V、±5V 直流电源模块，EDM315 变压器，EDM101 声光控制模块，EDM405 PNP 型晶体管驱动模块和 EDM604 直流灯泡。㊀

3. 电路功能

(1) 功能作用　该电路功能是通过声音控制直流灯泡的亮和不亮。接上电源后，电路处于稳定状态，灯泡不亮；在收到第一声响声时，灯泡由不亮转为亮；熄灭后再收到声响，灯泡则由不亮转为亮。光敏选择开关控制光敏电阻是否有效：在接入光敏电阻且周围环境足够光亮时，不管发出多大的声响，均不能改变灯泡不亮这种状态，只有在周围环境亮度降下来后，声响才能起作用；通过延时电位器 RP 可以控制灯泡亮的时间。

(2) 工作过程　电路接入 220V 交流电后，由电源变压器 T_1 的二次侧提供双 12V 的交流电，经桥式整流电容滤波后输出两路直流电，再经三端稳压器稳压，输出 ±12V 的直流电，再经三端稳压器输出电压 ±5V 的直流电。

声光控电路在 5V 工作电压状态下处于稳定状态，灯泡不亮。主要是因为在电路稳定时，集成电路 IC_5 及其周边电路组成一个单稳态触发器，IC_5 的 3 脚输出低电平，VT_5、VT_2、VT_1 均处于截止状态，所以灯泡不亮。

如果电路不接入光敏电阻 LDR，在发出第一声响时，给 VT_4 基极一个低电平，VT_4 截止，VT_3 基极高电平，VT_3 导通，这就给了 IC_5 的输入端——2 脚一个负脉冲，使 IC_5 的状态翻转过来，3 脚的输出由低电平变为高电平，VT_5、VT_2、VT_1 由截止状态变为导通状态，灯泡由不亮转为亮。由于 IC_5 是单稳态电路，经过一段时间后，IC_5 再翻转为稳定状态，即 3 脚由高电平变为低电平，VT_5、VT_2、VT_1 变为截止状态，所以灯泡经过一段时间后熄灭。如果再接收到第二声声响，灯泡就再次由不亮转为亮。

如果电路接入了光敏二极管 LDR，周围环境足够光亮时，光敏电阻 LDR 的电阻变小，IC_5 维持在稳定状态，IC_5 输出端 3 脚为低电平，VT_5、VT_2、VT_1 截止而灯泡不可能点亮。只有在周围环境亮度降下来后，光敏电阻 LDR 的电阻变大，IC_5 的 4 脚恢复高电平，IC_5 才恢复为稳态。这时和没有接入光敏电阻 LDR 时工作状态一样。

调整电位器 RP 的大小，等于调整单稳态触发器 IC_5 6、7 脚的时间常数，也改变其输出端 3 脚的暂稳态时间，所以电位器 RP 可以控制灯泡点亮的时间。

三、任务完成

1. 模块电路连接

(1) 连接实物图　声光控电路的连接实物如图 1-2 所示。

(2) 连接说明　首先要连接好 5V 电源端口。

EDM315 变压器模块的 ACOUT1 和 ACOUT2 插孔分别连接 EDM314 直流电源模块 AC1 和 AC2 插孔；COM 插孔连接 EDM314 直流电源模块 COM 插孔。

EDM101 声光控制模块的 VOUT 端与 EDM405 PNP 型晶体管驱动模块的 IN 端相连接。

㊀ 此处单元电路模块均见附录。

图 1-2 声光控电路连接实物图

EDM405 PNP 型晶体管驱动模块的 OUT 端与 EDM604 直流灯泡的 LIGHT 端相连接。

EDM604 直流灯泡模块的 LIGHT + 与 5V 电源相连接。

最后可以把 EDM315 变压器模块的外接输入插头插入交流 220V 电源上。

2. 电路调整与测量

声光控电路要正常工作，特别是灯泡亮的时间合适，需要对电路进行调整。同时应熟悉电路中的一些参数，方便对电路出现的故障进行排查和维修。

（1）电路调整 接线完成后，将光敏电阻选择开关 S_2 拨到 OFF 档，对传声器 MIC 发声，灯泡应亮；顺时针调节延时电位器 RP 应延长灯泡亮的时间。

若将光敏选择开关 S_2 拨到 ON 档，光敏电阻 LDR 起作用：环境光线较亮时，声音控制不起作用，光线暗时声音控制起作用。

（2）电路测量

1）电压的测量。

① 测量变压器二次电压的大小。

把 EDM314 和 EDM315 相连的导线拆除，EDM315 接入 220V 交流电，用仪器测量 ACOUT1 与 COM 间、ACOUT2 与 COM 间的电压，并记录在表 1-1 中。

表 1-1 变压器二次电压

项　目	ACOUT1 与 COM 间	ACOUT2 与 COM 间
电压/V	12.01	11.96

② 测变压器二次电压的波形。

用仪器测量 ACOUT1 的信号波形，并记录在图 1-3 中。

波　形	周期	幅度
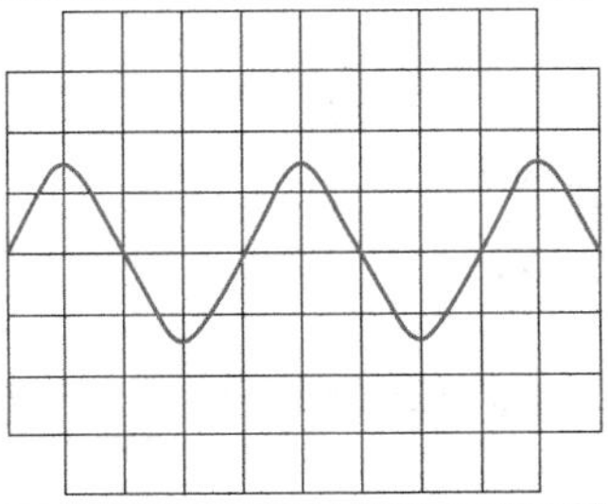	$T=20\mu s$	$U_{P-P}=16V$
	量程范围	量程范围
	5μs/div	5V/div

图 1-3 变压器二次电压波形

③ 测量 EDM314 直流电源模块的直流输出电压。

按电路要求，用导线连接 EDM314 和 EDM315，并给 EDM315 接入 220V 交流电，用仪器测量 ±12V、±5V 插孔的实际电压，并记录在表 1-2 中。

表 1-2　EDM315 输出直流电压

数值/V	12	-12	5	-5
电压/V	11.94	-12.04	5.03	-5.11

④ 测量 EDM314 直流电源模块输出的 5V 电压波形。

用示波器测 EDM314 直流电源模块输出的 5V 电压波形，并记录在图 1-4 中。

波　形	周期	幅度
	$T=0\mu s$	$U_{P—P}=5V$
	量程范围	量程范围
	10μs/div	2V/div

图 1-4　直流电源输出的 5V 电压波形

2）IC_5 NE555 单稳态触发器翻转时间常数的测量。

把开关 S_2 拨到 OFF 档，调节电位器 RP 在电路中最大和最小值，分别对传声器 MIC 发出响声，用仪器测量该模块 $\overline{\text{VOUT}}$ 的输出电压，用秒表记录灯泡点亮的时间，并把测量的数据记录在表 1-3 中。

表 1-3　NE555 单稳态触发器电压及灯泡点亮的时间

$\overline{\text{VOUT}}$ 数据 / RP 的值	灯亮前/V	灯亮时/V	灯亮后/V	灯亮时间/s
RP 为最大值	4.80	0	0	12
RP 为最小值	4.80	0	0	0.5

根据以上测得的数据，简单画出 NE555 单稳态触发器 $\overline{\text{VOUT}}$ 的输出工作波形，如图 1-5 所示。

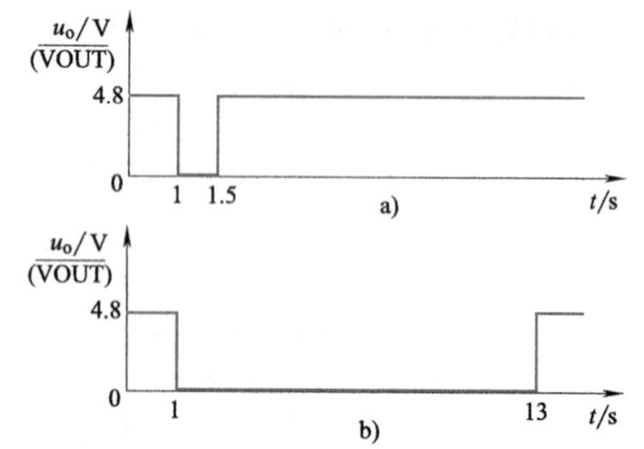

图 1-5　NE555 单稳态触发器输出信号波形
a）RP 为最小值时　b）RP 为最大值时

3. 电路检测

由于电路是由模块搭建而成的，电路的检测则是根据电路测试的结果，来判断电路故障是在哪一个电路模块上。

故障现象：各模块按电路要求连接并通电，开关 S_2 拨到 OFF 档上，对着传声器发声，灯泡不亮。

故障检测过程：由于组成该电路的模块不多，找出故障所在的模块就比较容易。这里采用排除法来进行检测。

1）灯泡模块是否正常。

断开电源，把 EDM604 直流灯泡模块取下，直接将 5V 电压源接在该模块上，灯泡亮，可以判断灯泡模块正常。

2）变压器模块及电源模块是否正常。

取消 EDM314 直流电源模块与其他模块的连接，把该模块接入 220V 交流电，用万用表测量 12V、-12V、5V、-5V 电压，其直流电压均正常，可以判断变压器模块及电源模块正常。

3）EDM405 PNP 型晶体管驱动模块是否正常。

按原电路连接，并接入 220V 交流电。用导线插入该模块的$\overline{IN}$插孔，与地线瞬间短路一下，若发现灯泡闪亮一下，则说明 EDM405 PNP 型晶体管驱动模块正常。

4）EDM101 声光控制模块是否正常。

经过分析，现在可以肯定的是故障应该出在 EDM101 声光控制模块上。置换该模块，并把 S_2 开关拨到 OFF 档上，对着传声器 MIC 发声，灯泡就会亮了，故障排除。**（注意：这里只是更换故障模块，并没有找出故障元器件。若要找出故障元器件，则必须把该模块独立出来再进一步检测。）**

模块检测可能出现的问题及解决方法见表 1-4。

表 1-4　模块检测可能出现的问题及解决方法

<table>
<tr><th>问　题</th><th>原　因</th><th>解 决 方 法</th></tr>
<tr><td rowspan="6">发出声响，EDM604 直流灯泡模块中灯泡不亮</td><td>没有接电源</td><td>接电源</td></tr>
<tr><td>开关 S_2 没有拨到在 OFF 档</td><td>把开关 S_2 拨在 OFF 档</td></tr>
<tr><td>IC_5 损坏</td><td rowspan="3">置换 EDM101 声光控制模块</td></tr>
<tr><td>传声器 MIC 损坏</td></tr>
<tr><td>VT_3、VT_4、VT_5 损坏</td></tr>
<tr><td>VT_1、VT_2 损坏</td><td>置换 EDM405 PNP 型晶体管驱动模块</td></tr>
<tr><td rowspan="6">把开关 S_2 拨到 ON 档，对传声器发出声响，EDM604 直流灯泡模块灯泡不亮</td><td>环境亮度太高</td><td>把亮度降下来或在晚间进行</td></tr>
<tr><td>开关 S_2 损坏</td><td rowspan="5">置换 EDM101 声光控制模块</td></tr>
<tr><td>光敏电阻 LDR 损坏</td></tr>
<tr><td>IC_5 损坏</td></tr>
<tr><td>R_{14}阻值很大</td></tr>
<tr><td>传声器 MIC 损坏</td></tr>
<tr><td rowspan="4">整机不工作</td><td>LED_1、LED_2 不亮，没有接电源</td><td>接入 220V 交流电</td></tr>
<tr><td>熔丝 FU 断开</td><td>改换熔丝 FU</td></tr>
<tr><td>三端稳压器坏</td><td>置换 EDM314 直流电源模块</td></tr>
<tr><td>嗅到一股焦味</td><td>置换 EDM315 变压器模块</td></tr>
</table>

4. 电路框图

根据图 1-1 电路原理图，可画出声光控电路框图如图 1-6 所示。

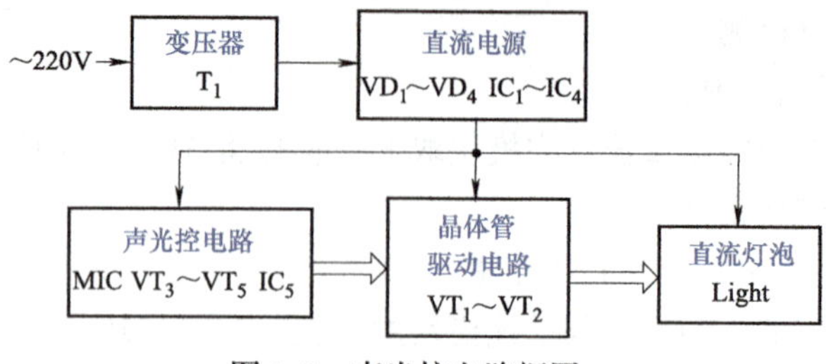

图 1-6　声光控电路框图

四、知识链接

（一）相关单元模块介绍

1. EDM314 ±12V、±5V 直流电源模块

（1）模块电路　如图 1-7 所示。

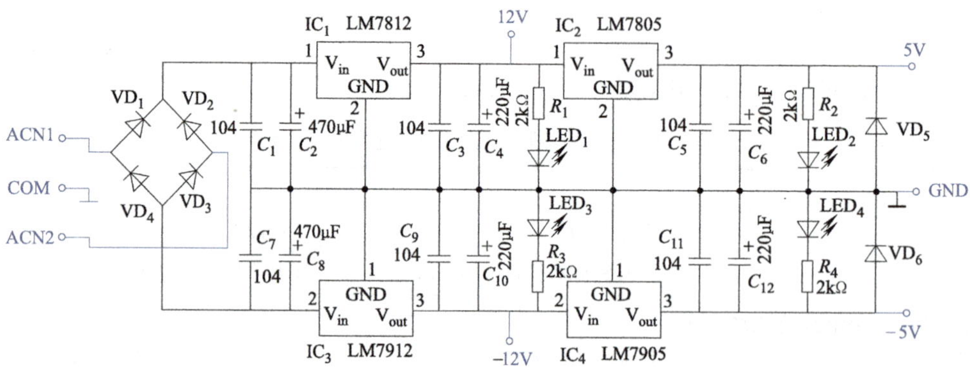

图 1-7　EDM314 ±12V、±5V 直流电源模块电路

（2）模块实物　如图 1-8 所示。

（3）模块功能　接线端口说明：

ACIN1、ACIN2、COM 插孔：交流 24V 输入插孔。

12V、GND、－12V 插孔：直流 ±12V 电压输出插孔。

5V、GND、－5V 插孔：直流 ±5V 电压输出插孔。

该模块主要为电路提供容量大、稳定性能好、纹波系数小的 ±12V 和 ±5V 的直流电压，为其他单元电路模块提供直流电源。

图 1-8　EDM314 ±12V、±5V 直流电源模块实物

该模块输入24V交流电，经 $VD_1 \sim VD_4$ 组成的桥式整流电路整流后，经 C_1、C_2、C_7、C_8 电容滤波，产生的正、负脉动直流电分别送入三端稳压器 IC_1、IC_3。IC_1 和 IC_4 的输出再经电容 C_3、C_4、C_9、C_{10} 滤波，产生 ±12V 的直流电压，同时发光二极管 LED_1、LED_3 点亮，说明 ±12V 输出正常。IC_1、IC_3 的输出分别输入到三端稳压器 IC_2、IC_4，IC_2 和 IC_4 的输出经电容 C_5、C_6、C_{11}、C_{12} 滤波，输出 ±5V 的直流电压，发光二极管 LED_2、LED_4 亮，说明 ±5V 输出正常。

2. EDM315 变压器模块

(1) 模块电路　如图1-9所示。

(2) 模块实物　如图1-10所示。

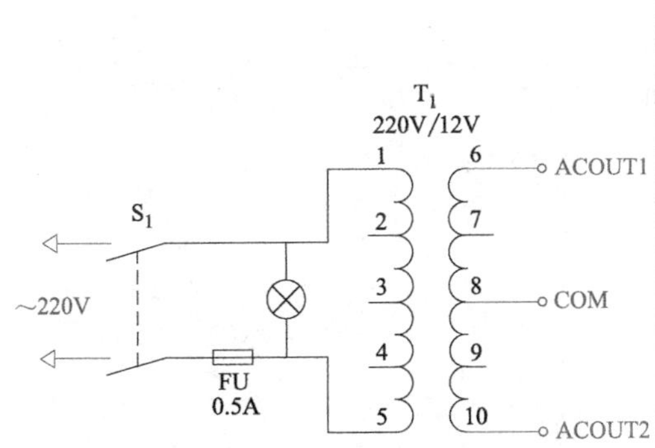

图1-9　EDM315 变压器模块电路

图1-10　EDM315 变压器模块实物

(3) 模块功能　接线端口说明：

ACOUT1、ACOUT2、COM 插孔：双交流 12V 输出插孔。

EDM315 变压器模块是以降压变压器为主的模块，变压器一次侧虽然带有抽头，但仍以1、5脚连接220V交流电。二次侧为对称输出的两组电压，其中8脚为连接两个输出绕组的公共端。在输入端1、5接入220V交流电，二次侧6、8和10、8分别输出两组大小相等、相位相反的12V交流电。

为了更好地保护电路，在输入端接入灯泡，只要灯泡亮，则表示变压器一次绕组已经接入交流电，同时在一次侧还串入了FU熔丝，并采用双开关，以起到安全保护作用。

3. EDM101 声光控制模块

EDM101 声光控制模块属于传感器电路模块之一。

(1) 模块电路　如图1-11所示。

(2) 模块实物　如图1-12所示。

(3) 模块功能　接线端口说明：

5V、GND 插孔：模块电路5V电源输入插孔。

$\overline{\text{VOUT}}$插孔：模块信号输出插孔。

该模块的主要作用是在环境亮或暗的情况下，对声音信号进行处理，并将处理后的信号由$\overline{\text{VOUT}}$端口输出。

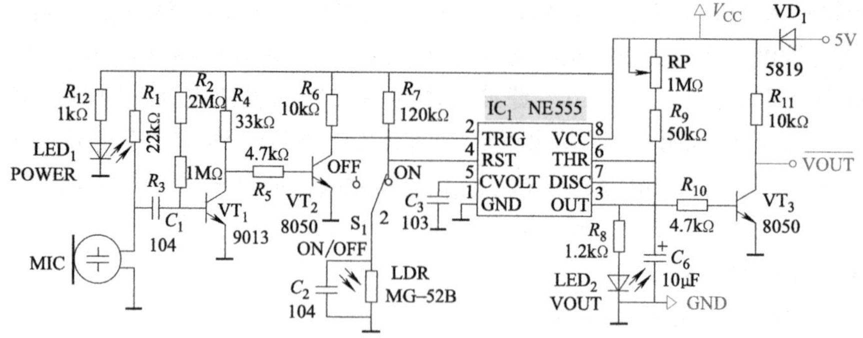

图 1-11　EDM101 声光控制模块电路

该电路分以下几个部分：

1）声音处理电路。

该部分电路包括驻极体电容式传声器（以下简称传声器）MIC、放大管 VT_1 和 VT_2 等。当对着传声器 MIC 发出声音时，传声器的输出内阻降低，这等于给 VT_1 基极加一个负脉冲，使 VT_1 输出一个正脉冲，即是 VT_2 输出一个负脉冲。

2）单稳态触发电路。

IC_1 NE555 及其周边元器件组成一个单稳态触发电路。在电路稳定时，输出端 3 脚为低电平。只要在输入端 2 脚输入一个负脉冲，单稳态触发器状态翻转，输出端 3 脚输出高电平，高电平维持时间由 RP、R_9 和 C_6 的时间常数决定，所以调节 RP 即可调节输出端 3 脚输出高电平的时间。

图 1-12　EDM101 声光控制模块实物

电路通过开关可以选择是否将光敏电阻 LDR 接入电路中。如果接入了光敏电阻 LDR，在环境亮度足够时，IC_1 始终保持在稳定状态，不会受其他条件干扰而翻转。只有在环境亮度降下来后，IC_1 才会正常工作。或者不接入光敏电阻 LDR，IC_1 也会正常工作。

3）晶体管直流放大电路。

由晶体管 VT_3 与 IC_1 的输出端 3 脚通过电阻 R_{10} 直接连接形成一个直流放大电路，它输出一个与输入信号相位相反的信号。

4. EDM405 PNP 型晶体管驱动模块

EDM405 PNP 型晶体管驱动模块是属于驱动电路模块之一。

（1）模块电路　如图 1-13 所示。

（2）模块实物　如图 1-14 所示。

（3）模块功能　接线端口说明：

VCC、GND 插孔：5V 电源输入插孔。

$\overline{\text{IN}}$插孔：驱动信号输入插孔。

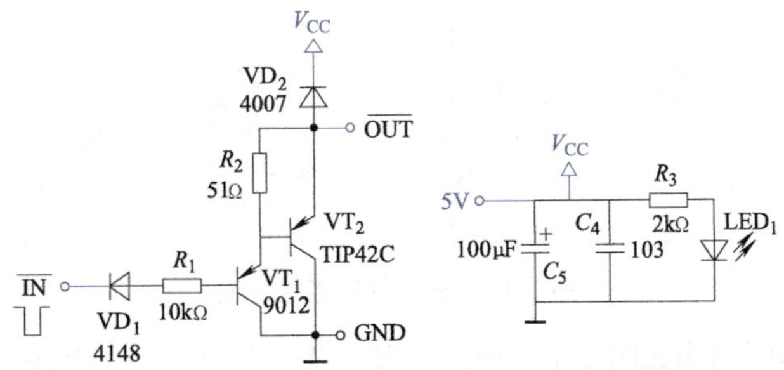

图 1-13　EDM405 PNP 型晶体管驱动模块电路图

$\overline{\text{OUT}}$插孔：信号输出插孔。

该模块的主要作用是对负脉冲信号进行放大。为了能够有较强的驱动作用，模块采用了由两只 PNP 型晶体管复合连接成复合管。为了减小电路受电源的影响，外接电源上加接电容滤波去耦电路，并通过发光二极管 LED_1 显示电路显示外接 5V 电源。

图 1-14　EDM405 PNP 型晶体管驱动模块实物

5. EDM604 直流灯泡模块

EDM604 直流灯泡模块是属于执行器件模块。

(1) 模块电路　如图 1-15 所示。

(2) 模块实物　如图 1-16 所示。

(3) 模块功能　只要在模块的 LIGHT + 和 LIGHT – 插孔加上灯泡的额定电压，灯泡便会亮。

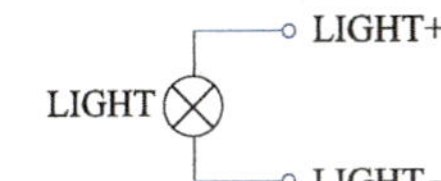

图 1-15　EDM604 直流灯泡模块电路

(二) 相关电路知识

1. 器件知识

(1) 复合管　在 EDM405 模块中，因为单只晶体管有时候不能提供较大的驱动电流，大功率管的电流放大系数 β 也较小，无法直接驱动工件工作，这时候把两只晶体管的电极适当地连接起来，等效为一个晶体管使用，即复合管。复合管只有四种连接方式，如图 1-17 所示。复合后晶体管的管型由前面的晶体管管型决定，复合后晶体管的电流放大系数 β 是两只晶体管电流放大系数 β_1、β_2 的乘积，即 $\beta=\beta_1\beta_2$。

图 1-16　EDM604 直流灯泡模块实物图

(2) 驻极体电容式传声器　传声器俗称话筒。驻极体是一种永久性极化的电介质，利用这种材料制作成的电容式传声器称为驻极体电容式传声器，俗称驻极体传声器。

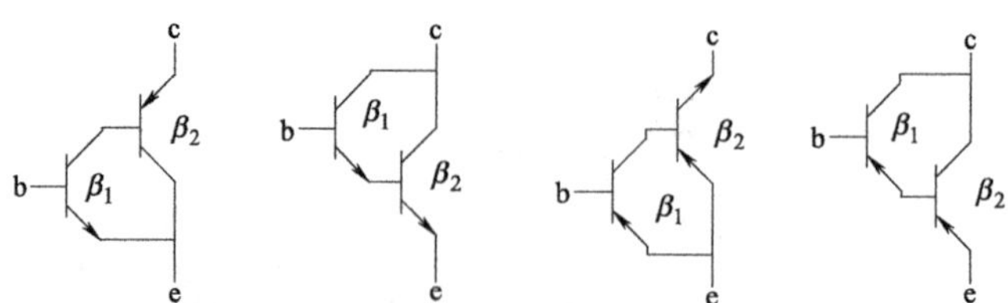

图 1-17　复合管的连接方式

驻极体传声器的结构如图 1-18a 所示，其工作过程是：由于驻极体薄膜片（通常为 10 ~ 12μm 厚）上有自由电荷，相当于电容器，当声波使薄膜片产生振动时，电容器的两极之间就有了电荷量，于是改变了静态电容，电容量的改变使电容器的输出端之间产生了随声波变化而变化的交变电压信号，从而完成了声电转换。

驻极体传声器按结构可分为振膜驻极体传声器和背极驻极体传声器。普通型的振膜驻极体传声器的实体剖视图如图 1-18b 所示，由于驻极体传声器是一种高阻抗器件，不能直接与音频放大器匹配，使用时必须采用阻抗变换，使其输出阻抗呈低阻抗，因此在传声器内接入了一只输入阻抗高、噪声系数小的结型场效应晶体管作阻抗变换。驻极体传声器的图形符号如图 1-18c 所示。

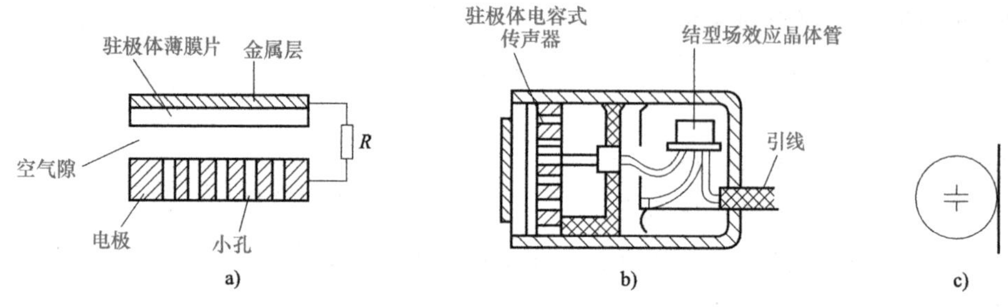

图 1-18　驻极体传声器
a）结构　b）实体剖视图　c）图形符号

驻极体传声器性能的检测方法如下：

驻极体传声器的输出端有两个接点（如 CZN—15D）和三个接点（如 CZN—15E）之分。输出端为两个接点的，其外壳、驻极体和结型场效应晶体管的源极 S 相连为接地端，余下的一个接点则是漏极 D；输出端为三个接点的，漏极 D、源极 S 与接地电极分开为三个接点。驻极体传声器接线图如图 1-19 所示。

1）输出端有两个接点驻极体传声器的检测。

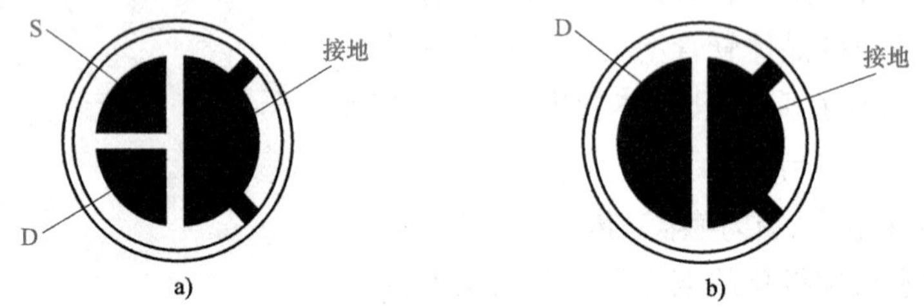

图 1-19　常见驻极体传声器接线图
a）三个接点的驻极体传声器　b）两个接点的驻极体传声器

以驻极体传声器 CZN—15D 为例。

将万用表档位转换开关拨至 R×1k 档，把黑表笔接漏极 D，红表笔接接地点，用嘴吹传声器同时观察万用表指针的变化情况：若指针无变化，则传声器失效；若指针出现摆动，则传声器工作正常，且摆动幅度越大，传声器的灵敏度越高。

2）输出端有三个接点驻极体传声器的检测。

以驻极体传声器 CZN—15E 为例。

先对除接地点以外的另两个接点作极性判别，即将万用表档位转换开关拨至 R×1k 档，并将两根表笔分别接在两个被测接点上，读出万用表指针所指的阻值。交换表笔重复上述操作，又可得另一个阻值。比较两阻值的大小，阻值小的一次操作，黑表笔接的为源极 S，红表笔接的为漏极 D；然后保持万用表档位不变，将黑表笔接漏极 D，红表笔接源极 S 并同时接地，再作与有两个输出接点的驻极体传声器检测相同的操作。

2. 电路知识

(1) 直流电源电路　能将交流电转变成稳定直流电压输出的电路称为直流稳压电源。直流稳压电源由电源变压器、整流电路、滤波电路和稳压电路组成，如图 1-20 所示。

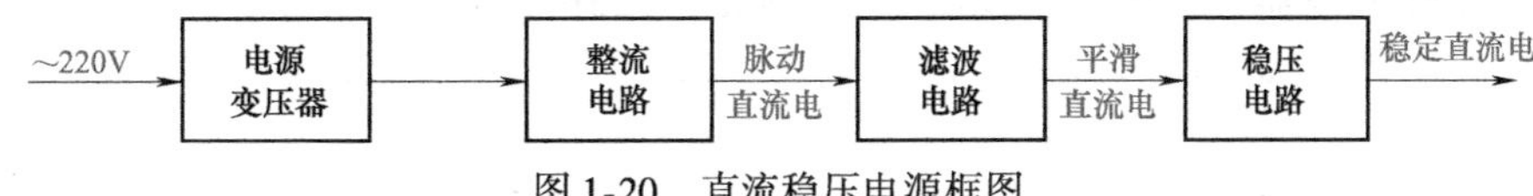

图 1-20　直流稳压电源框图

1）整流电路。

把交流电转换为脉动直流电的电路称为整流电路。按照整流后输出波形分为半波整流电路和全波整流电路（又分桥式整流电路和变压器抽头式整流电路），其中桥式整流电路应用比较广泛，如图 1-21 所示。

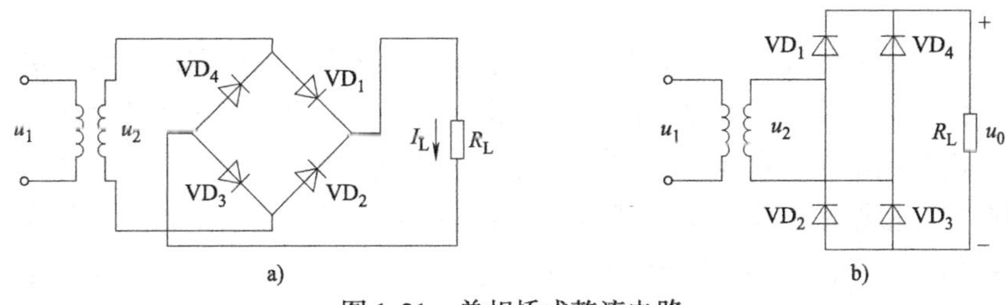

图 1-21　单相桥式整流电路

a）常用画法　b）变形画法

2）滤波电路。

把脉动的直流电转换为平滑直流电的电路称为滤波电路。构成滤波电路的主要元件是电感线圈和电容器，它们有对不同频率信号具有不同电抗的特性，可使负载上电压（或电流）的直流分量尽可能大、交流分量尽可能小，以减小输出电压纹波。

常用的滤波电路具有如图 1-22 所示几种形式。

3）稳压电路。

整流滤波电路可以把交流电转变为较平滑的直流电，但当电网电压发生波动或负载电流变化比较大时，其输出电压仍会不稳定。为此，在整流滤波电路后面需加上稳压电

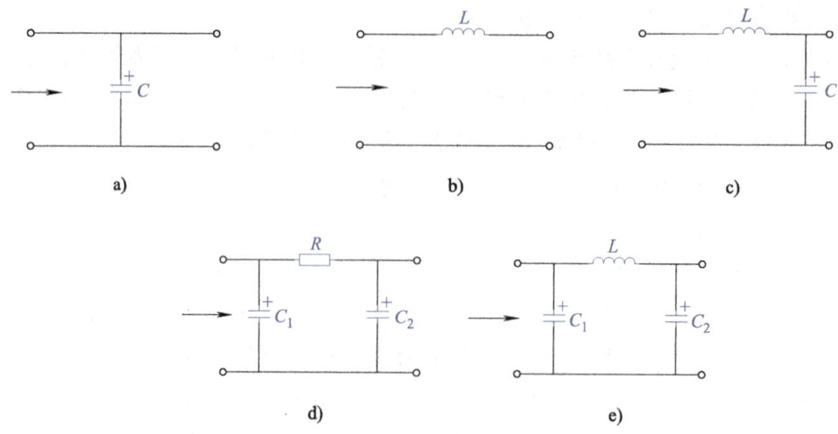

图 1-22　几种常见的滤波器

a）电容滤波　b）电感滤波　c）L 形滤波器　d）RC π 形滤波器　e）LC π 形滤波器

路组成稳压电源。常用的直流稳压电路按电压调整元件与负载 R_L 连接方式的不同分为两类：一类是用硅稳压二极管作调整器件的并联型稳压电路，如图1-23a所示；另一类是用晶体管作调整器件的串联型稳压电路，如图 1-23b 所示。

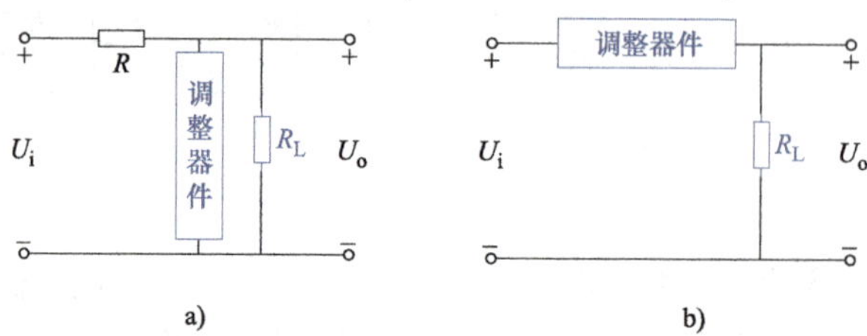

图 1-23　串联型和并联型稳压电路框图

a）并联型稳压电路框图　b）串联型稳压电路框图

随着科学技术的发展，分立元器件的稳压电路已被集成稳压器所代替。集成稳压器应用集成电路工艺，将稳压电路中的调整、放大、基准、取样等各环节制作在一块硅片上，成为集成稳压组件。集成稳压器有三端式（引脚只有三个）和多端式，其中以三端式应用最广。根据输出电压是否可调，三端集成稳压器分成固定式三端集成稳压器和可调式三端集成稳压器。根据输出电压的正负极性，分为正稳压器和负稳压器。

① 固定式三端集成稳压器。

国产固定式三端集成稳压器的型号含义如下：

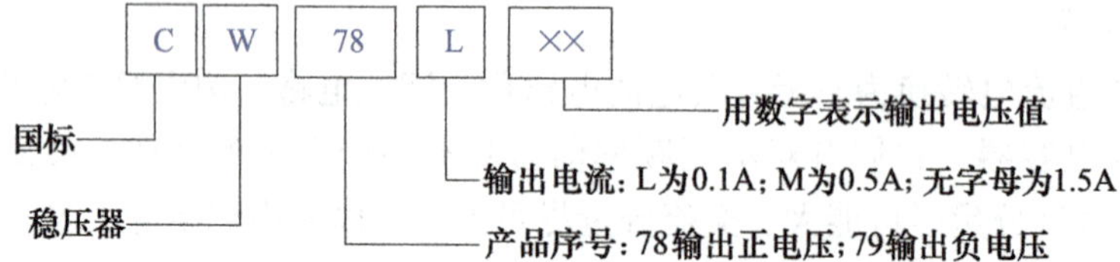

W7800、W7900 系列集成稳压器的外形及引脚排列如图 1-24 和图 1-25 所示。W7800 系列的最高输出电压为 24V。

固定式三端集成稳压器的应用比较广泛，如可实现固定输出电压电路和输出电压可

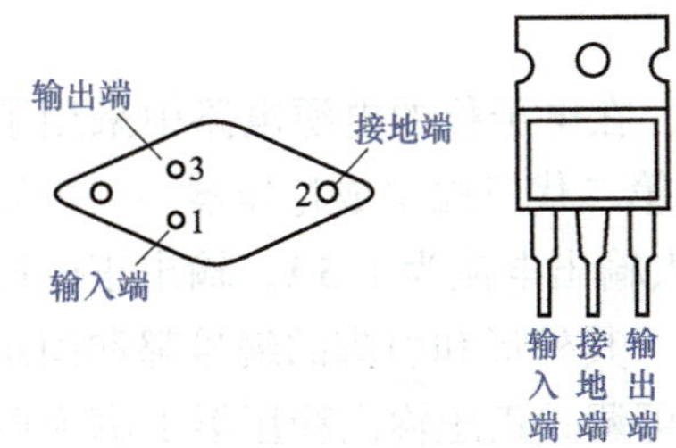

图 1-24　W7800 系列集成稳压器的外形及引脚排列

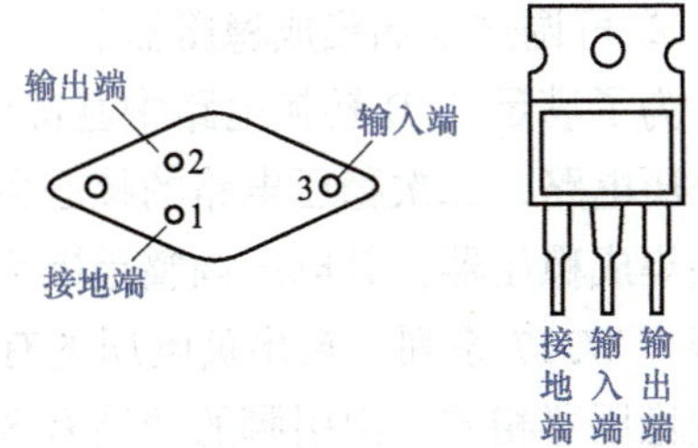

图 1-25　W7900 系列集成稳压器的外形及引脚排列

调电路等。

固定输出电压电路如图 1-26 所示，各电路的输出电压为集成稳压器的输出电压。

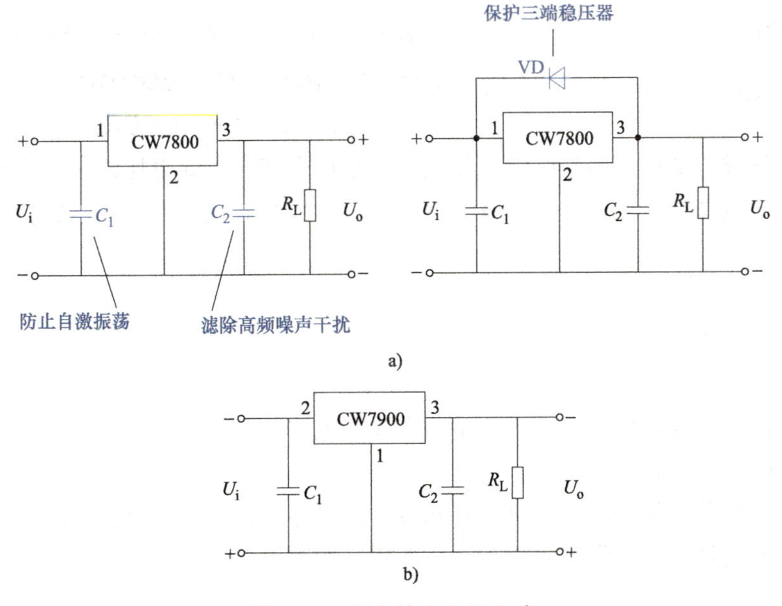

图 1-26　固定输出电压电路

a）W7800 系列稳压电路　b）W7900 系列稳压电路

输出电压可调电路如图 1-27 所示，调节 R_2 的值就可以改变输出电压 U_o 的值。输出电压 U_o 是原来三端稳压输出电压 U_x 和可调电阻两端电压 U_A 之和，所以输出电压较三端集成稳压器的输出电压提高了，并且在一定范围内是可调的。

可输出正、负两组电压的稳压电路如图 1-28 所示。

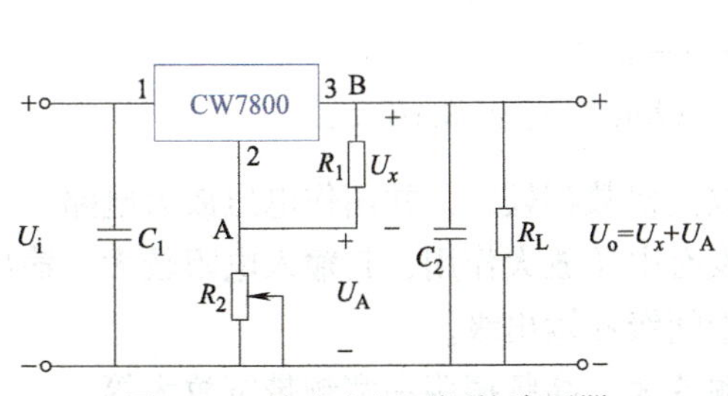

图 1-27　输出电压可调的稳压器

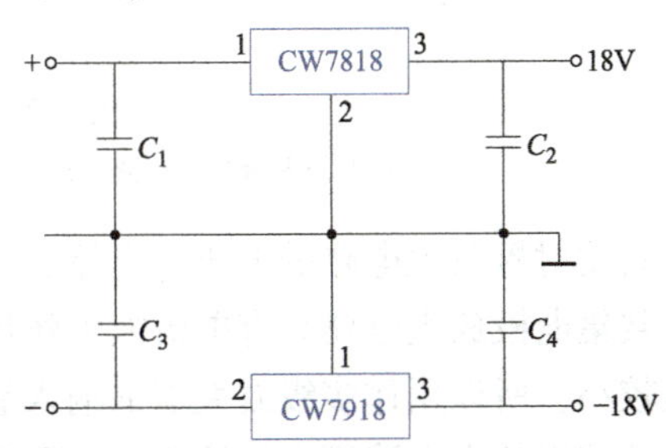

图 1-28　可输出正、负两组电压的稳压电路

② 可调式三端集成稳压器。

为了满足 A/D 转换电路中基准电压可调的需要，在电子秤的电源电路中采用了二次稳压电路，二次稳压电路的核心器件是 TL431，是第二代三端集成稳压器——可调式三端集成稳压器，其电压调整范围为 1.2 ~37V，最大输出电流为 1.5A。输出正电压的有国产 W317 系列，输出负电压的有国产 W337 系列，其外形和引脚的编号都和固定式三端稳压器相同，但引脚的功能有区别：W317 三端可调式正压输出稳压器 1 脚为调整端，2 脚接输入端，3 脚接输出端。W337 三端负压输出稳压器 1 脚为调整端，2 脚接输出端，3 脚接输入端。

国产三端可调式集成稳压器的型号表示意义：

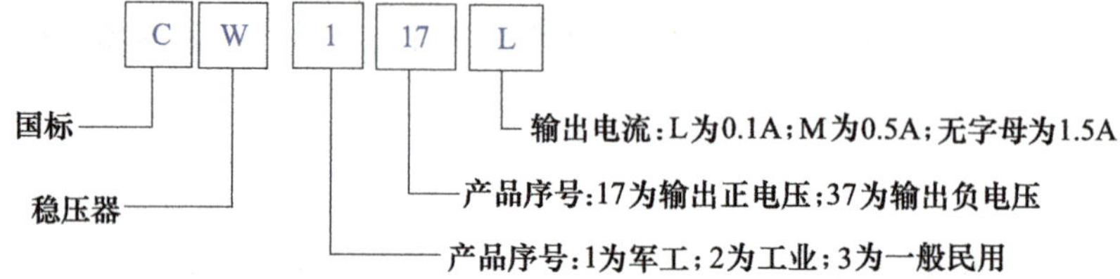

可调式集成三端稳压器与固定式集成三端稳压器相比，除电压连续可调外，还具有输出电压稳定度高，电压调整率、电流调整率、纹波抑制比等高出几倍的特点。应用时应注意：**可调式三端集成稳压器的引脚不能接错，接地端不能浮空，否则容易损坏稳压器。**

(2) 放大电路

1）放大电路。

增加电信号幅度或功率的电子电路称为放大电路。

2）放大电路的基本形式。

放大电路分共发射极放大电路、共基极放大电路和共集电极放大电路。在构成多级放大器时，这几种电路常常需要相互组合使用，如图 1-29 所示。

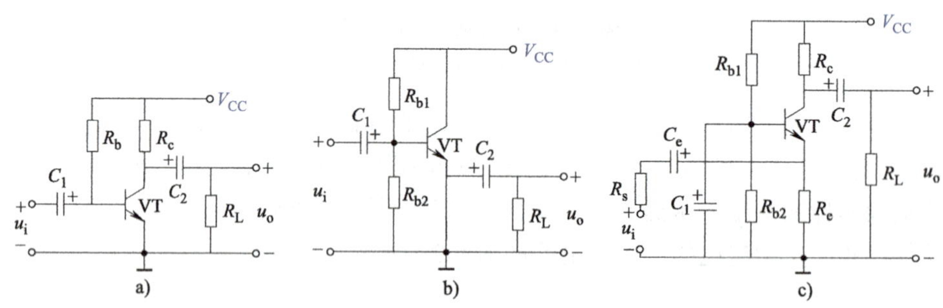

图 1-29 三种放大电路

a）共发射极放大电路 b）共集电极放大电路 c）共基极放大电路

共发射极放大电路的电压、电流、功率放大倍数都较大，常用作电压放大电路。

共集电极放大电路只有电流放大作用，没有电压放大作用，其输入电阻较大，输出电阻较小，所以用作多级放大器的输入级、中间级和输出级。

共基极放大电路频率特性好，多用于高频放大、高频振荡和宽频带宽放大等。

三种基本放大电路的性能比较见表1-5。

表1-5　三种基本放大电路的性能比较

参　数	共发射极	共集电极	共基极
输入电阻的大小	中等	大	小
输出电阻的大小	较大	小	较大
电压放大能力	有	无($A_u \leqslant 1$)	有
电流放大能力	有	有	无
u_o 与 u_i 的相位关系	反相	同相	同相
应用范围	低频，中间级	输入级，输出级，缓冲级	高频，宽频带放大，恒流源

3）放大电路的性能指标。

放大电路的性能指标包括放大倍数、输入电阻、输出电阻、通频带、最大不失真输出电压、最大输出功率 P_{om}、效率 η 及非线性失真。

① 放大倍数 A。放大倍数是衡量放大电路放大能力的指标，定义为输出变量的赋值与输入变量的赋值之比，有时也称为增益。虽然放大电路能实现功率的放大，然而在很多场合，人们常常只关心某一单项指标的放大倍数，比如电压或电流的放大倍数。

② 输入电阻 r_i。作为一个放大电路，一定要有信号源来提供输入信号，例如扩音机就是利用传声器将声音转化成电信号提供给放大电路的，还有其他经过温度、压力等传感器变换后产生的各种各样的电信号源。放大电路与信号源相连时，就要从信号源取电流，取电流的大小表明了放大电路对信号源的影响程度，所以定义一个指标来衡量放大电路对信号源的影响，叫做输入电阻。

③ 输出电阻 r_o。放大电路将信号放大后，总要送到某装置去发挥作用。这个装置我们通常称为负载，比如扬声器就是扩音机的负载。在原来的扬声器两端再并联一个扬声器时，它两端的电压将下降，这种现象说明向放大电路的输出端看进去有一个等效内阻，通称为输出电阻记作 r_o。

④ 通频带 f_{bw}。如图1-30所示，当只改变输入信号的频率时，发现放大电路的放大倍数是随之变化的，输出波形的相位也发生变化。这就需要有一定的指标来反映放大电路对于不同频率信号的适应能力。一般情况下，放大电路只适用于放大一个特定频率范围的信号，当信号频率太高或太低时，放大倍数都有大幅度的下降。当信号频率升高而使放大倍数下降为中频放大倍数（记作 A_{um}）的0.7倍时，这个频率称为上限截止频率，记作 f_H。同样，使放大倍数下降为 A_{um} 的0.7倍时，这个频率称为下限截止频率，记作 f_L。我们将 f_H 和 f_L 之间形成的频带称为通频带，记作 f_{bw}，即 $f_{bw}=f_H-f_L$。通频带越宽，表明放大电路对信号频率的适应能力越强。

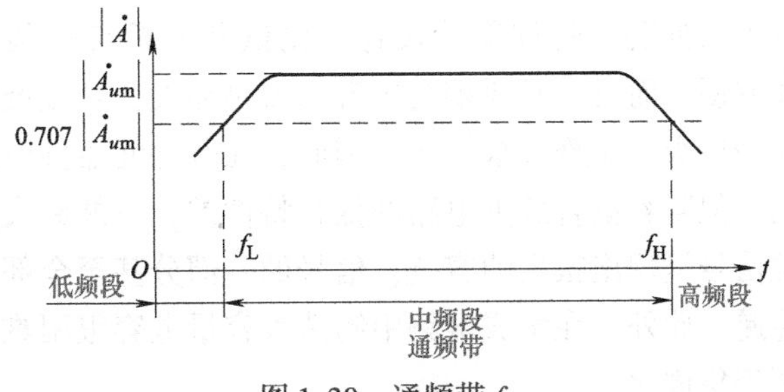

图1-30　通频带 f_{bw}

⑤ 最大不失真输出电压。最大不失真输出电压指的是当输入信号

再增大，就会使输出波形的非线性失真系数超过额定数值（比如10%）时的输出电压幅值。

⑥ 最大输出功率P_{om}。它是指在输出信号基本不失真的情况下，放大电路能输出的最大功率，记作P_{om}。

⑦ 效率η。直流电源能量的利用率称为效率η。η越大，放大电路的电源利用率就越高。

⑧ 非线性失真。由于放大电路的放大特性为非线性所引起的失真称为非线性失真。例如：构成放大电路的元器件本身是非线性的和放大电路工作电源受有限电压的限制等。

4）多级放大电路之间的耦合方式。

多级放大电路之间的耦合方式为直接耦合、阻容耦合、变压器耦合和光电耦合。

① 直接耦合放大电路如图1-31所示。直接耦合是把前级的输出端直接或通过恒压器件接到下级输入端。这种耦合方式不仅可以使缓变信号获得逐级放大，而且便于电路集成化。但是，直接耦合使前后级之间的直流相互连通，造成各级直流静态工作点互相影响，不能独立。因此，必须考虑各级间直流电平的配置问题，以使每一级都有合适的静态工作点。在直接耦合放大器中，另一个突出问题是所谓零点漂移，即前级工作点随温度变化后会被后级传递并逐级放大，使得输出端产生很大的漂移电压。显然，级数越多，放大倍数越大，零点漂移现象就越严重。因此，在直接耦合电路中，如何稳定前级工作点，克服其漂移，将成为至关重要的问题。直接耦合放大电路的突出优点是具有良好的低频特性，可以放大变化缓慢的信号；并且由于电路中没有大容量电容，所以易于将全部电路集成在一片硅片上，构成集成放大电路。电子工业的飞速发展，使集成放大电路的性能越来越好，种类越来越多，价格也越来越便宜，所以直接耦合放大电路的使用越来越广泛。

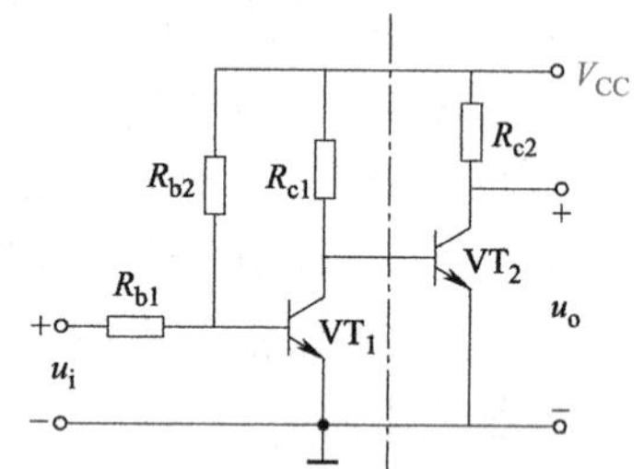

图1-31 直接耦合放大电路

② 阻容耦合放大电路如图1-32所示。阻容耦合是通过电阻、电容将后级电路与前级相连接，由于电容隔直流而通交流，各级直流静态工作点相互独立，在求解和实际调试静态工作点时，可按单级处理，这样就给设计、调试和分析带来很大方便。而且，只要耦合电容选得足够大，则较低频率的信号也能由前级几乎不衰减地加到后级，实现逐级放大。因此，在分立元器件电路中阻容耦合方式得到非常广泛的应用。但阻容耦合放大电路的低频特性差，不能放大变化缓慢的信号。这是因为电容对这类信号呈现出很大的容抗，信号的一部分甚至全部衰减在耦合电容上，而根本不向后级传递。此外，在集成电路中制造大容量电容很困难，甚至不可能，所以这种耦合方式不便于集成化。

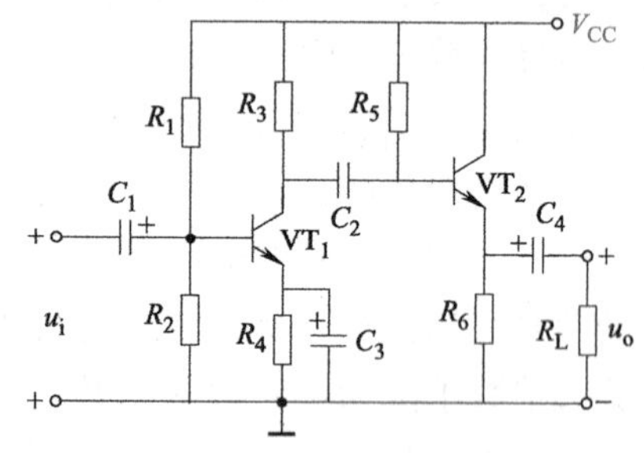

图1-32 阻容耦合放大电路

③ 变压器耦合放大电路如图 1-33 所示。将放大电路前级的输出端通过变压器接到后级的输入端或负载电阻上，称为变压器耦合。由于变压器耦合电路的前后级靠磁路耦合，所以与阻容耦合电路一样，它的各级放大电路的静态工作点相互独立，便于分析、设计和调试。而它的低频特性差，不能放大变化缓慢的信号，且非常笨重，更不能集成化。与前两种耦合方式相比，其最大特点是可以实现阻抗变换，因而在分立元件功率放大电路中得到广泛应用。

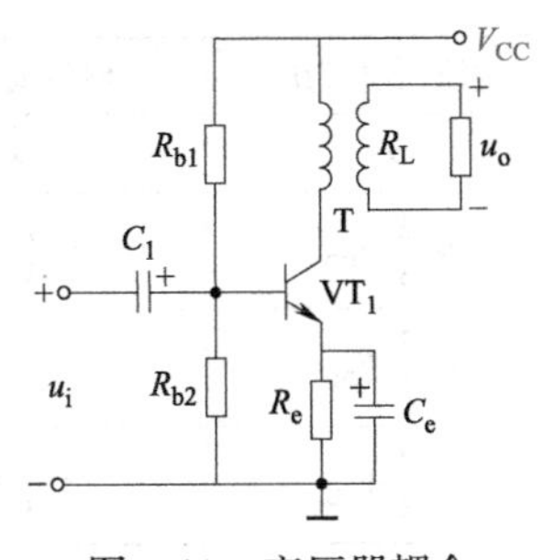

图 1-33　变压器耦合放大电路

④ 光电耦合电路如图 1-34 所示。光电耦合的前级和后级的耦合器件是光耦合器。前级的输出信号通过发光二极管转换为光信号，该光信号照射在光敏晶体管上，光敏晶体管将其还原回电信号并送至后级输入端。光电耦合方式既可以传输交流信号，又可以传输直流信号；既可实现前后隔离，又易于集成，故运用很广泛。

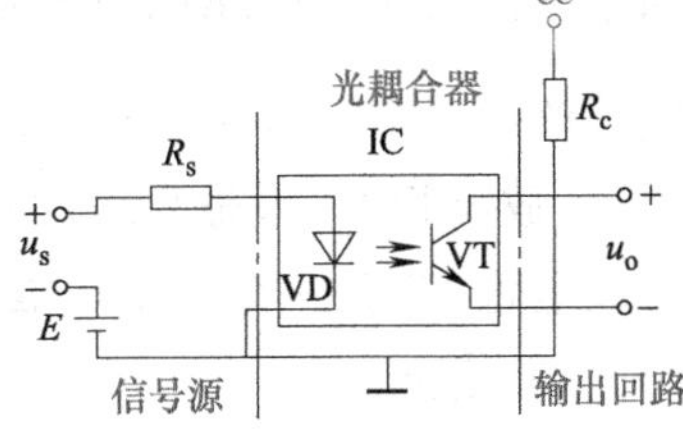

图 1-34　光电耦合电路

5）多级放大电路的放大倍数。

多级放大电路的总放大倍数等于各级放大电路放大倍数的乘积。

6）低频功率放大电路的种类。

低频功率放大电路分为甲类功率放大电路、乙类功率放大电路和甲乙类功率放大电路。

（3）555 定时器的电路结构及功能　图 1-35 所示为 555 定时器的内部结构及外部引线图，可以看到，电路由四部分组成：比较器、RS 触发器、分压器、放电管 VT 及输出缓冲器。

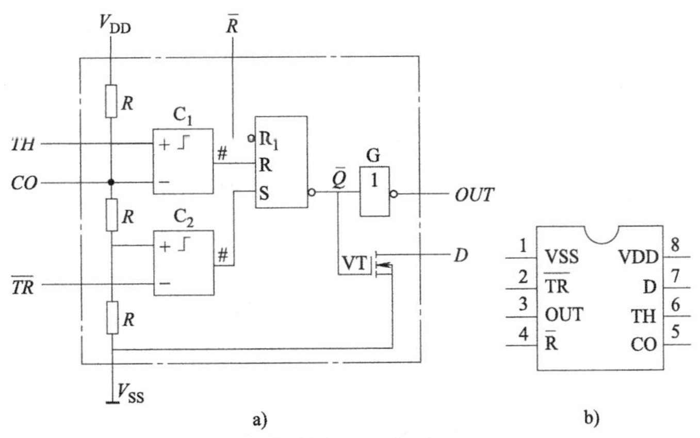

图 1-35　555 定时器的内部结构及外部引线图

a）内部结构　b）外部引线图

1）比较器 C_1 和 C_2。

2）RS 触发器。

当复位端$\overline{R}$加上低电平时，触发器置 0；不使用$\overline{R}$时，就置为高电平，其功能见表1-6。

表 1-6 555 定时器功能表

阈值输入 TH	触发输入$\overline{TR}$	复位$\overline{R}$	输出 OUT	放电管 VT
×	×	0	0	导通
$>\frac{2}{3}V_{DD}$	$>\frac{1}{3}V_{DD}$	1	0	导通
$<\frac{2}{3}V_{DD}$	$>\frac{1}{3}V_{DD}$	1	不变	原状态
$>\frac{2}{3}V_{DD}$	$<\frac{1}{3}V_{DD}$	1	1	判断

3）分压器。

由三个等值电阻 R 组成的分压器对 V_{DD}分压，由此，比较器 C_1 的“－”端电压为 $\frac{2}{3}V_{DD}$，C_2 的“+”端电压为$\frac{1}{3}V_{DD}$。所以，当输入端 TH 的电压超过$\frac{2}{3}V_{DD}$时，C_1 输出高电平；当输入端$\overline{TR}$的电压低于$\frac{1}{3}V_{DD}$时，C_2 输出高电平。这两个输入端输入不同的电压值时，定时器的输出状态见表 1-6。

4）放电管 VT 及输出缓冲器。

放电管 VT 是一个 NMOS 放电开关管，其状态$\overline{Q}$为高电平时，VT 导通；当$\overline{Q}$为低电平时，VT 截止。

另外，D 端为放电端，通常外接电容器，当 VT 导通时，电容器由 D 经 VT 放电；G 为输出缓冲器；OUT 为输出端。

（4）电压比较器知识 电压比较器如图 1-36 所示。电压比较器通过比较两个模拟电压的大小（也有两个数字电压比较的），判断出哪一个电压高，然后在输出端输出相应的电平。

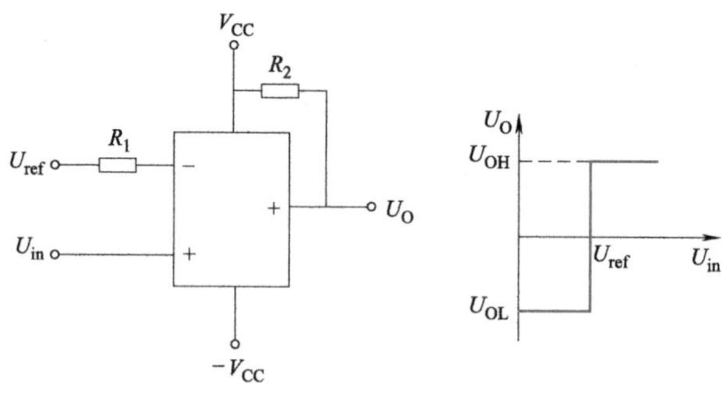

图 1-36 电压比较器

电压比较器可应用于报警器电路、自动控制电路、测量技术，也可用于 V/F 变换电路、A/D 变换电路、高速采样电路、电源电压监测电路、振荡器及压控振荡器电路、过零检测电路等。

电压比较器分为过零比较器、任意电平比较器、反相滞回比较器、同相滞回比较器和双限电压比较器等类型。

(5) 多谐振荡器　多谐振荡器是一种自激振荡器，在接通电源后，不需要外加脉冲就能自动产生矩形脉冲。

1）基本多谐振荡器。

① 电路结构。

图 1-37 所示是由两个 TTL 非门和一对 *RC* 定时元件组成的基本多谐振荡器电路。

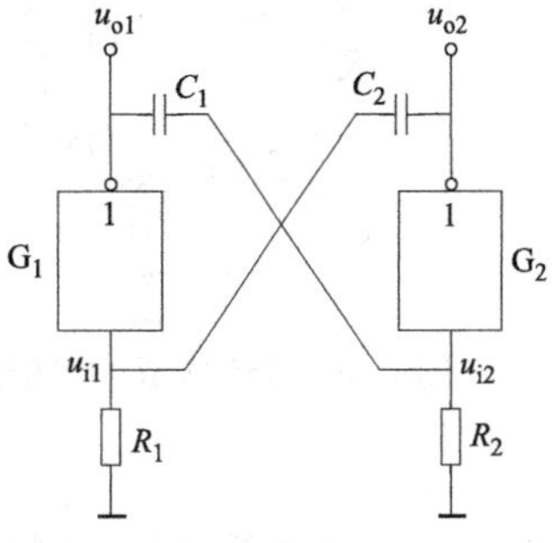

图 1-37　基本多谐振荡器电路

② 工作过程。

电路由两个非门（反相器）及 *RC* 定时元件组成。

若 G_1 关闭，u_{o1}输出高电平，电容 C_1 经电阻 R_2 进行充电；同时，G_2 开通，u_{o2}输出低电平，电容 C_2 经电阻 R_1 放电；随着电容 C_1 充电的加深，其充电电流呈指数规律减小，u_{i2}很快降低到能继续维持 G_2 输出 u_{o2}为低电平的阈值电压，从而电路引起以下正反馈过程：

C_1 充电→u_{i2}下降到阈值→u_{o2}↑→C_2 耦合→u_{i1}↑→u_{o1}↓→C_1 耦合→u_{i2}↓

正反馈过程很快使电路两个非门状态翻转，从而使电路从第一暂稳态翻转到第二暂稳态。

在第二暂稳态时，G_1 开通，u_{o1}输出低电平，电容 C_1 经电阻 R_2 进行放电；同时，G_2 关闭，u_{o2}输出高电平，电容 C_2 经电阻 R_1 充电；随着电容 C_2 充电的加深，其充电电流呈指数规律减小，u_{i1}很快降低到能继续维持 G_1 输出 u_{o1}为低电平的阈值电压，电路很快又引起另一正反馈过程：

C_2 充电→u_{i1}下降到阈值→u_{o1}↑→C_1 耦合→u_{i2}↑→u_{o2}↓→C_2 耦合→u_{i1}↓

于是，电路又从第二暂稳态翻转为第一暂稳态。

从电路在这两个暂稳态之间不停地翻转，其振荡周期 *T* 应为两个稳态持续时间之和，即

$$T = T_{W1} + T_{W2} \approx R_2 C_2 + R_1 C_1$$

基本多谐振荡器电路的波形如图 1-38 所示。

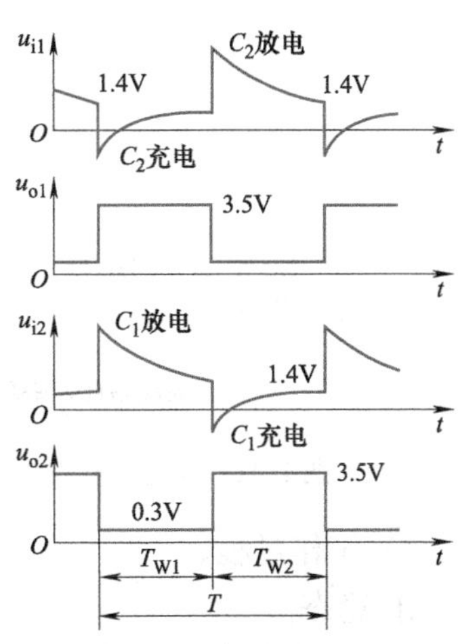

图 1-38　基本多谐振荡器电路的波形

2）555 定时器构成的多谐振荡器。

① 电路结构。

把 555 连接成图 1-39 所示电路，就形成一个多谐振荡器。

② 工作过程。

555 定时器构成的多谐振荡器工作波形如图 1-40 所示。

接通电源时，TH、$\overline{\text{TR}}$端的电压小于 $1/3V_{DD}$，放电管 VT 截止，u_o 输出高电平。之后 V_{DD}通过 R_1、R_2 对电容 *C* 充电，u_C 上升。当 u_C 上升到 $2/3V_{DD}$时，触发

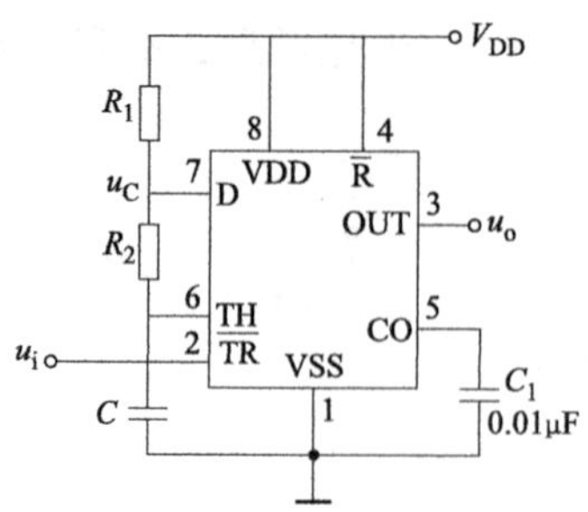

图 1-39　555 构成的多谐振荡器

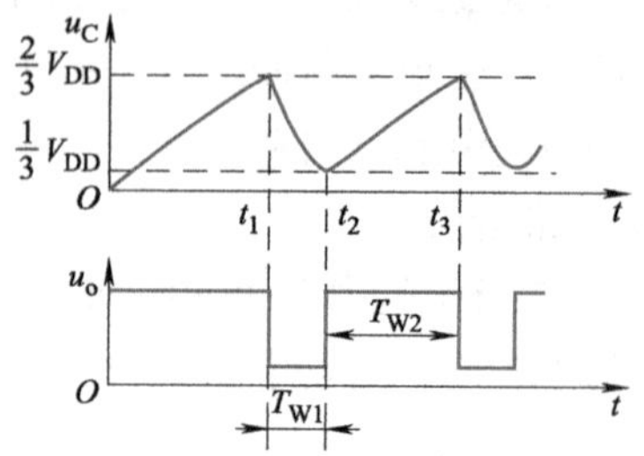

图 1-40　555 定时器构成的多谐振荡器工作波形

器置 0，u_o 跳为低电平，同时放电管 VT 导通。随之电容 C 通过 R_2 和放电管放电，u_C 下降。当 u_C 下降到 $1/3V_{DD}$时，触发器被置 1，放电管截止，u_o 又跳为高电平。电容 C 放电时间 $T_{W1}\approx 0.7R_2C$。接着电源又通过 R_1、R_2 对电容 C 充电，当 u_C 升到 $2/3V_{DD}$时，触发器又翻转为 0，u_o 又跳变为低电平。此时电容 C 充电所需时间为 $T_{W2}\approx 0.7(R_1+R_2)C$。电容 C 如此周而复始地充放电就形成了振荡，输出的是一个频率为 $f=\dfrac{1}{T_{W1}+T_{W2}}$的矩形波。

（6）单稳态触发器　单稳态触发器的工作过程如图 1-41 所示，它只有一个稳态。在没有触发信号时，电路处于稳态；当有触发信号输入时，电路翻转为一种不稳定的状态，经过一段时间后，电路会自动返回原来的稳定状态。这个不稳定的状态称为暂稳态。暂稳态时间的长短与触发脉冲无关，只取决于电路本身的参数。单稳态触发器可用于整形、定时及延时电路中。

1）电路结构。

图 1-42 所示为单稳态触发器电路。VT_2 的偏置电阻 R_{b2} 直接连到正电源 E_c 上，输出电压则从 VT_2 的集电极取出，触发脉冲经微分电路和隔离二极管加到 VT_2 的基极，其工作波形如图 1-43 所示。

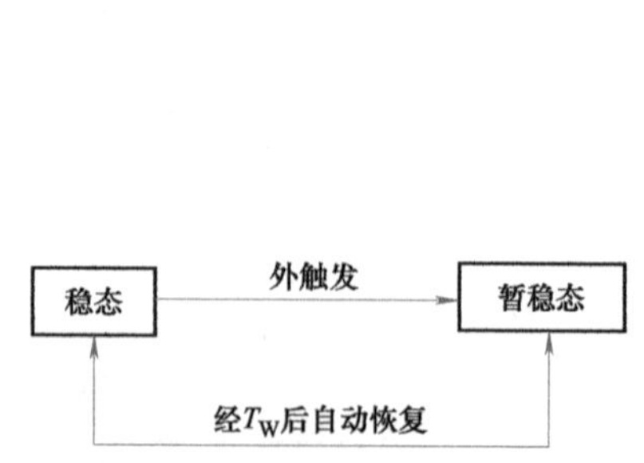

图 1-41　单稳态触发器的工作过程

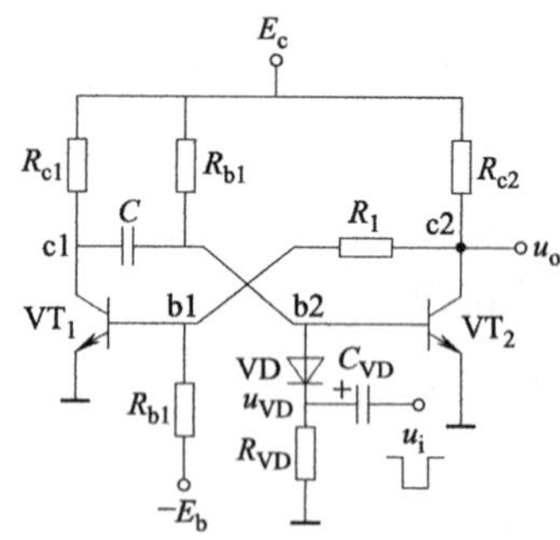

图 1-42　单稳态触发器电路

2）工作过程。

① 稳态。

当没有外加触发脉冲时，由于 VT_2 的基极电阻 R_{b2} 接在正电源 E_c 上，只要合理地选择 R_{c2}、R_{b2}及 β 值，就可使 VT_2 处于饱和状态，此时 $u_{c2}=U_{CES2}\approx 0V$。$VT_2$ 饱和后，

电路的负电源 $-E_b$ 经 R_{b1} 和 R_1 分压使 VT_2 基极电位为负值，因而 VT_1 可靠截止。这时电源 E_c 经 R_{c1} 对电容器充电，充电回路为 $E_c \to R_{c1} \to C \to VT_2$ 的发射结→地，电容 C 两端电压近似达到 E_c，其极性为左正右负。此电路达到稳定状态，输出电压 $u_o \approx 0V$，为低电位。

② 触发翻转。

当输入端输入一负矩形脉冲时，经 C_{VD}、R_{VD} 微分，二极管 VD 隔离掉正尖顶脉冲后，负尖顶脉冲加到饱和管 VT_2 的基极，使 u_{b2} 下降，VT_2 脱离饱和区进入放大区，i_{c2} 下降，u_{b2} 上升，并经 R_{b1} 分压使 u_{b1} 上升。当 u_{b1} 上升到 0.5V 时，VT_1 由截止变为导通，产生以下正反馈连锁反应过程：

负触发脉冲 $\to u_{b2} \downarrow \downarrow \to i_{c2} \downarrow \to u_{c2} \uparrow$

$\uparrow$ ─ $u_{c1} \downarrow \leftarrow i_{c1} \downarrow \leftarrow u_{b1} \uparrow \leftarrow$ ┘

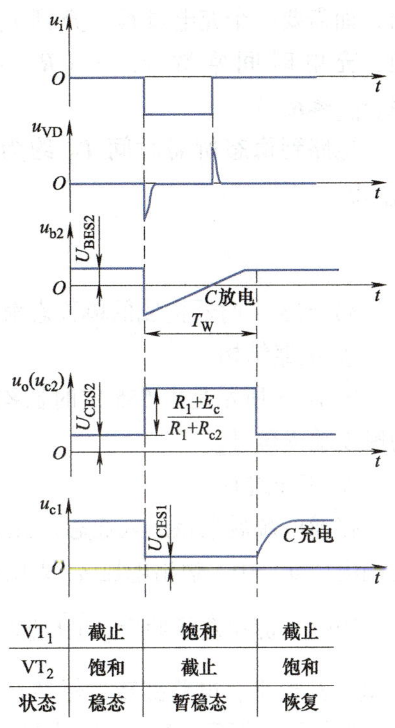

VT_1	截止	饱和	截止
VT_2	饱和	截止	饱和
状态	稳态	暂稳态	恢复

图 1-43　单稳态触发器的工作波形

结果是 VT_2 迅速截止、VT_1 饱和，电路发生第一次翻转，VT_2 集电极输出（u_o）跳变为高电位，电路进入暂稳态。

③ 暂稳态。

电路发生第一次翻转后，VT_1 饱和，VT_2 截止，但此状态不能一直维持下去，所以称之为暂稳态。VT_1 从截止迅速到饱和，其集电极电压 u_{c1} 从 E_c 跳变到接近于 0，即 $u_{c1}=U_{CES1}\approx 0V$，而电容 C 两端的电压不能突变，所以电容两端的电压 E_c（左正右负）加在 VT_2 的发射极上且反向，起到保证 VT_2 截止的作用。

随后，电容 C 放电（也可以认为电源 E_c 通过 u_{b2} 对电容 C 反向充电），放电路径为 C 左端→VT_1 的 c_1 极→e_1 极→地→$E_c \to R_{b2} \to C$ 右端。随着放电电流的减小，VT_2 的基极电位 u_{b2} 由 $-E_c$ 逐渐向 E_c 升高，但只要 u_{b2} 还没有上升到 0.5V，VT_2 将一直维持在截止状态。显然，暂稳态维持时间 T_W 实际上就是 VT_2 的 u_{b2} 从 $-E_c$ 上升到 0.5V 所需要的时间，且 $T_W \approx 0.7R_{b2}C$。暂稳态持续时间也就是输出脉冲宽度，它与外加信号无关。

④ 自动翻转。

当 u_{b2} 上升到 0.5V 时，VT_2 开始导通，于是电路又产生正反馈连锁反应过程：

$C_{放电}$（$u_{b2}>0.5V$）$\to u_{b2} \uparrow \uparrow \to i_{b2} \uparrow \to i_{c2} \uparrow \to u_{c2} \downarrow$

└ $u_{c1} \uparrow \leftarrow i_{c1} \downarrow \leftarrow i_{b1} \downarrow \leftarrow u_{b1} \downarrow \leftarrow$ ┘

结果，VT_1 迅速截止，VT_2 迅速饱和，暂稳态结束，VT_2 集电极输出（u_o）跳变为低电位。于是，在 VT_2 的集电极得到一个固定宽度为 T_W 的输出脉冲电压。从暂稳态翻转到稳态的过程，是 VT_2 首先退出截止状态，然后才引起上述正反馈连锁反应的过程。

⑤ 恢复过程。

暂稳态结束之后，电路虽然已回到稳态，但由于电容 C 两端的电压尚未达到稳定值，而需要一个充电过程，充到 E_c 为止，其充电的路径为 $E_c \rightarrow R_{c1} \rightarrow C \rightarrow VT_2$ 基极→地，充电时间常数 $\tau_{充} = (R_{c1} + r_{be2})C \approx R_{c1}C$，$r_{be2}$ 为 VT_2 发射结的正向电阻（$r_{be2} \ll R_{c1}$）。

电路到稳态所需时间 T_B 约为（3～5）$\tau_{充}$。所以单稳态触发器的最高工作频率 f_{max} 为

$$f_{max} \leqslant \frac{1}{T_W + T_B}$$

3）555 定时器构成的单稳态触发器。

① 电路结构。

图 1-44 所示是由 555 定时器构成的单稳态触发器电路，R、C 为外接定时元件，u_i 为触发输入脉冲。

② 工作过程。

接通电源后电路进入稳态。此时，内部的 RS 触发器置 0，放电管 VT 导通。电容器两端电压 $u_C = 0$，输出电压 u_o 为低电平。

当输入负触发脉冲后，$\overline{TR}$端电压低于$\frac{1}{3}V_{DD}$，RS 触发器被置 1，放电管 VT 截止，u_o 输出高电平，电路翻转为暂稳态。

在暂稳态期间，V_{DD}通过外接电阻 R 对电容 C 充电，定时开始，直到电容 C 上的电压升高到$\frac{2}{3}V_{DD}$时，比较器 C_1 输出高电平，使触发器置 0，u_o 跳转为低电平。与此同时，放电管 VT 导通，电容 C 经放电管放电，电路恢复到稳态。图 1-45 所示为此单稳态触发器的工作波形图，其输出脉冲的宽度 $T_W \approx 1.1RC$（单位为 s）。

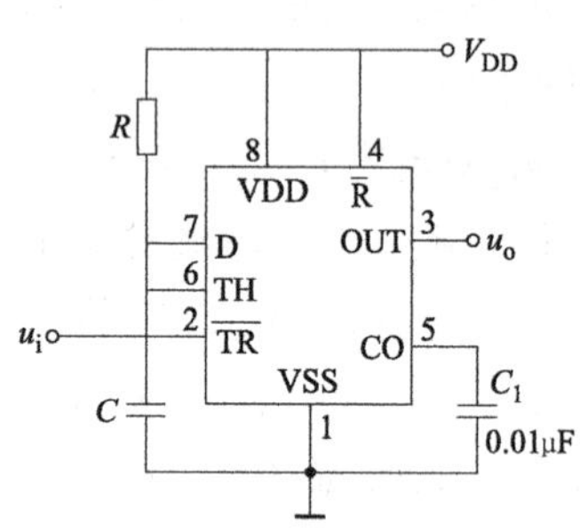

图 1-44　555 定时器构成的单稳态触发器电路

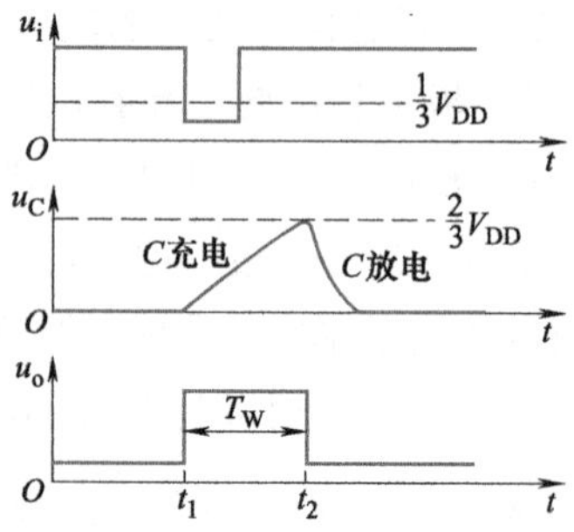

图 1-45　555 定时器构成单稳态触发器的工作波形

工作任务二

搭建频率计电路

一、任务名称

选择频率计作搭建电路，主要是该电路应用了多种具有代表性的数字脉冲处理技术模块电路，采用相应的模块电路可以组建一个精度较高的信号频率计。通过对频率计的安装与调试，可以认识和了解计数器相关知识以及应用电路的功能作用。

二、任务描述

1. 电路原理图

频率计电路原理图如图 2-1 所示。

2. 电路模块的配置

根据电路原理图，组建该电路可配置 EDM314 ±12V、±5V 直流电源模块，EDM315 变压器模块，EDM303 三位计数器模块两个，EDM603 十进制计数器模块两个，EDM605 四位数码管显示模块两个，EDM307 脉冲信号发生器模块。

3. 电路功能

（1）功能作用　该电路可以测量幅值不超过 5V 信号的频率，频率测量范围为 1～999999Hz，即接近 1MHz。为什么频率只能测到 999999Hz 呢？由两个 EDM605 四位数码管显示模块本应可以显示接近 100MHz 的频率，但由于 EDM303 三位计数器模块中的 CD4553 只是一个三位计数器，两个 EDM303 三位计数器模块的两个 CD4553 只能提供 6 位计数，而 6 位数字最大也就是 999999。

（2）工作过程　根据电路原理图连接模块后，接入 5V 电源，发光二极管亮，表示电路已经正确接入电源。

把要测量信号的幅值控制在 5V 以内，频率在 1Hz～1MHz 范围内，可以是正弦波、三角波或矩形波，并把它接入电路的“信号输入”端。

此时，由 EDM307 脉冲信号发生器模块的 Q14 提供 1 个频率为 2Hz 的信号给 EDM603 十进制计数器模块的 CP，并经由 CD4017 处理后由 Q0 输出，分别送到两个 EDM303 三位计数器模块的 MR 端口。当 Q0 输出的脉冲信号为高电平时，该信号对

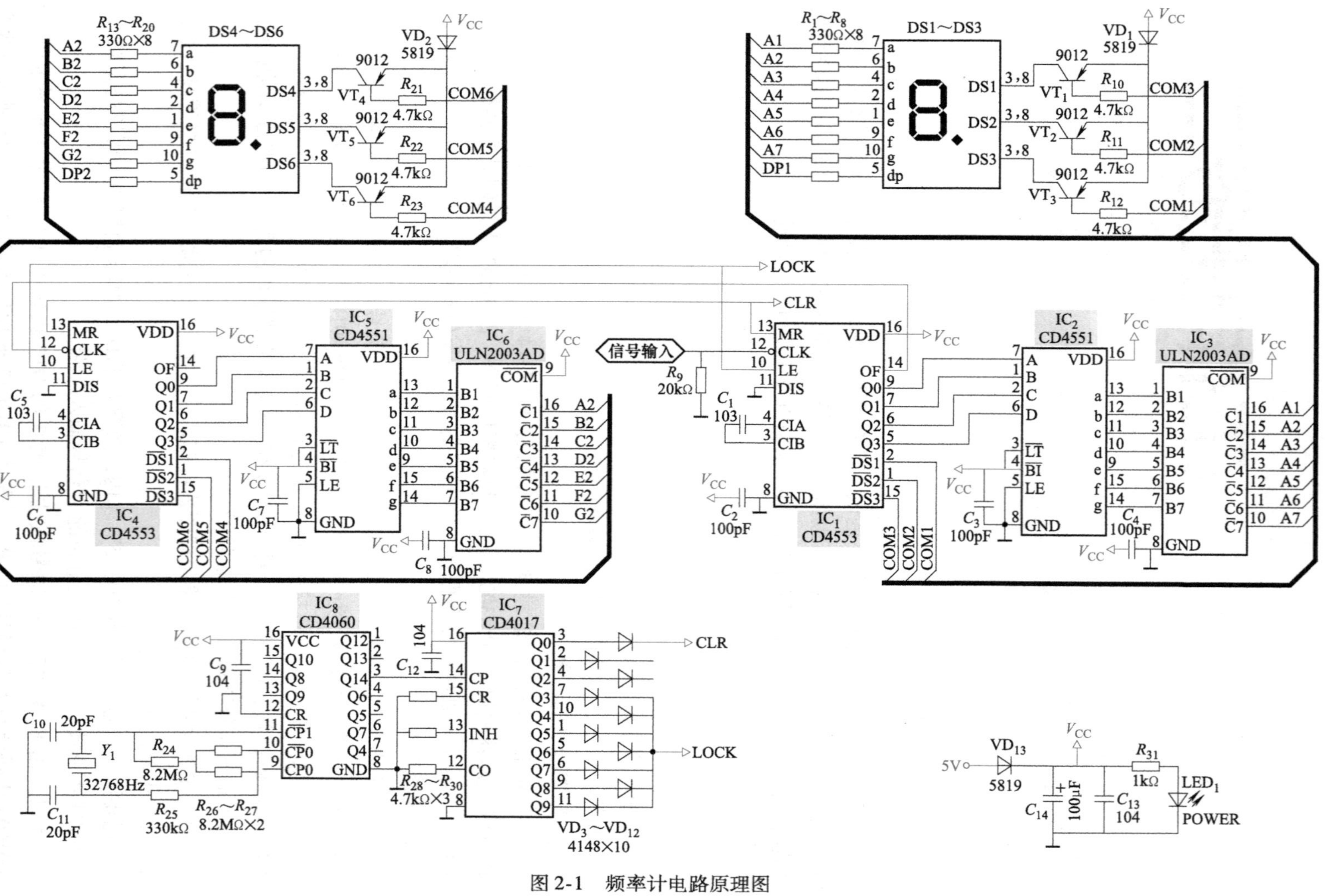

图 2-1 频率计电路原理图

EDM303 中的 CD4553 清零。Q0 脉冲信号在 0.5s 后变为低电平，低三位 EDM303 中的 CD4553 开始对输入信号进行计数。1s 后，EDM603 十进制计数器模块的 CD4017 中 Q3（实际是 Q3 ~ Q9）端口输出的脉冲（高电平时）送到两个 EDM303 三进制计数器模块的 LE 端，对 CD4553 进行锁存。此时，数码管显示的数值即为 1s 内信号的计数值，也就是要测量的信号频率。该数值锁存 5s 后，CD4017 的 Q0 又输出高电平，如此循环，数码管显示的始终是信号的频率。

在 CD4017 的 Q0 输出低电平时，先从低三位 EDM303 中的 CD4553 开始对输入信号进行计数，如果低三位 CD4553 每次计数到 999 + 1 时，便会由 14 脚 OF 端溢出一个脉冲信号送到高三位 EDM303 中 CD4553 的 12 脚 CLK，高三位 CD4553 才开始计数。此时低三位亦同时清零并重新开始计数，直到 CD4017 中 Q3 端口输出的高电平脉冲送到两块 EDM303 的 LE 端，由 CD4553 进行锁存，停止计数。

三、任务完成

1. 模块电路连接

（1）连接实物图　频率计电路连接实物如图 2-2 所示。

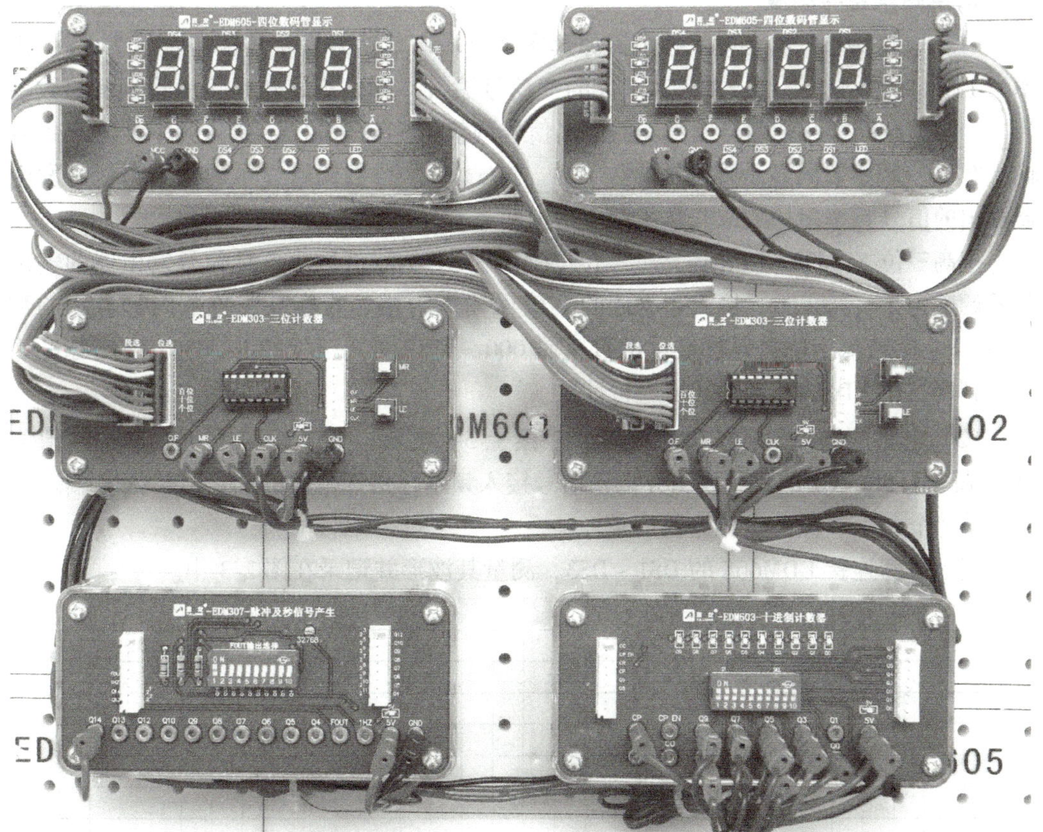

图 2-2　频率计电路连接实物图

(2) 连接说明 各模块之间首先要连接好5V电源端口和接地；EDM603十进制计数器模块、EDM307脉冲信号发生器模块上的拨码开关都关闭。

由两个EDM303三位计数器模块、两个EDM605四位数码管显示模块分别实现高三位和低三位的读数和显示功能；为简单起见，现命名高三位计数器为H_3，低三位计数器为L_3，高四位数码管显示为H_4，低四位数码管显示为L_4。

高三位EDM303的J2排插与高四位EDM605的J1排插连接；同理低三位EDM303的J2排插与低四位EDM605的J1排插连接。

高三位EDM303的J3插头与高四位EDM605的J2连接；同理低三位EDM303的J3插头与低四位EDM605的J2插头连接。

高三位EDM303和低三位EDM303的MR开关、LE开关都关闭（弹起），且其MR及LE分别相连。

高三位EDM303的CLK和低三位EDM303的OF相连。

低三位EDM303的CLK作为被测信号的输入端。

EDM307的Q14连接EDM603的CP。

EDM603的Q0连接高三位EDM303的MR，Q3～Q9七个输出端口短路后连接高三位EDM303的LE。

2. 电路调整与测量

(1) 电路调整 把各模块按电路原理图连接，调节信号发生器输出幅值为5V、频率为1kHz的信号，把信号接入频率计的“信号输入”端，观察数码显示管显示的数字为__1000__。同样，把信号发生器的输出信号调整为5V、10kHz，接入频率计的“信号输入”端，观察数码管显示的数字为__10000__。若数码管显示的数字与信号发生器输出的信号频率相一致或非常接近，则说明频率计可用。

把高三位EDM303 CLK连接低三位EDM303 OF的导线取下，把信号发生器的输出信号调整为5V、10kHz，接入频率计的“信号输入”端，观察高三位数码管显示的数字为__0__。若低三位数码管显示的数字是000，则说明低三位的EDM303溢出脉冲不能送到高三位EDM303的LOCK进行计数。

(2) 电路测量 把各模块连接好，并接上5V电源。调节信号发生器输出幅值为5V、频率为500kHz的正弦波，并把该信号接入频率计搭建电路的“信号输入”端。

①“个、十、百”位位选通信号。

用示波器连接EDM605的DS1～DS3，测量其波形并记录在图2-3中。

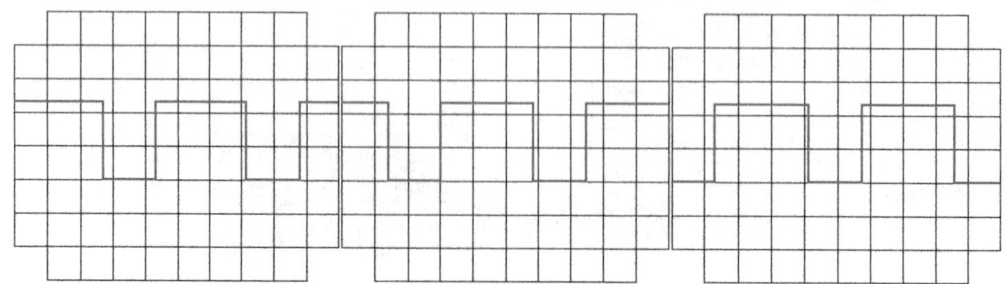

图2-3 DS1、DS2、DS3脉冲信号的波形

从三个波形中可以看出：DS1、DS2、DS3 脉冲信号波形的周期和幅度相同，时序不同，这是“个、十、百”位位选通信号的区别。

② 低三位 EDM303 的 LE 溢出脉冲测量。

用示波器连接低三位 EDM303 的 LE，测量它的波形，并记录在图 2-4 中。

波形	周期	幅度
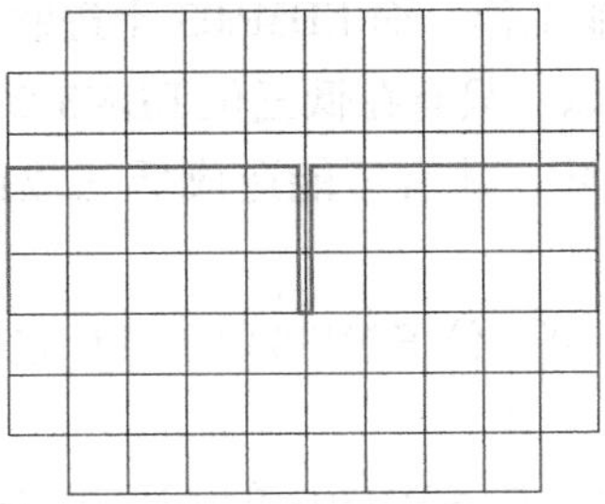 （示波器波形）	$T=2\text{ms}$	$U_{\text{P-P}}=2.4\text{V}$
	量程范围	量程范围
	1ms/div	1V/div

图 2-4　低三位 EDM303 溢出脉冲波形

溢出的脉冲信号频率是 500Hz，即为高三位 EDM303 的 CLK 输入计数脉冲频率。

从以上的调整与检测知道，要保证电路能够正常工作，可以分别对各模块进行测试，确保每个模块都正常工作后，就可以基本保证电路的正常工作了。

3. 电路检测

由于电路是由模块搭建而成的，因此电路的检测是根据电路测试的结果来判断电路出现的故障是在哪一块模块电路上。

故障现象：把各模块按电路要求连接，并接入 5V 电源。EDM603 十进制计数器模块、EDM307 脉冲信号发生器模块上的拨码开关都关闭。按要求在电路的“信号输入”端输入幅度为 3V、频率为 500kHz 的正弦波信号，但两个 EDM605 四位数码管显示模块只显示 000。

故障检测过程：由于组成该电路的模块不多，找出故障所在的模块也就比较容易，我们采用排除法来进行检测。

1）低三位 EDM605 四位数码管显示模块正常。

在输入频率超过 999Hz 的信号时，低三位 EDM605 四位数码管显示模块能够显示 000，所以说明该模块能够正常工作。

2）低三位 EDM303 三位计数器模块正常。

能够由低三位 EDM303 给低三位 EDM605 提供信号，说明其计数功能、锁存功能正常，而且解码与驱动也属正常，可用示波器检测低三位 EDM303 的 IC_1 CD4553 14 脚有否溢出脉冲。若有溢出脉冲，说明低三位 EDM303 三位计数器模块正常。

3）EDM307 脉冲信号发生器模块、EDM603 十进制计数器模块正常。

低三位 EDM303 工作正常，说明 EDM603 十进制计数器模块正常。这是因为 EDM603 只有提供正常的复位 CLR 和锁存 LOCK 脉冲，低三位 EDM303 才能进行正常的清零、计数及锁存，所以说 EDM307 和 EDM603 正常。

4）高三位 EDM605 四位数码管显示模块和 EDM303 三位计数器模块正常。

因为低三位和高三位所采用的模块是完全一样的，因此此时可以把高三位的模块换作低三位使用，而把低三位的模块换作高三位使用，结果出现的现象和以上故障现象的完全一样，也只是低三位能正常显示 000。所以也排除了原高三位 EDM605 和 EDM303 故障。

5）故障在低三位 EDM303 三位计数器溢出信号 LE 到高三位 EDM303 三位计数器信号输入端 CLK 之间。

由于只是低三位正常工作，而高三位不能工作，而 EDM603 十进制计数器模块能够提供正常的复位 CLR 和锁存 LOCK 脉冲。所以，只有在低三位 EDM303 溢出信号 LE 到高三位 EDM303 信号输入端 CLK 之间出现故障，才有可能造成低三位正常工作而高三位不工作。

经检查，发现在低三位 EDM303 的 LE 到高三位 EDM303 的 CLK 之间没有用导线连接上。

故障排除：把低三位 EDM303 的 LE 和高三位 EDM303 的 CLK 重新连接，开机后，机器正常工作。

为了检测频率计是否正常工作，需要在频率计的“信号输入”端接入幅值为 5V、频率 500kHz 的正弦波信号。

频率计电路模块检测可能出现的问题及解决方法见表 2-1。

表 2-1　频率计电路模块检测可能出现的问题及解决方法

问　题	原　因	解决方法
高、低位数码管不能显示	没有接电源	接电源
	输入信号没有接入	接入输入信号
	数码管模块损坏	置换数码管模块
	低三位计数器模块损坏	置换低三位计数器模块
低三位数码管能正常显示，高三位数码管不能显示	高三位计数器没有接电源	高三位计数器接电源
	低三位计数器溢出口 LE 没有与高三位计数器信号输入口 CLK 连接	用导线把低三位计数器溢出端口 LE 没有与高三位计数器信号输入端口 CLK 连接
	高三位计数器 CD4553 损坏	置换高三位计数器模块
	高三位译码器 CD4511 损坏	
	高三位驱动集成 ULN2003 损坏	
	高三位数码管损坏	置换高三位数码管模块
数码管显示的数字不断地变换	十进制计数器 LOCK(Q3)与高、低三位计数器 LE 没有连接	把十进制计数器 LOCK(Q3)与高、低三位计数器 LE 连接
	十进制计数器 CD4017 损坏	置换十进制计数器模块
	脉冲信号产生器 CD4060 损坏	
	脉冲信号产生器的晶体振荡器 Y_1 损坏	
数码管的显示误差较大	十进制计数器 CLR(Q0)没有与高、低三位计数器的 MR 连接	把十进制计数器 CLR(Q0)与高、低三位计数器 MR 连接

4. 电路框图

根据图 2-1 电路原理图，频率计电路框图如图 2-5 所示。

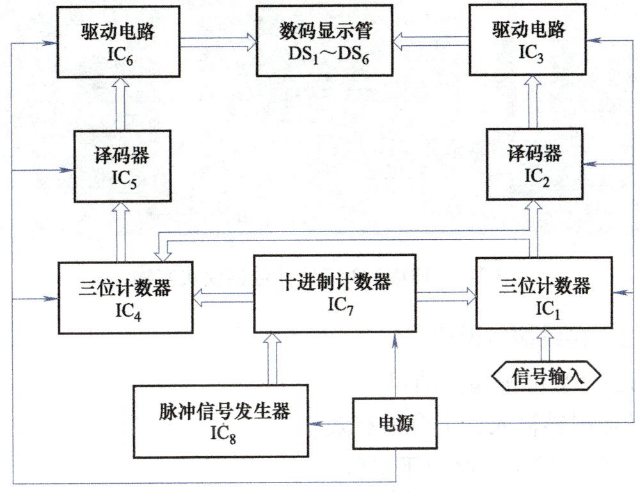

图 2-5　频率计电路框图

四、知识链接

（一）相关单元模块介绍

1. EDM303 三位计数器模块

EDM303 三位计数器模块属于信号处理电路模块之一。

（1）模块电路　如图 2-6 所示。

（2）模块实物　如图 2-7 所示。

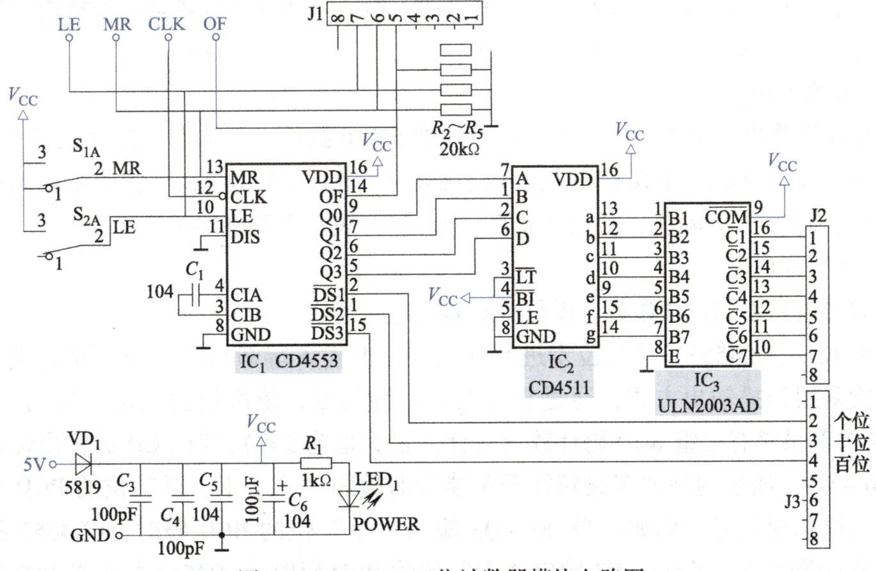

图 2-6　EDM303 三位计数器模块电路图

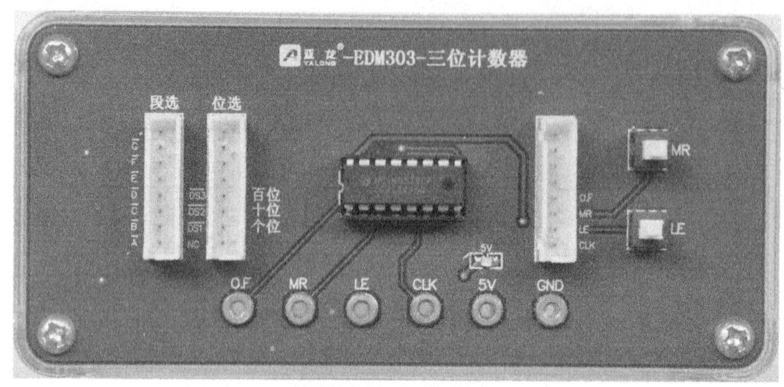

图 2-7 EDM303 三位计数器模块实物

(3) 模块功能 接线端口说明：

5V、GND 插孔：5V 电源输入插口。

CLK 插孔：计数时钟输入，上升沿有效。

OF 插孔：溢出信号输出，高电平有效。

MR 插孔：计数清零，高电平有效。

LE 插孔：数据锁存，高电平有效。

$\overline{C}_1$ ~ $\overline{C}_7$：数码管段码输出端，低电平有效，可直接接共阳极数码管。

排插 J1 输出功能与 CLK、OF、MR、LE 插孔输出功能相同。在输出 CLK、OF、MR、LE 插孔的信号时，可直接使用排插 J1 输出信号。

排插 J2 输出信号与$\overline{C}_1$ ~ $\overline{C}_7$数码管段码输出信号相同，在输出$\overline{C}_1$ ~ $\overline{C}_7$的信号时，可用排插 J2 输出信号。

排插 J3 输出信号是“个、十、百”位选通信号，在输出“个、十、百”位选通信号时，可直接使用排插 J3 输出信号。

EDM303 主要是由 IC_1（CD4553）的 12 脚对输入脉冲进行计数（最多只能完成三位计数，并输出一组三位位选通信号 DS1 ~ DS3 用以驱动数码管显示，再输出一组$\overline{C}_1$ ~ $\overline{C}_7$驱动数码管位选端点亮的信号。

1）电源电路。

该模块工作电压为 4.5 ~ 5.5V，采用外部 5V 电源供电。从电源端输入的 5V 直流电压，经过 VD_1 单向导通保护和 C_3、C_4、C_5、C_6 滤波后输出 V_{CC}，提供给电路所需的直流电压。同时经 R_1限流，发光二极管 LED_1 亮，表示电源电路正常。

2）计数器电路。

计数器电路由三位计数器、译码器及驱动电路组成。

其中 IC_1（CD4553）是三位十进制计数器，但输入端却只有一个，要完成三位输出，只能采用扫描输出方式，通过它的选通脉冲信号，依次控制三位十进制的输出。CD4553 内部虽然有三组 BCD 码计数器（计数最大值为 999），但 BCD 的输出端却只有一组 Q0 ~ Q3，通过内部的多路转换开关能分时输出“个、十、百”位的 BCD 码，并输出三位位选通信号。例如：当 Q0 ~ Q3 输出“个”位的 BCD 码时，CD4553 的 2 脚 DS1 端输出低电平；当 Q0 ~ Q3 输出“十”位的 BCD 码时，CD4553 的 1 脚 DS2 端输出低电平；当 Q0～Q3 输出“百”位的 BCD 码时，CD4553 的 15 脚 DS3 端输出低电平，驱动不同的数码管显示，周而复始、循环不止。IC_1（CD4553）及外围组成三位计数电路，经 IC_2（CD4511）进行 BCD 译码，再经 IC_3（ULN2003）反相驱动，输出 A～G 信号，可直接驱动数码管。DS1～DS3 接数码管位选端。

IC_2（CD4511）的 7、1、2、6 脚是 BCD 码输入端，分别与 IC_1（CD4553）的 9、7、6、5 脚连接，即 BCD 码输出端 Q0～Q3，9～15 脚分别是 7 段译码输出端，接到 IC_3（ULN2003）的 1～7 脚，IC_3的输出端为 10～16 脚。

译码/驱动电路由 IC_2（CD4511）和 IC_3（ULN2003）组成。

IC_3（ULN2003）是集成达林顿管，是一个非门电路，它包含 7 个单元，内部还集成了一个消线圈反电动势的二极管，ULN2003 多用于单片机、智能仪表、PLC、数字量输出卡等控制电路中，具有电流增益高、工作电压高、温度范围宽、带负载能力强等特点，适应于各类要求高速大功率驱动的系统，可直接驱动继电器或固体，也可直接驱动低压灯泡等负载。它是双列直插 16 脚封装。IC_2（CD4511）是一个 BCD 7 段锁存译码驱动器，具有锁存、译码、消隐功能，通常以反相器作输出级，用以驱动 LED。LT、BI、LE 输入端分别检测显示、亮度调节、存储或选通 BCD 码等功能。当使用外部多路转换电路时，可多路转换和显示几种不同的信号。

2. EDM605 四位数码管显示模块

EDM605 属于显示电路模块之一。

（1）模块电路 如图 2-8 所示。

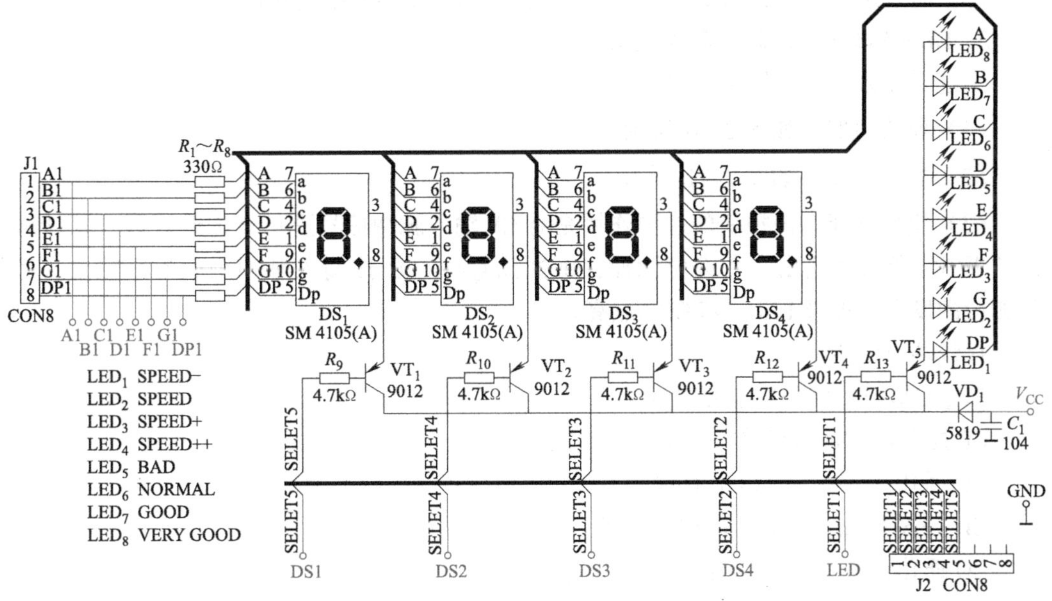

图 2-8 EDM605 四位数码管显示模块电路图

（2）模块实物 如图 2-9 所示。

（3）模块功能 该模块的主要作用是显示 1～4 位的 0～9 数字。

接线端口说明：

图 2-9 EDM605 实物图

VCC、GND 插孔：5V 电源输入插口。

$\overline{A}$ ~ $\overline{Dp}$插孔：数码管段码输入信号端口，低电平有效。

$\overline{DS1}$ ~ $\overline{DS4}$、$\overline{LED}$插孔：数码管位选信号输入端口，低电平有效。

排插 J1 功能与$\overline{A}$ ~ $\overline{Dp}$插孔功能相同，在输出$\overline{A}$ ~ $\overline{Dp}$插孔的信号时，可直接使用排插 J1 输出信号。

排插 J2 功能与$\overline{DS1}$ ~ $\overline{DS4}$、$\overline{LED}$插孔功能相同，在输出$\overline{DS1}$ ~ $\overline{DS4}$、$\overline{LED}$插孔的信号时，可直接使用排插 J2 输出信号。

该模块供电电压为4.5 ~5.5V，采用外部电源供电。J1 和 J2 是连接插孔，当$\overline{DS1}$ ~ $\overline{DS4}$ 为低电平时，数码管 DS1 ~DS4 就会显示数据，LED_1 ~ LED_8 分别亮时，显示不同的功能。而数据是多少，则由 A_1 ~ DP_1（或 J1）输入的段信号决定。

3. EDM603（十进制计数器模块）

十进制计数器模块是属于信号处理模块电路之一。

（1）模块电路 如图 2-10 所示。

（2）模块实物 如图 2-11 所示。

（3）模块功能 该模块的主要作用是对 CP 输入脉冲信号进行十进制计数，并计满 10 个后由插孔 CO 输出一个进位脉冲，由插孔 Q0 ~ Q9 按输入脉冲个数顺序输出，另外相应的发光二极管 LED_1 ~ LED_{10}点亮。

接线端口说明：

5V、GND 插孔：5V 电源输入。

CP 插孔：时钟信号输入，上升沿有效。

CR 插孔：清零，高电平有效。

CP EN 插孔：使能，高电平有效。

CO 插孔：进位信号输出。

Q0 ~ Q 9插孔：计数信号输出。

排插 J1 功能与 CP、CR、CP EN、CO、Q8 ~ Q9 插孔相同。在输出 CP、CR、CP EN、CO、Q8 ~ Q9 插孔信号时，可以直接使用排插 J1 输出信号。

排插 J2 功能与 Q0 ~ Q7 插孔相同。在输出 Q0 ~ Q7 插孔信号时，可以直接使用排插 J2 输出信号。

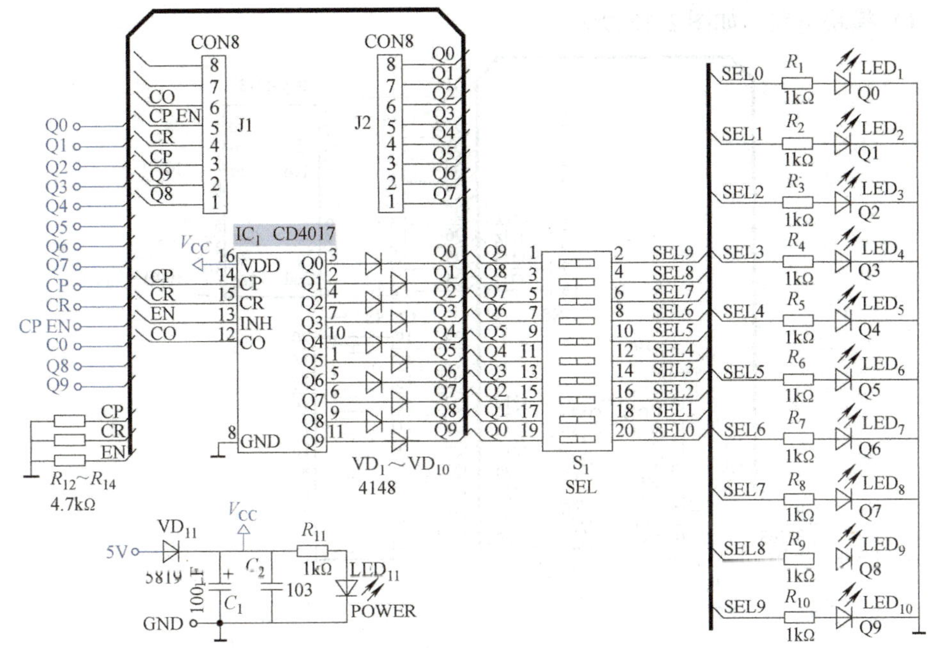

图 2-10　EDM603 十进制计数器模块电路图

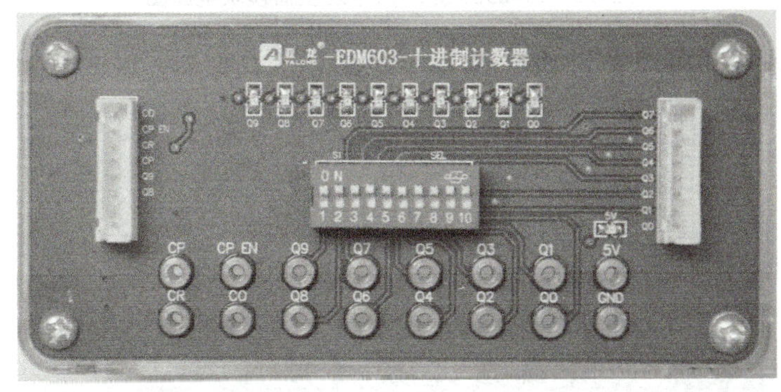

图 2-11　EDM603 十进制计数器模块实物图

1）电源电路。

该模块的工作电压为4～15V，采用外部5V 电源供电，电源电路工作过程可参见工作任务二中的介绍。

2）十进制计数器电路。

IC_1（CD4017）是十进制计数器/分频器，其内部由计数器及译码器两部分组成。它的基本功能是对输入脉冲的个数进行十进制计数，并按照输入脉冲的个数顺序将脉冲分配在 Q0～Q9 这 10 个输出端，计满 10 个数后计数器自动清零，同时输出一个进位脉冲，该进位输出信号可作为下一级的时钟信号。计数器在时钟脉冲的上升沿进位。在高电平时，时钟被禁止。复位输入为高电平时，时钟输入独立运行。

4. EDM307 脉冲信号发生器模块

EDM307 脉冲信号发生器模块属于信号处理模块之一。

（1）模块电路　如图 2-12 所示。

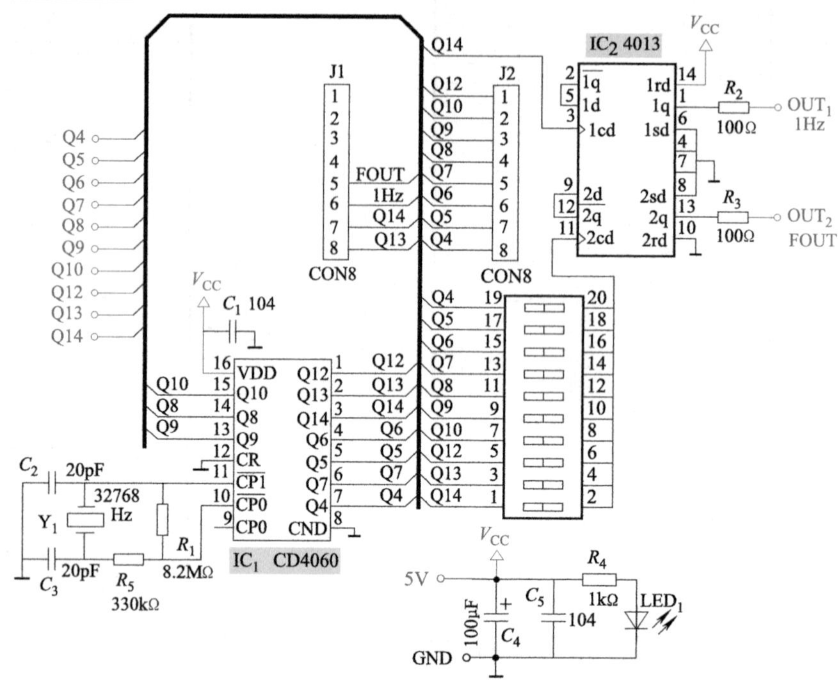

图 2-12　EDM307 脉冲信号发生器模块电路图

（2）模块实物　如图 2-13 所示。

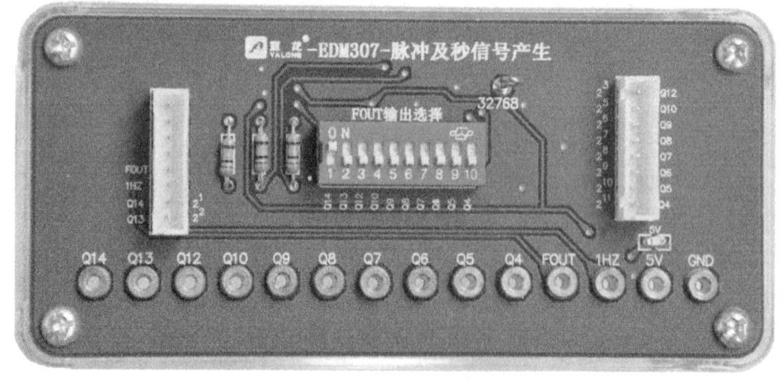

图 2-13　EDM307 脉冲信号发生器模块实物图

（3）模块功能　脉冲信号发生器是数字频率计的一部分，它提供精度和稳定度高的脉冲信号。在这里是采用晶体振荡器发出的脉冲经过整形，分频获得 1Hz 的秒脉冲。因为电路中的晶体振荡器的频率为 32768Hz，通过 15 次分频后可获得 1Hz 的脉冲输出。

接线端口说明：

5V、GND 插孔：5V 电源输入插口。

Q4 ~ Q14 插孔：脉冲信号输出端口。

1Hz 插孔：1Hz 信号输出端口。

FOUT：2Hz 信号输出端口。

排插 J1 输出 FOUT、1Hz 和插孔 Q13、Q14 信号。

排插 J2 功能与 Q4 ~ Q10、Q12 插孔相同。在输出 Q4 ~ Q10、Q12 插孔信号时，可以直接使用排插 J2 输出信号。

1）电源电路。

该模块供电电压 4.5 ~5.5V，采用外部 5V 电源供电，电源电路工作过程可参见前面的介绍。

2）脉冲信号发生器。

该脉冲信号发生器是由 IC_1（CD4060）和 IC_2（CD4013）组成。IC_1（CD4060）是 14 位二进制串行计数器，CR 为高电平时，计数器清零且振荡器无效，所有的计数器位均为主从触发器。在 CP_1（和 CP_0）的下降沿计数器以二进制进行计数。

IC_2（CD4013）是双 D 触发器，由 CD4013 组成二分频器，输入频率为 2Hz 的信号，输出频率为 1Hz 的秒脉冲。

本任务用到的 EDM314 ±12V、±5V 直流电源模块，及 EDM315 变压器模块已在工作任务一中做出详细介绍，这里不再赘述。

（二）相关电路知识

1. 数码显示电路

在频率计电路中为了要显示信号的频率值，采用了数码管 DSH 显示该频率数码值。常用的数码管较多的是由 LED 发光二极管构成的。

（1）LED 数码管的结构　典型的 8 段 LED 数码管如图 2-14 所示。从图中可以看到，数码管是由 7 个字段和 1 个小数点组成的，每一段对应一个发光二极管，当发光二极管亮时，相应的字段点亮，便组成一个数字显示出来。

图 2-14a 表示数码管管脚与对应字段的相互关系。图 2-14b 和图 2-14c 是分别表示数码管内部结构的两种不同形式：共阳极型和共阴极型。8 个发光二极管正极连在一起组成共阳极型数码管，8 个发光二极管的负极连在一起组成共阴极数码管。发光二极管的正向导通（点亮）电压为 1.2 ~2.5V，而反向击穿电压只有 5V。

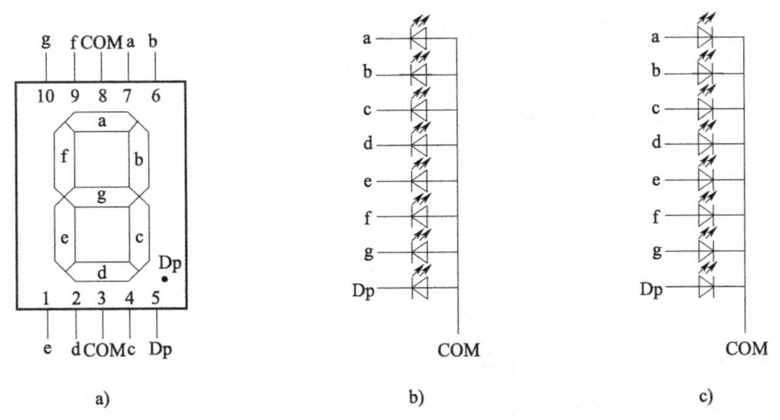

图 2-14　8 段字符 LED 数码显示管

a）管脚与对应字段的关系　b）共阳极型　c）共阴极型

(2) LED 数码显示电路 一般微处理器的 I/O 口是很难直接驱动 LED 数码管点亮的，一般需要安装数码管的驱动电路。图 2-15 所示的频率计电路，是三位 8 段数码管，属于共阳极型，驱动管为 VT_4、VT_5 和 VT_6 三只 PNP 型晶体管。

2. 数字电路知识

(1) 二进制数及编码

1）数字信号。

在数字电路中处理的信号是数字信号，数字信号是一种具有突变特点的脉冲信号。数字电路具有两个主要特点：第一，数字电路的工作信号是不连续的数字信号，它在电路中只表现为信号的有、无或电平的高、低。通常用“1”和“0”来表示，1 代表高电平，0 表示低电平；1 表示有脉冲，0 表示无脉冲；或者，1 表示低电平，0 表示高电平；1 表示无脉冲，0 表示有脉冲。前一种表示方法称为正逻辑，后一种的表示方法称为负逻辑。

2）二进制数。

二进制数只有两个数码：“0”和“1”。任何一个二进制数都是由这两个数码来表示，其进位规律为逢二进一。二进制数和十进制数是可以互换的。

3）BCD 码。

BCD 码就是用 4 位二进制数码表示 1 位十进制数。因此实际应用时是有多种的 BCD 编码方式，其中，较为常用的是 8421BCD 码，它是一种有权码，选用 4 位二进制数的前 10 个数 0000 ~ 1001 表示十进制数的 0 ~ 9，而其余 6 个数 1010 ~ 1111 没有用到。每个代码从左向右每位的权分别是 8、4、2、1，因此称为 8421BCD 码。

(2) 微分电路及积分电路 微分电路利用电容的充、放电特性实现脉冲波形变换，即把矩形波变为尖脉冲波。RC 微分电路是由电容 C 和电阻 R 串联作为输入端，电阻 R 两端作为输出端构成的，如图 2-15a 所示。当输入如图 2-15b 所示的矩形波时，输出信号波形如图 2-15d 所示，我们发现只有当输入脉冲发生突变（上升沿跳变或下降沿跳变）时，输出端才出现变化。当然，该电路要求时间常数 $\tau(=RC) \ll T_W$（T_W 为输入脉冲的宽度），一般取 $\tau=\left(\frac{1}{3} \sim \frac{1}{5}\right)T_W$，也就是说电容 C 充、放电很快，并且在 T_W 内充、放电完成，因为电容器充、放电所需时间约为 $(3\sim5)\tau$。τ 越小，电容器充放电越快，形成的尖脉冲波形越窄；反之则越宽。

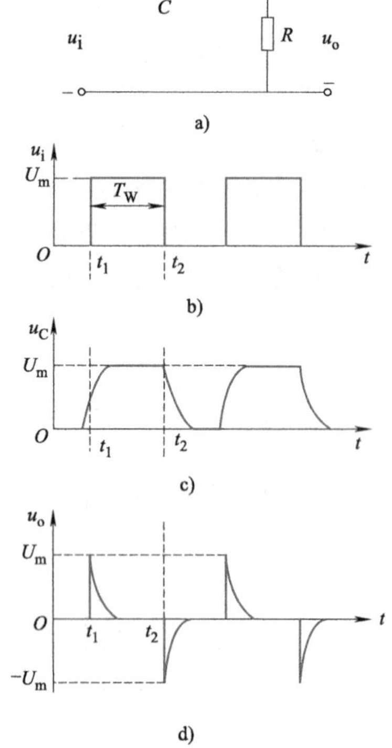

图 2-15 微分电路及输入、输出波形
a）微分电路 b）输入波形 c）电容两端电压 d）输出波形

如果把 RC 微分电路中的 R 和 C 的位置互换，如图 2-16a 所示，而且电路要满足$\tau \gg T_W$ 的条件，通常

取 $\tau \geqslant 3T_W$，此时电路就变成积分电路。积分电路可以把矩形脉冲波转换为锯齿波或三角波。因为输出信号取自于电容器两端的电压，其充放电状态如实地反映到输出端上，同时由于时间常数 τ 较大，电容器充放电较慢，形成了如图2-16c、d所示的波形。

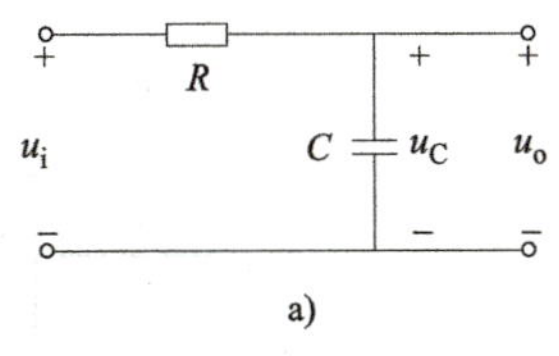

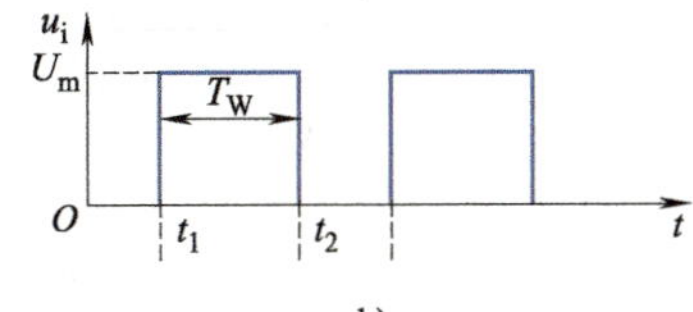

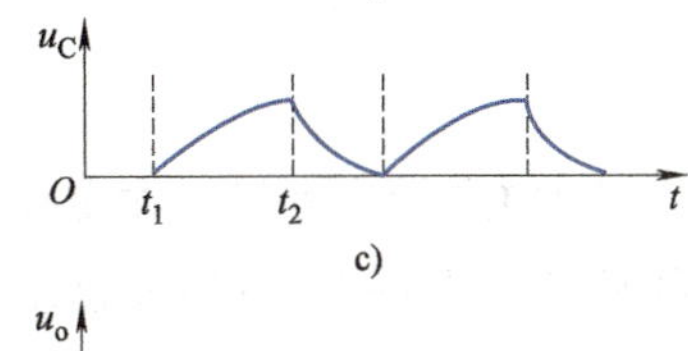

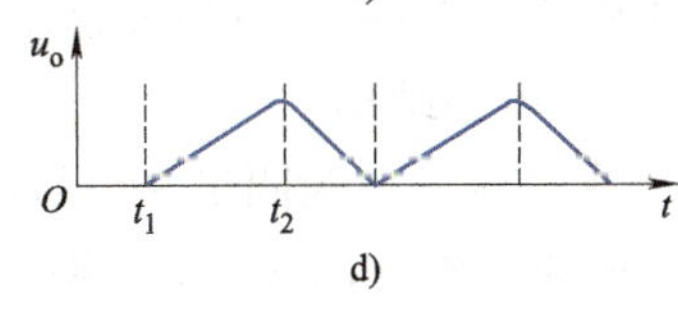

图2-16 积分电路及输入、输出波形

a）积分电路 b）输入波形 c）电容两端电压 d）输出波形

(3) 逻辑门电路基本知识 为了对计数器工作的了解，有必要掌握数字电路的基本逻辑关系见表2-2。

(4) 触发器 触发器又称双稳态电路。所谓稳态是指电路在没有外加信号触发时，触发器保持某一状态不变。而双稳态的意思是：**每当输入端加上相应的触发脉冲时，其输出状态就从一个稳定状态翻转为另一种状态**。触发器是寄存器、计数器、存储器的基本组成部件。

实际上，触发器是一种由门电路构成并具有两个稳定状态的电路，两个稳定状态分别用来表示和寄存二进制数码0和1。触发器可以长期稳定地处于某个稳定状态，即记忆一个数码。只有在外界触发信号的作用下，触发器才能翻转到另一个稳定状态。

最基本的触发器称为基本RS触发器，其他触发器均以基本RS触发器为基本组成单元。图2-17所示是由两个与非门组成的基本RS触发器。

表2-2 数字电路的基本逻辑关系

名称	逻辑门符号	逻辑表达式	逻辑关系
与门	A、B 输入，& ，Y 输出	$Y=A\cdot B$ “与”运算	全高出高，见低出低 （全1出1，见0出0）
或门	A、B 输入，≥1，Y 输出	$Y=A+B$ “或”运算	全低出低，见高出高 （全0出0，见1出1）
非门	A 输入，1，Y 输出	$Y=\overline{A}$ “非”运算	见高出低，见低出高 （见0出1，见1出0）
与非门	A、B 输入，&，Y 输出	$Y=\overline{A\cdot B}$ “与非”运算	全高出低，见低出高 （全1出0，见0出1）
或非门	A、B 输入，≥1，Y 输出	$Y=\overline{A+B}$ “或非”运算	全低出高，见高出低 （全0出1，见1出0）

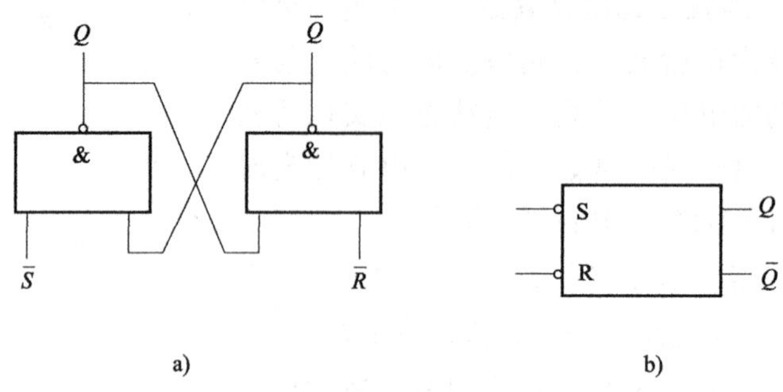

图 2-17 基本 RS 触发器

a）基本电路 b）逻辑符号

基本 RS 触发器极少在实际电路中使用，只是用来构成性能更加完善的触发器。下面我们学习由基本 RS 触发器组成的同步 RS 触发器。

1）电路结构。

图 2-18 所示为同步 RS 触发器，它是在基本 RS 触发器的基础上输入端增加两个控制门组成的。图中 G_1 和 G_2 分别是两个输入信号的控制门，*CP* 为控制信号，在 *CP* 有效期间（高电平），控制门 G_1 和 G_2 有可能被“打开”，输入信号经输入端 *R* 和 *S* 进入才能令触发器翻转。由于触发器的翻转受到 *CP* 的控制，所以，该触发器称为同步 RS 触发器。

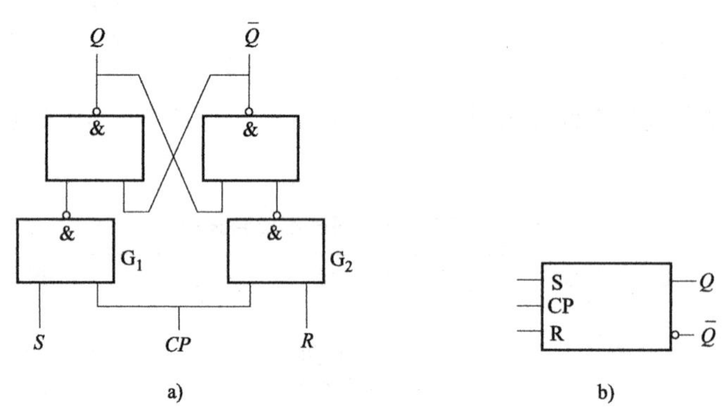

图 2-18 同步 RS 触发器

a）基本电路 b）逻辑符号

2）逻辑功能。

同步 RS 触发器与基本 RS 触发器比较，其逻辑功能完全一样，只是由于控制门是与非门，有反相作用，所以在同步信号有效期间，*R*、*S* 端为高电平有效。其真值表见表 2-3。

表 2-3 同步 RS 触发器的真值表

R	*S*	Q^{n+1}	逻辑功能
0	0	Q^n	保持
0	1	1	置 1
1	0	0	置 0
1	1	不定	不允许

3）输出脉冲波形。

如图2-19所示，设同步RS触发器的初态为1，在第一个CP高电平到来时，$R=1$、$S=0$，由表2-3可知，触发器处于置0状态，故Q为低电平0。当第二个CP高电平到来时，输入信号R、S不变，触发器仍为置0状态，Q仍为低电平0。当第三个CP高电平到来时，触发器输入信号已经改为$R=0$、$S=1$，触发器为置1状态，Q为高电平1，依此类推。

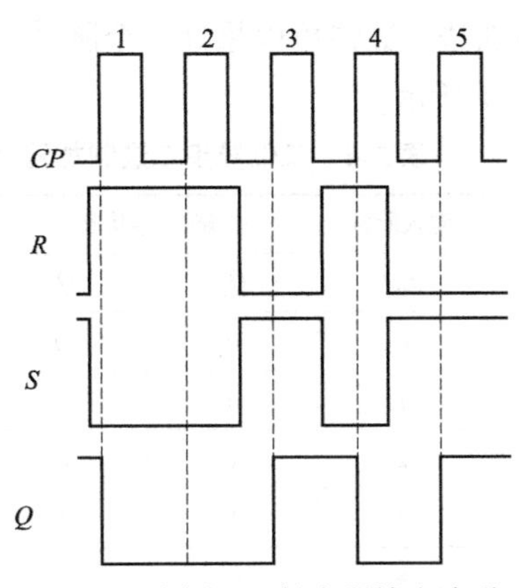

图2-19　同步RS触发器输出波形

（5）计数器　所谓计数器，是指能累计和记忆输入脉冲个数的逻辑部件，它是利用触发器的计数翻转功能来实现计数的。计数器种类较多，有多种分类方法，如按计数方式不同可分为加法计数器、减法计数器和可逆计数器；按触发器翻转方式可不同分为同步计数器、异步计数器；按数码进制为不同，可分为二进制、八进制、十进制和任意进制计数器等。

1）二位异步二进制加法计数器。

其实，一个触发器就可以组成一个最简单的一位十进制计数器。触发器组成计数器，要符合二进制的加法规则（$0+0=0$，$0+1=1$，$1+1=10$，并向高位进1）。图2-20所示是由JK触发器和由D触发器构成的二位异步二进制加法计数器。

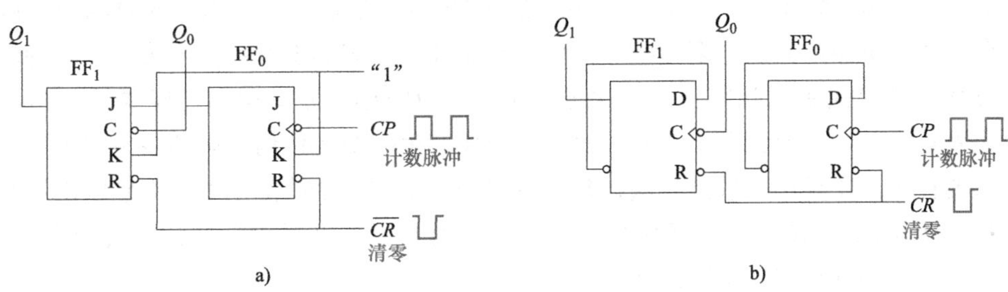

图2-20　二位异步二进制加法计数器

a）由JK触发器构成　b）由D触发器构成

从图2-20中可以看到，加法计数器中低位触发器的输出信号被用作高位触发器的时钟，当低位触发器输出端出现一个下降沿时，高位触发器就发生翻转，相当于由低位向高位输出一个进位信号。由于这种计数器中触发器的翻转不是同时进行的，触发器状态更新有先有后，与CP并不同步，所以称为异步计数器。由于触发器输入端恒定接高电平，即$J=K=1$，计数器处于计数翻转状态。如果计数前先由$\overline{CR}$脉冲清零，令计数器初状态$Q_1Q_2=00$。当第一个CP下降沿到来时，触发器FF_0翻转，Q_0由0上升为1，由于没有下降沿给FF_1，触发器FF_1不翻转，Q_1保持为0，此时$Q_1Q_0=01$。当第二个CP下降沿到来时，触发器FF_0再次翻转，Q_0由1下降为0，同时产生一个下降沿给FF_1，令触发器FF_1翻转，Q_1由0上升为1，此时$Q_1Q_0=10$。由此类推，可得出如表2-4所示计数序列。第四个CP到来时，计数器重新回到0状态。可见，二位异步二进制加法计数器可以累计 4 个脉冲，称为四进制异步加法计数器。计数器的状态变化如图 2-21 所示。

表 2-4　二位异步二进制加法计数器状态

输入脉冲	触发器状态		十进制数
CP	Q_1	Q_0	
0	0	0	0
1	0	1	1
2	1	0	2
3	1	1	3
4	0	0	4

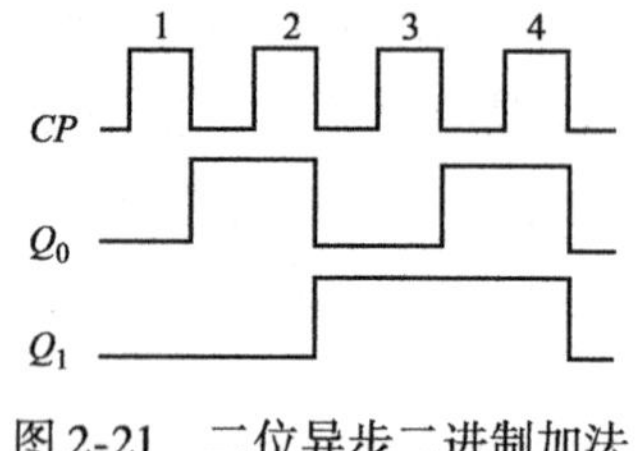

图 2-21　二位异步二进制加法计数器状态变化

从图 2-21 中比较 Q_0 和 CP 波形，Q_0 的脉冲周期刚好比 CP 的脉冲周期大一倍，即 Q_0 的频率比 CP 的频率降低一半，实现了二分频，说明计数器还具有分频功能。

在二位异步二进制加法计数器的基础上再增加两级触发器，就构成四位异步二进制加法计数器。

2）异步十进制加法计数器。

十进制有 0 ~ 9 十个数码，所以至少需要 10 种组合状态才能表示出十进制，而 $2^3 < 10 < 2^4$，十进制计数器至少要由 4 个触发器共 16 种组合状态，多出了 6 种状态，故在十进制计数器电路中必须把多出的 6 个状态抑制掉。如表 2-5 所示，当第十个脉冲输入时，计数器必须强制回到零态，原来输出状态为 $Q_3Q_2Q_1Q_0 = 1010$，现要求强迫它清零，也就是说，当计数到第十个脉冲时，马上要产生一个复位信号强迫各触发器复位归零，只要在原四位异步二进制加法计数器电路中，增加一个检测门 G，判别输出计数状态到达 $Q_3Q_2Q_1Q_0 = 1010$ 时，检测门 G 输出一个脉冲给 4 个触发器复位端 R 复位清零。异步十进制加法计数器逻辑原理如图 2-22 所示。

（6）编码和译码

1）编码。

表 2-5　异步十进制加法计数器状态表

输入脉冲 CP	触发器状态			
	Q_3	Q_2	Q_1	Q_0
0	0	0	0	0
1	0	0	0	1
2	0	0	1	0
3	0	0	1	1
4	0	1	0	0
5	0	1	0	1
6	0	1	1	0

（续）

输入脉冲 CP	触发器状态			
	Q_3	Q_2	Q_1	Q_0
7	0	1	1	1
8	1	0	0	0
9	1	0	0	1
10 (0)	1 (0)	0 (0)	1 (0)	0 (0)

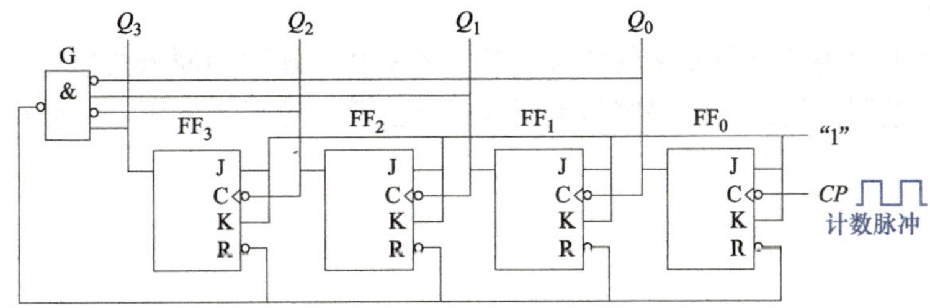

图 2-22　异步十进制加法计数器逻辑原理图

模拟信号数字化以后，就必须将数字进行编码。所谓编码，就是把任何信息送入数字系统处理之前都要先转换为二进制数码相对应的电信号。能实现这种转换的电路称为编码器。用二进制代码相关若干个的 0 和 1 表示相关信号的过程叫做二进制编码。在编码中，二进制代码的不同位数可代表不同的状态，一般 n 位二进制数有 2^n 个状态，可代表 2^n 个不同的含义。

下面我们用最简单的二位二进制编码说明编码的过程。

Y_0、Y_1、Y_2、Y_3 为输入端，现在要输出二位二进制代码，分别代表 $Y_0 \sim Y_3$ 四种状态。很明显输出的状态应该是 $2^2=4$，若用 B、A 表示，则输出与输入的对应关系见表 2-6。

表 2-6　二位二进制编码输出与输入的对应关系

输　入				输　出	
Y_0	Y_1	Y_2	Y_3	B	A
1	0	0	0	0	0
0	1	0	0	0	1
0	0	1	0	1	0
0	0	0	1	1	1

根据表 2-26，可列出表达式为

$$B=Y_2+Y_3 \qquad A=Y_1+Y_3$$

我们可以直接用逻辑或门实现编码，如图 2-23 所示。

我们也可以用其他的逻辑门实现这一二位二进制编码，这里就不再叙述了。

由于编码的方法和种类很多，详细的内容可以参考相关专业的书籍。

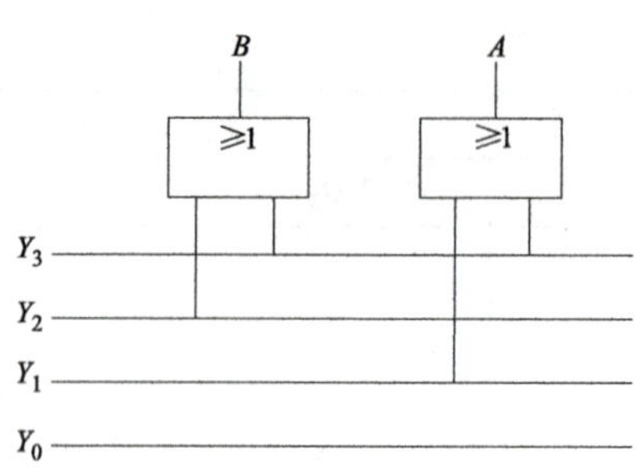

图 2-23　用或门实现的编码

2）译码。

译码就是把代码还原为原来的信号，把二进制代码还原为原来的信号状态的电路我们把它称为二进制译码器。译码则是编码的逆向过程，这里就不再一一介绍了。

工作任务三
搭建电子语音万年历电路

一、任务名称

在复杂的电子产品中，为了要控制电路中的多个功能电路，很有必要引入微处理器，电子语音万年历电路使用了微处理器，我们把电子语音万年历电路作为搭建电子产品电路的一个代表。通过对该电路进行测量与调试，认识和了解微处理器的相关知识以及应用电路的功能作用。

二、任务描述

1. 电路原理图

电子语音万年历电路原理图如图 3-1 所示。

2. 电路模块的配置

根据电路原理图，组建该电路可配置 EDM314 ± 12V、± 5V 直流电源模块，EDM315 变压器模块，EDM001 MCS51 单片机主机模块，EDM606 12864 液晶显示器模块，EDM103 18B20 温度传感器模块，EDM403 8 位独立按键模块，EDM313 AK040 语音模块和 EDM503 扬声器模块。

3. 电路功能

（1）功能作用　该电路可以进行日期、时间显示和温度测量及显示。液晶显示屏 LCD 能够显示年、月、日、时、分、秒和温度值。通过对微动按键的操控，可设置当前时间，并可语音播放当前时间和温度值。

（2）工作过程　正确接线后，接上电源，液晶屏将显示亚龙的 LOGO，大约 6s 后进入主界面，此时按 F1 键会语音播报当前温度，按 F2 键会语音播报当前时间和当前温度。先按下 S_0 键复位，再按 SET 键进入时间设置界面，按◀和▶键使数字移位，按▲和▼键使数字加 1 和减 1。按 OK 键保存修改，同时退出设置状态并进入自动计时和检测温度。

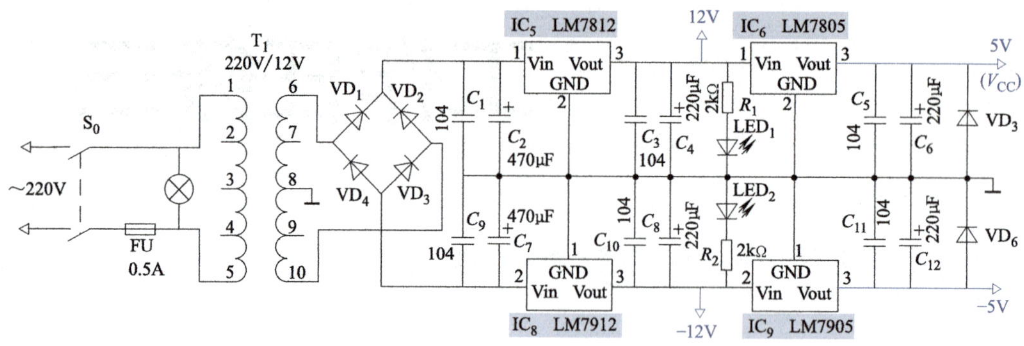

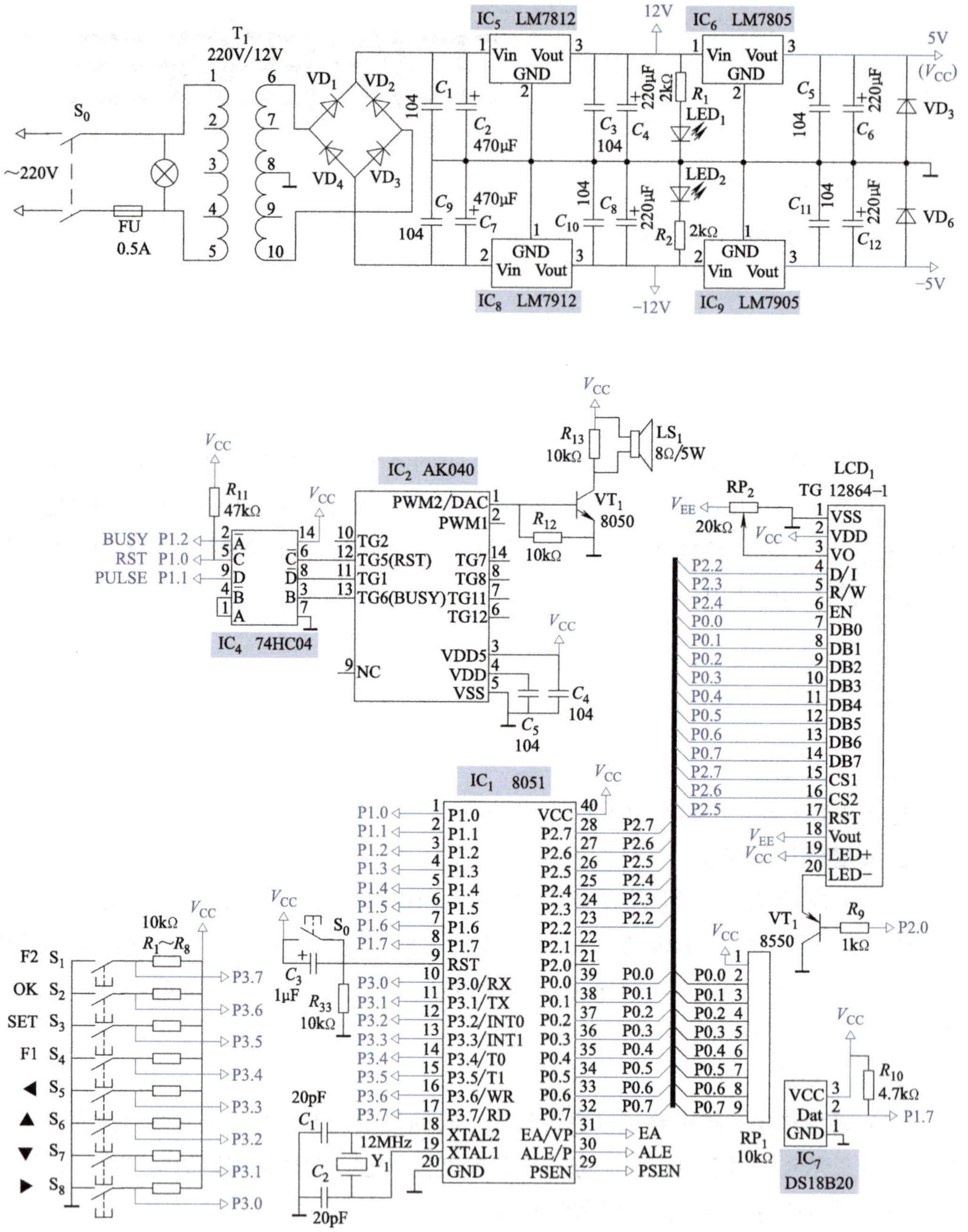

图 3-1　电子语音万年历电路原理图

三、任务完成

1. 模块电路连接

（1）连接实物图 电子语音万年历电路连接实物如图 3-2 所示。

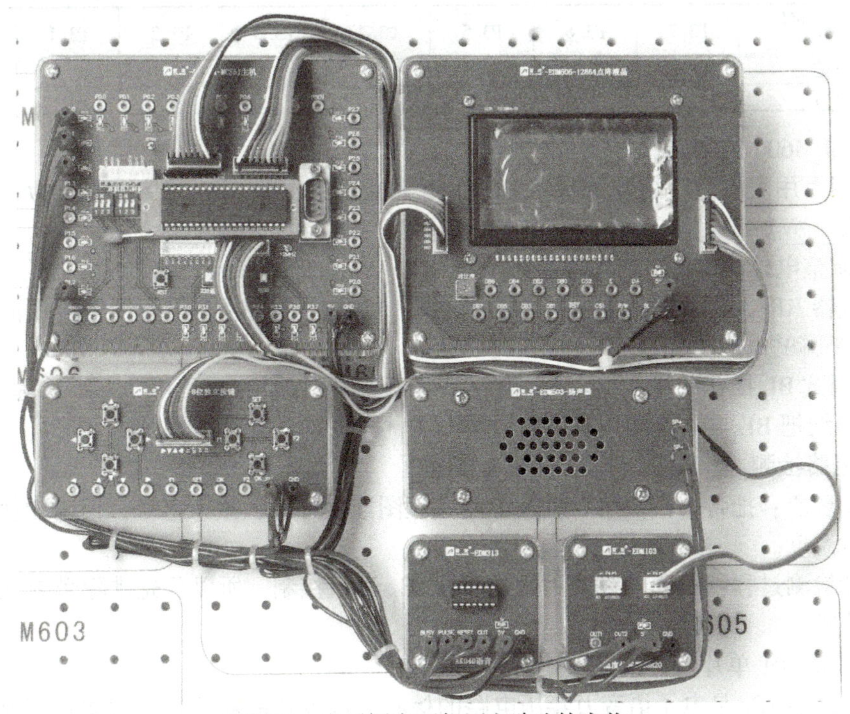

图 3-2 电子语音万年历电路连接实物

（2）连接说明 首先要连接好 5V 电源端口。

EDM315 变压器模块的 ACOUT1、ACOUT2 端口分别连接 EDM314 的 AOUT1、AOUT2 端口。

EDM606 12864 液晶显示器模块的 DB0 ~ DB7 插孔与 EDM001 MCS51 单片机主机模块的 P0.0 ~ P0.7 插孔连接，EDM605 的 RST、BL、NC 插孔连接 EDM001 的 P2.7 ~ P2.0 插孔。

EDM403 8 位独立按键模块的 F2 ~ (→) 插孔连接 EDM001 的 P3.7 ~ P3.0 插孔。

EDM103 18B20 温度传感器模块的 OUT 插孔连接 EDM001 的 P1.7 插孔。

EDM313 AK040 语音模块的 RESET 插孔与 EDM001 的 P1.0 插孔连接，PULSE 插孔连接 EDM001 的 P1.1 插孔，BUSY 插孔连接 EDM001 的 P1.2 插孔，OUT 插孔连接 EDM503 扬声器模块的 SP 插孔。

EDM503 扬声器模块的 SP + 插孔连接 5V 电源。

2. 电路调整与测量

（1）电路调整 把各模块按电路原理图连接后，接上电源，调整 EDM606 对比度电位器（RP_2），使得屏幕上的亮度与对比度合适。

（2）电路测量

1）电压测量。

检测 EDM403 的 8 位独立按键 S_1 ~ S_8 按下时，对应插孔 P3.7 ~ P3.0 的电压情况，并记录在表 3-1 中。

表 3-1 按键按下时插孔 P3.7 ~ P3.0 的电压

状态＼插孔	P3.7	P3.6	P3.5	P3.4	P3.3	P3.2	P3.1	P3.0
按下前	4.75	4.75	4.75	4.75	4.75	4.75	4.75	4.75
按下时	0	0	0	0	0	0	0	0

2）EDM606 的测试。

① 用万用表测量液晶显示器 LCD_1 的 18 脚电压为 -4.64V，19 脚电压为4.7V，20 脚电压为4.7V。

② 调整电位器 RP_1，观察液晶显示器 LCD_1 的变化是屏幕显示的对比度发生变化。调整电位器 RP_1，观察液晶显示器 LCD_1 状态，当认为合适时，用万用表测量液晶显示器 LCD_1 3 脚的电压为 -2.6V。

③ 测试 BL 插孔的电位为0.3V 时，液晶显示器 LCD_1 显示正常，其 20 脚电压为1V。用导线把 BL 与地连接，液晶显示器 LCD_1 显示变亮，“20” 脚为0.8V。

3. 电路检测

故障现象：把各个模块用导线按电路原理图连接好后，接入电源，但未能使用语音报出现时温度。

故障检测过程：因为电路使用微处理器 IC_1 进行控制，所以要先排除微处理器可能出现的故障。

1）EDM001 单片机主机模块正常。

微处理器 IC_1 是电子语音万年历电路的核心，该电路的功能均是由微处理器 IC_1 控制，所以其是否正常关系到整个电路的功能是否会出现紊乱。因为微处理器 IC_1 已经按功能要求预先写入了相关的程序，如果其他功能均正常的情况下，EDM001 正常。

2）EDM606 液晶显示电路模块正常。

由于只是没有语音报温度，也就是说液晶屏时能正常显示温度和时间等相关量值，所以说液晶显示电路模块 EDM606 正常。

3）EDM313 AK040 语音模块和 EDM503 扬声器模块正常。

有语音播报时间的相关的量值，因此可以确定 EDM313 和 EDM503 正常。

4）EDM403 8 位独立按键模块正常。

能够使用键盘操控其他各项功能正常工作，所以 EDM403 正常。

5）故障确定在 EDM103 18B20 温度传感器模块上。

由于语音未能报出现时温度，而检测温度是由 18B20 温度传感器模块完成的，可能由于 18B20 的损坏而无法检测到温度，也就无法送温度信号给微处理器进行处理。所以可以改换模块 EDM103，经改换后，电路能够用语音播报温度值，其他功能亦正常，所以确定原 EDM103 18B20 温度传感器模块损坏。

模块检测可能出现的问题及解决方法见表 3-2。

4. 电路框图

根据图 3-1 电路原理图，画出电子语音万年历电路框图如图 3-3 所示。

表 3-2 模块检测可能出现的问题及解决方法

问 题	原 因	解 决 方 法
EDM606 液晶显示器模块屏幕没有显示	没有接电源	接电源
	电阻 R_1 阻值增大	置换 EDM606
	晶体管 VT_1 的 c、e 极开路	
	V_{EE} 没有电压	
	LCD_1 的 3 脚没有电压	
	RP_2 没有调整好	调整 RP_2
	P2.0 没有低电平	置换 EDM001
	晶体振荡器 Y_1 损坏	
EDM606 液晶显示器模块显示数字缺段	液晶显示器 LCD_1 损坏	置换 EDM606
	微处理器 IC_1 损坏	置换 EDM001
	按键 S_0 损坏，无法清零	
	微处理器 IC_1 程序错误	微处理器 IC_1 重写入程序
	排电阻 RP_1 损坏	置换 EDM001
没有语音播报	微处理器 IC_1 损坏	置换 EDM001
	S_0 损坏，无法清零	
	IC_2 损坏	置换 EDM313
	IC_4 损坏	
	晶体管 VT_1 损坏	置换 EDM503
	扬声器 LS_1 损坏	
键盘无法操控电路或出错	EDM403 部分按键出错	置换 EDM403
	微处理器 IC_1 损坏	置换 EDM001
	微处理器 IC_1 程序出错	
没有温度播报和显示	EDM103 没有接电源	接上电源
	IC_7 温度传感器损坏	置换 EDM103
	微处理器 IC_1 损坏	置换 EDM001

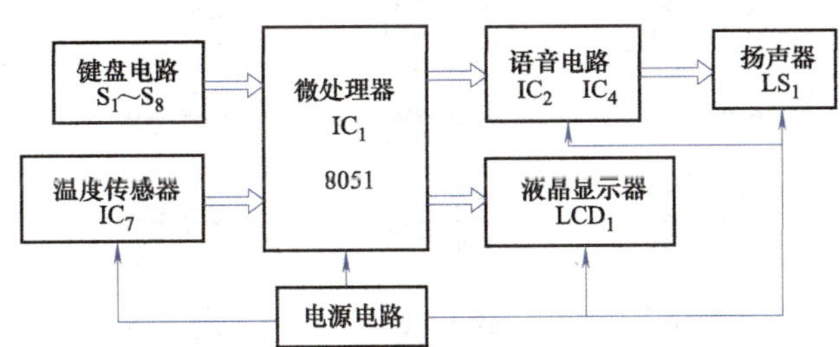

图 3-3 电子语音万年历电路框图

四、知识链接

（一）相关单元模块介绍

1. EDM001 MCS51 单片机主机模块

EDM001 属于单片机电路模块之一。

（1）模块电路 如图 3-4 所示。

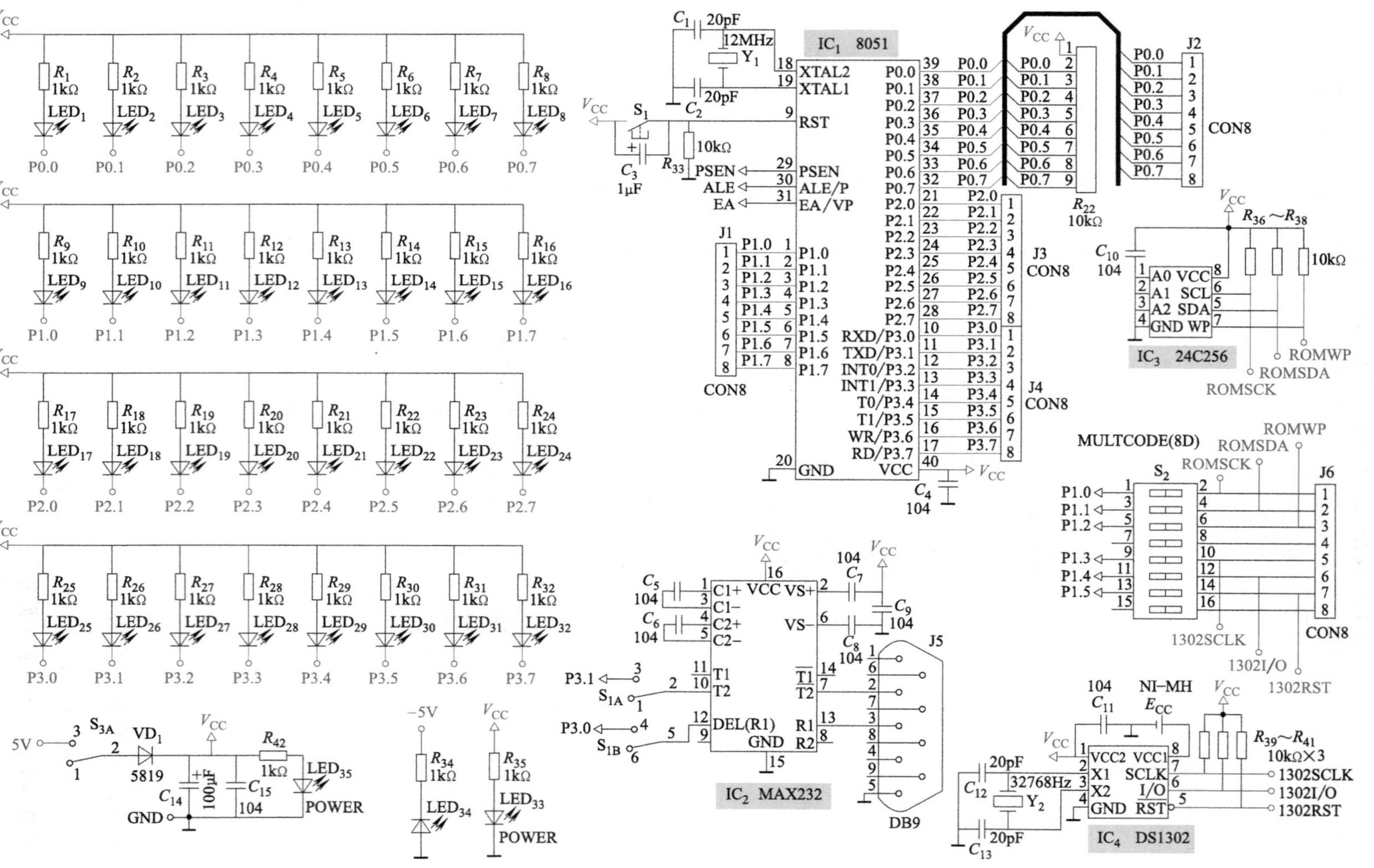

图 3-4 EDM001 MCS51 单片机主机模块电路图

（2）模块实物　如图 3-5 所示。

图 3-5　EDM001 MCS51 单片机主机模块实物图

（3）模块功能　该模块是电子语音万年历的核心部分，微处理器 IC_1 已经按功能要求编写好了程序并且已经拷入到 IC_1 里面，因此该电路主要的作用是对来自键盘电路模块，模数转换电路模块送来的信号进行处理，处理后的信号送到液晶屏 EDM606 及蜂鸣器 EDM504。

接线端口说明：

5V、GND 插孔：5V 电源输入端口。

P1.0～P1.7 插孔：通用输入/输出（I/O）端口。

排插 J1 输出功能与 P1.0～P1.7 插孔对应输出功能相同，在输出 P1.0～P1.7 的信号时，可直接使用排插 J1 输出信号。

P0.0～P0.7 插孔：通用输入/输出（I/O）端口。

排插 J2 输出功能与 P0.0～P0.7 插孔对应输出功能相同，在输出 P0.0～P0.7 的信号时，可直接使用排插 J2 输出信号。

P2.0～P2.7 插孔：通用输入/输出（I/O）端口。

与排插 J3 输出功能与对 P2.0～P2.7 插孔应输出功能相同，在输出 P2.0～P2.7 的信号时，可直接使用排插 J3 输出信号。

P3.0～P3.7 插孔：通用输入/输出（I/O）端口。

排插 J4 输出功能与 P3.0～P3.7 插孔对应输出功能相同，在输出 P3.0～P3.7 的信号时，可直接使用排插 J4 输出信号。

1）电源电路。

模块供电电压为 4.5～5.5V，采用外部 5V 电源供电，电源电路工作过程见工作任务二中的介绍。

2）主板电路。

本机采用增强型单片机：STC90C58RD+，其指令完全兼容传统的8051单片机。内部有32KB系统内可编程Flash存储器，1280B RAM数据存储器，工作电压为3.4~5.5V，工作频率为0~40MHz，通用输入/输出端口32个，片内集成看门狗、E^2PROM、MAX810专用复位电路，而且通过串口就可直接下载程序，无需购买昂贵的专用下载器。

8051单片机的每个I/O口都连有贴片LED指示灯，可直观地看到每个I/O口的电平状态，方便设计、调试电路。

主机模块上还连有时钟芯片IC_4（DS1302）和电可擦除存储器IC_3（24C256），为系统提供时间和数据存储且掉电不会丢失。DS1302是一种慢速充电时钟芯片，内含有一个实时时钟/日历和31B静态RAM，提供秒、分、时、日、周、月和年的信息。每月的天数和闰年的天数可自动调整，可通过AM/PM指示决定采用24或12小时格式，DS1302与单片机之间能简单地采用同步串行的方式进行通信，仅需用到三个口线：RST复位、I/O数据线和SCLK串行时钟。时钟/RAM的读/写数据以一个字节或多达31B的字符组方式通信，X_1和X_2是32.768kHz晶振引脚，RST是复位脚，I/O是数据输入/输出引脚，SCLK是串行时钟。IC_3（24C256）是一个256KB串行CMOS E^2PROM，内部有32768B，每字节为8bit，SDA是串行数据/地址，SCLK是串行时钟，WP是写保护。

IC_2（MAX232）是RS232电平转换的典型芯片，在功耗不是很大的情况下，可以将MAX232的输出信号经稳压后作电源使用。该器件包含两个驱动器、两个接收器和一个电压发生器，电路提供TIA/EIA-232-F电平。

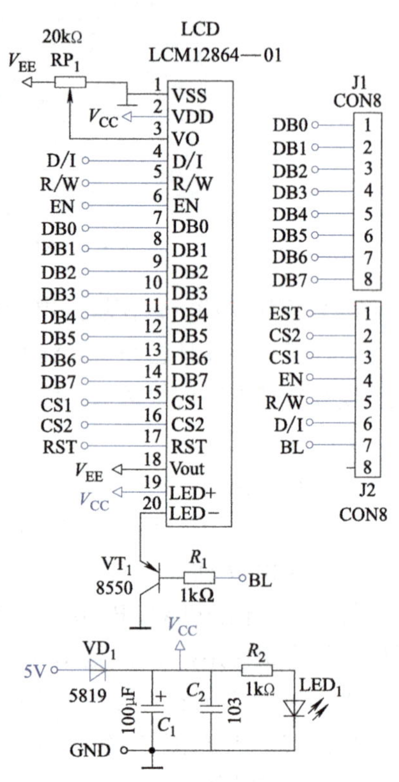

图3-6 EDM606 12864—01LCD液晶显示器模块电路图

2. EDM606 12864—01LCD液晶显示器模块

EDM606属于显示电路模块之一。

（1）模块电路 如图3-6所示。

（2）模块实物 如图3-7所示。

（3）模块功能 该模块的主要功能是把来自微处理器IC_1的各种信号，通过液晶屏显示出来。也就是说该模块是把时间、温度等量的最终结果显示出来。

接线端口说明：

5V、GND插孔：5V电源输入端口。

DB0~DB7插孔：数据输入端口。

BL插孔：背光控制，低电平有效。

CS1，CS2插孔：左右屏选择。

EN插孔：使能端。

图 3-7　EDM606 12864—01LCD 液晶显示器模块实物图

R/W 插孔：读/写控制信号输入端口。

D/I 插孔：数据/命令输入端口。

排插 J1 输出功能与对应插孔 DB0 ~ DB7 输出功能相同，是 LCD 数据输入端口。

排插 J2 输出功能与对应插孔 $\overline{\text{RST}}$、CS2 、CS1、EN、R/W、D/A、BL 输出功能相同，是 LCD 控制信号输入端口。

1）电源电路。

该模块供电电压为 4.5 ~ 5.5V，采用外部 5V 电源供电，电源电路工作过程见工作任务二中的介绍。

2）LCM12864—01LCD 液晶屏显示电路。

LCM12864—01LCD 液晶屏用作显示电路，由一块液晶显示板 LCD（12864—01）和晶体管 VT_1 及外围元器件等组成。除 7 ~ 14 脚接微处理器的 P0 口外，4 ~ 6 脚、15 ~ 17 脚也接到微处理器对应的端口。18 脚输出电压 V_{EE}（大约为 -5V），给可调电位器 RP_1，取出一电压给 LCD 的 3 脚（比较合适的值为 2.5V），用于控制液晶显示器的对比度。2、19 脚接入电源 V_{CC}，1 脚接地。20 脚接晶体管 VT_1 的发射极，VT_1 的集电极接地，基极通过电阻 R_1 接微处理器。只有基极为低电平时 VT_1 导通，液晶显示板 LCD 才会亮。排插 J1 和 J2 可与 EDM001 连接，输出 DB0 ~ DB7 和 RST、CS2 、CS1、EN、R/W、D/A、BL 信号。

3. EDM103 18B20 温度传感器模块

EDM103 18B20 温度传感器模块属于传感器电路模块之一。

（1）模块电路　如图 3-8 所示。

（2）模块实物　如图 3-9 所示。

（3）模块功能　该模块主要是由温度传感器 DS18B20 组成。DS18B20 是改进型智能数字温度传感器，它具有独特的单线总线接口方式，与微处理器连接时仅需要一条口线即可实现双向通信，在使用中不需要任何外围元器件。该传感器可用数据线供电，电

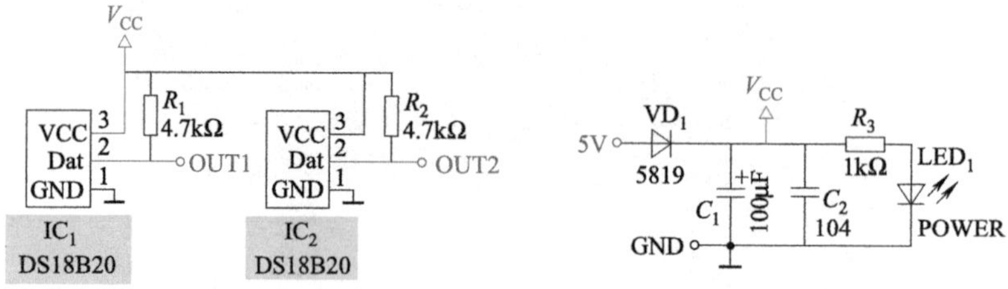

图 3-8 EDM103 18B20 温度传感器模块电路图

压范围为3.0～5.5V，测温范围为－55～125℃，固有测温分辨率为0.5℃；通过编程可实现9～12位的数字读数方式；可自设定不易丢失的报警上下限值；支持多点组网功能，多个DS18B20可以并联使用，实现多点测温；具有负压特性，电源极性接反时，温度传感器不会因发热而烧毁，但不能正常工作。DS18B20的引脚排列如图3-10所示。

图 3-9 EDM103 18B20 温度传感器模块实物图

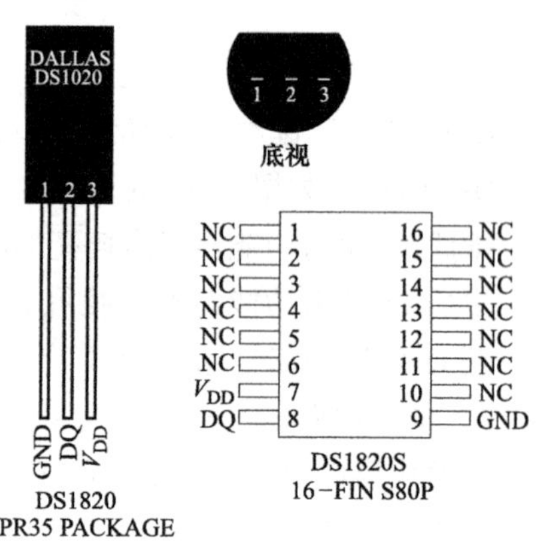

图 3-10 DS18B20 的引脚排列

接线端口说明：

5V、GND插孔：模块电路5V电源输入。

OUT1插孔：温度传感器信号第一端口输出插孔。

OUT2插孔：温度传感器信号第二端口输出插孔。

DS18B20引脚说明如下：

GND：地；

DQ：数据I/O；

V_{DD}：可选VDD；

NC：空脚。

在电子语音万年历电路中，温度传感器DS18B20（IC_3）随时把检测到的温度转换成电信号送到微处理器8051（IC_1）的8脚。

4. EDM403 8位独立按键模块

EDM403 8位独立按键模块属于信号处理电路模块之一。

(1) 模块电路　如图 3-11 所示。

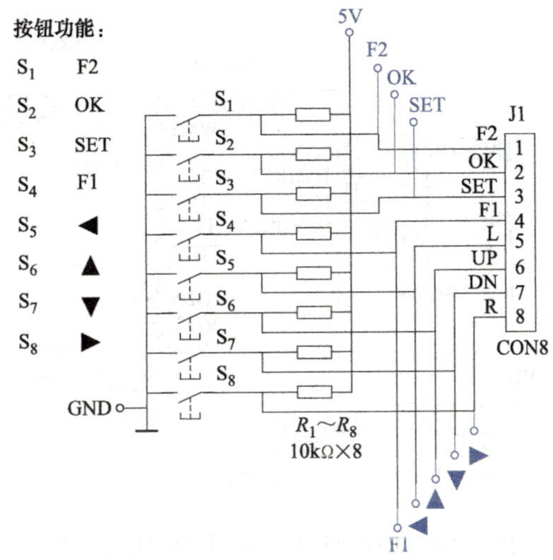

图 3-11　EDM403 8 位独立按键模块电路图

(2) 模块实物　如图 3-12 所示。

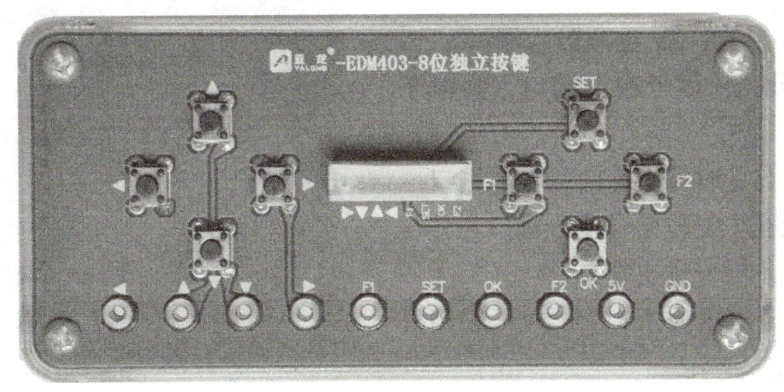

图 3-12　EDM403 8 位独立按键模块实物图

(3) 模块功能　按钮 $S_1 \sim S_8$ 的功能分别为 F2、OK、SET、F1、◀、▲、▼、▶。按下相应的按钮，就会实现其对应的功能并输出信号，按键按下时输出低电平。J 是连接排插，需要该模块的信号时，也可以从排插 J 连接输出。

接线端口说明：

5V、GND 插孔：模块电路 5V 电源输入。

F2 ~ ▶插孔：对应按键输出信号端口，输出低电平。

排插 J1 输出功能与对应 F2 ~ ▶插孔输出功能相同。

该模块供电电压为 4.5 ~ 5.5V，采用外部 5V 电源供电。

5. EDM313 AK040 语音模块

EDM313 AK040 语音模块属于执行器件模块之一。

(1) 模块电路　如图 3-13 所示。

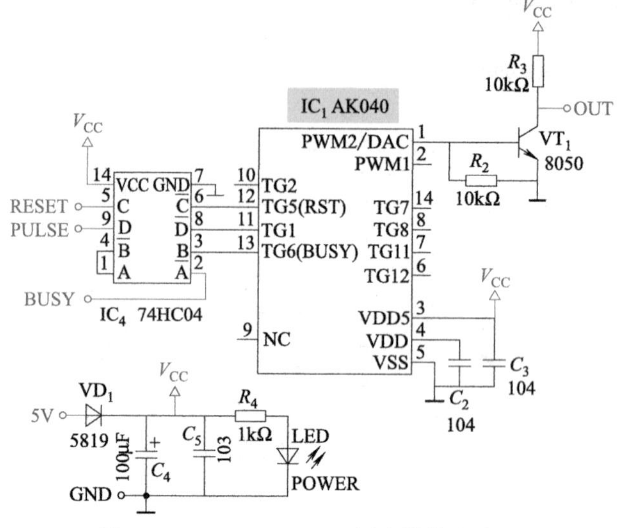

图 3-13 EDM313 AK040 语音模块电路图

（2）模块实物 如图 3-14 所示。

图 3-14 EDM313 AK040 语音模块实物图

（3）模块功能

接线插孔说明：

5V、GND 插孔：5V 电源输入端口。

BUSY 插孔：忙信号输出端口，高电平有效。

PULSE 插孔：时钟脉冲信号输入端口。

RESET 插孔：复位信号输入端口。

OUT 插孔：信号输出端口。

该模块供电电压为 4.5～5.5V，采用外部 5V 电源供电。

语音模块电路中 74CH04 为六反相器，AK040 为语音集成芯片。图 3-15 为语音芯片时序图，给模块 RESET 端加高脉冲后，再在 PULSE 输入 N 个脉冲信号表示播放第 N 段语音。BUSY 信号为高电平时，播放完恢复低电平。

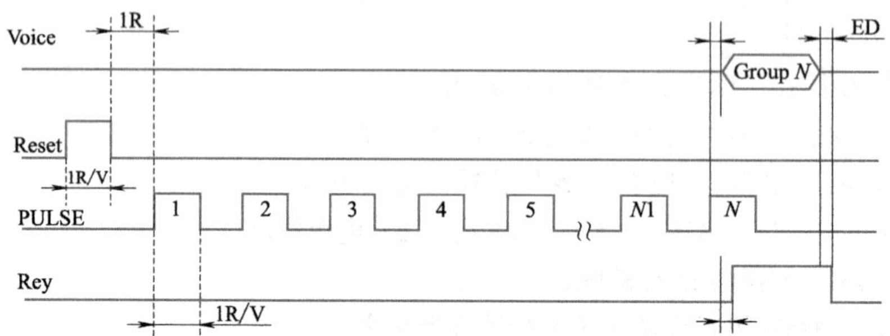

图 3-15 语音芯片时序图

模块中语音为录制的63段常用语音，单片机可通过时序控制播放其中的任何一段。

6. EDM503 扬声器模块

EDM503扬声器模块属于执行器件模块之一。

(1) 模块电路　如图3-16所示。

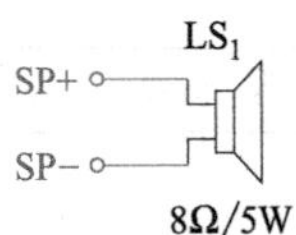

图3-16　EDM503扬声器模块电路图

(2) 模块实物　如图3-17所示。

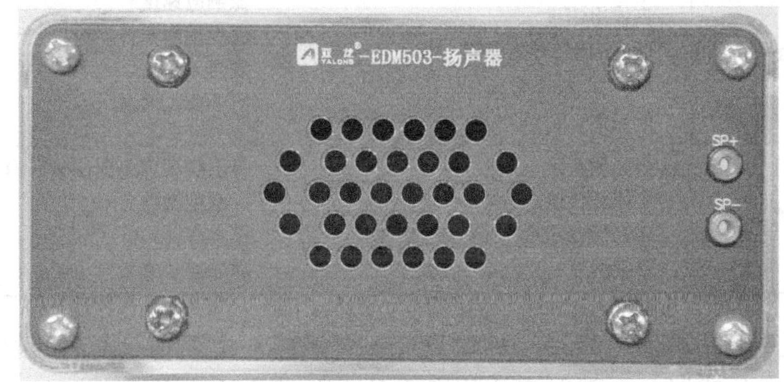

图3-17　EDM503扬声器模块实物图

(3) 模块功能　扬声器模块SP+、SP−插孔接入音频信号，扬声器便会发出相应的声音。

7. 其他模块

除了以上新模块外，该电路还用到了EDM314 ±12V、±5V直流电源模块、EDM315变压器模块等，因前面已做详细介绍，这里不再赘述。

(二) 相关电路知识

1. 温度传感器

(1) 温度传感器性质与类型　温度传感器就是把温度的变化转变为电信号的器件。

温度传感器应用在温度的检测、控制和补偿等地方，在日常生活、医疗、航空航天和工农业生产等领域都有广泛应用。根据实际应用，温度传感器可分为接触型传感器和非接触型传感器。

温度传感器主要包括热敏电阻、热电偶、集成温度传感器和电阻温度检测器等。各种温度传感器的性能对比可见表3-3。

表3-3　各种温度传感器的性能对比

类　型	优　点	缺　点
热敏电阻	高灵敏度、快速响应 高输出幅度 中等稳定度 小尺寸、易于连接、易于互换 低成本	温度变化范围窄(≤150℃) 大温度系数(4%/℃) 非线性 需外部电流源 发热

（续）

类　型	优　点	缺　点
热电偶	极宽的温度范围（-200～2000℃） 中等精度（1%～3%） 易于使用 坚固耐用 极低成本、有多种类型	低灵敏度（40～80μV/℃） 低响应速度（几秒） 低稳定度、高温时老化和漂移 非线性 需外部参考端
集成温度传感器	高精度（约1%） 高输出幅度 极高线性、高分辨率 小尺寸、易于集成 低成本	低响应速度 温度范围窄（-55～150℃） 发热 需外部参考源
电阻温度检测器	极高的精度 中等线性度 极高的稳定度 多种配置	有限的温度范围（400℃内） 大温度系数 成本高 需外部参考源

(2) 热敏电阻 热敏电阻是一种对反应比较敏感、电阻值会随温度的变化而改变的非线性电阻式传感器，它可以直接将温度的变化转变为电信号的变化。

热敏电阻的电气符号如图3-18所示，文字符号为RT。

θ

图3-18 热敏电阻的电气符号

热敏电阻根据其制作的材料、形状、受热方式、温度变化特性的不同而具有多种的类型。

制作热敏电阻的材料比较多，有陶瓷、玻璃态、塑料、金刚石、单晶半导体等。

图3-19所示是常见的热敏电阻外形。

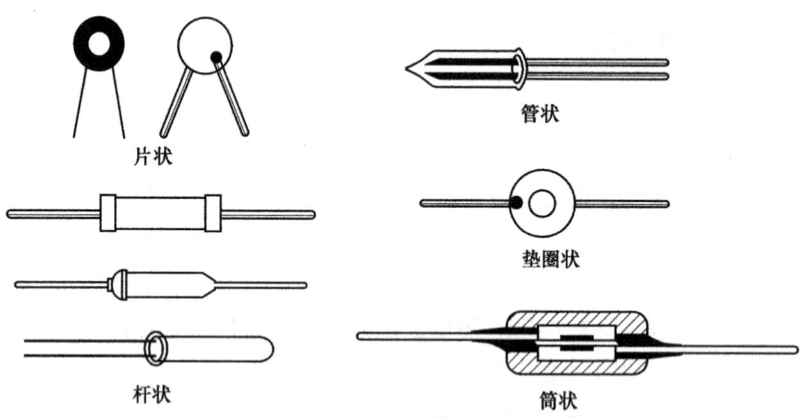

图3-19 常见的热敏电阻外形

热敏电阻可分为正温度系数热敏电阻和负温度系数热敏电阻。

热敏电阻检测方法如下：在常温下（室内温度接近25℃），将万用表拨到欧姆档（视标称电阻值确定档位），用鳄鱼夹代替表笔分别夹住热敏电阻的两个引脚，记下此时的阻值，并与标称值对比，两者相差在±2Ω内即为正常；然后将一个热源（如通电的电烙铁）加热热敏电阻，观察万用表读数，此时会看到显示的数据随着温度的升高而变化（正温度系数热敏电阻阻值会增大，负温度系数热敏电阻阻值会减少）。当阻值改变到一定的数值时，显示数据（指针指示值）会逐渐稳定，此时说明该热敏电阻基本正常；若加热后，阻值无变化，说明其性能不佳。**注意不要使热源与热敏电阻靠得过近或者直接接触，以防止将其烫伤。**

1）正温度系数热敏电阻。

正温度系数热敏电阻也称为 PTC 型热敏电阻，属于直热式热敏电阻，一般为具有温度敏感性的半导体电阻器。只要超过一定的温度，其电阻值会随着温度的升高几乎呈阶跃式地增高。正温度系数热敏电阻温度的变化可以由流过它的电流变化引起，也可以由其周围温度变化引起或者两者共同引起。

① 型号识别。

正温度系数热敏电阻的型号通常是由六部分来表示，如：

MZ11A	– 75	HV	102	N	U
Ⅰ	Ⅱ	Ⅲ	Ⅳ	Ⅴ	Ⅵ

包含下列内容：

Ⅰ：型号，这里为 MZ11A。M 表示敏感组件，Z 表示正温度系数热敏电阻。

Ⅱ：开关温度，这里 75 代表 75℃。

Ⅲ：类型代号，S 代表微小型，A 代表基本型，HV 代表高压型。

Ⅳ：额定零功率电阻，单位为 Ω，采用电阻器的数字标注法表示，这里为 102Ω。

Ⅴ：电阻值允许误差，N 代表 ±30%，V 代表 ±25%，M 代表 ±20%，K 代表 ±10%，J 代表 ±5%，X 代表其他允许误差。

Ⅵ：引线形状，U 代表内弯，S 代表直线形，A 代表轴弯。

② 基本参数。

正温度系数热敏电阻有较多的参数，其中我们要特别了解的是：

额定零功率电阻 R_{25}：指环境温度在 25℃条件下测得的零功率电阻值。

最小电阻 R_{min}：最小的零功率电阻值。

2）负温度系数热敏电阻。

负温度系数热敏电阻也称为 NTC 型热敏电阻，它的电阻值随着温度的升高而降低。利用这一特性可制成测温、温度补偿和控温组件。

① 型号识别。

负温度系数热敏电阻型号通常是由五部分组成来表示，如：

MF54-1	a –	103	J	3380
Ⅰ	Ⅱ	Ⅲ	Ⅳ	Ⅴ

包含下列内容：

Ⅰ：型号，这里为 MF54—1。M 表示敏感组件，F 表示负温度系数热敏电阻。

Ⅱ：传感头封装形式及尺寸，其中

a　代表环氧树脂包装；

b　代表铝壳、铜壳、不锈钢壳等封装；

c　代表塑料壳封装；

d　代表加固定金属片；

e　代表特殊形式封装。

Ⅲ：标称电阻值 R_{25}，如 $103 = 10 \times 10^3\Omega = 10000\Omega = 10k\Omega$。

Ⅳ：标称电阻值精度，F 代表 ±1%，G 代表 ±2%，H 代表 ±3%，J 代表 ±5%。

Ⅴ：B 值（25℃/50℃，3380 即 B 值为 3380K）。

② 基本参数。

负温度系数热敏电阻也有较多的参数，其中我们要特别了解的是：

标称阻值：指环境温度在 25℃条件下测得的零功率电阻值。

电阻温度系数：环境温度变化 1℃时热敏电阻器电阻值的相对变化量。知道某一个型号热敏电阻的电阻温度系数后，就可以估算出热敏电阻在相应温度下的实际电阻值。如 MF11 型负温度系数热敏电阻的电阻温度系数为“－(2.73～3.34)%/℃”，其含义是：以基准温度 25℃为起点，温度每升高 1℃，该热敏电阻的阻值下降 2.73%～3.34%。

B 值范围：负温度系数热敏电阻在两个温度下零功率电阻值的自然对数之差与这个温度倒数之差的比值。它反映了两个温度之间的电阻变化。

（3）集成温度传感器　集成温度传感器是利用半导体 PN 结的温度特性制成的，它是在一块极小的硅片上集成了 PN 结温度元件、信号放大电路、线性补偿电路、调零消振电路等单元，具有尺寸小、使用方便等特点。

集成温度传感器的温度检测以 PN 结正向电压和温度的关系为依据。当晶体管的集电极电流 I_C 设置为常数时，其基极与发射极之间的电压 U_{be} 与温度近似为线性关系。采用不同工艺和结构的晶体管具有不同的正向电压 U_{be}，而温度系数则相近（约 2.2mV/℃）。

图 3-20 为典型集成温度传感器的内部电路图，图中两只晶体管 VT_1 与 VT_2 为温度检测对管，其偏置电流比为 6:1，精密集成运算放大器反馈达到平衡后，两管 b、e 极的正向电压之差 ΔU_{be} 加至 R_2，并经 R_3 接地。VT_2 发射极电压 U_{e2} 具有 2.2mV/℃的正温度系数，而 VT_1 发射极电压具有 －2.2mV/℃的负温度系数，这样在 A 运算放大器的 U_{ref} 输出端产生零温度系数基准电压，而 B 运算放大器在 Temp OUT 端提供精确的 10mV/℃输出。

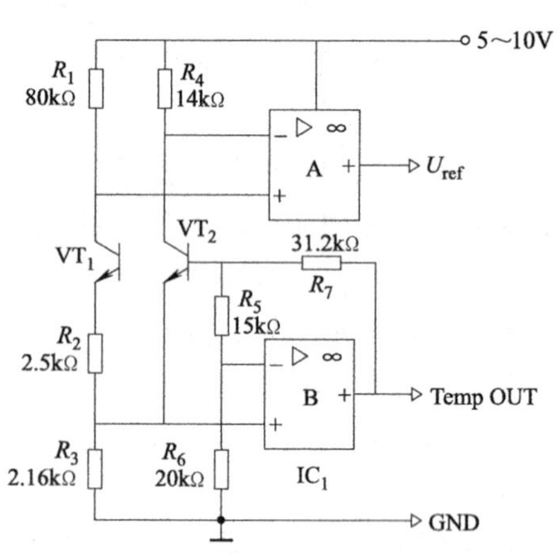

图 3-20　典型集成温度传感器的内部电路图

集成温度传感器有三种输出类型。

1）模拟输出型。

模拟输出型温度传感器的输出电压（或电流）随温度变化呈线性变化，可取代测温范围低于 700℃的热电偶。这种温度传感器常用于温度测量、温度补偿等。

2）逻辑输出型。

逻辑输出型集成温度传感器使用简单，应用非常普遍，成本较低，一般应用于控制系统。

3）数字输出型。

数字输出型集成温度传感器一般具有串行接口（I^2C、SPI/QSPI 或 SMBUS），可以与控制器或其他数字系统直接通信。

集成温度传感器按输出信号的形式分为三种。

1）固定电压型。

固定电压型温度传感器的电阻温度系数 a = 10mV/℃，即在 25℃（298K）时输出电压值为 2.98V。常见的型号有 LM3911、μA616、LM335 等。

2）固定电流型。

固定电流型温度传感器的电阻温度系数 a = 10μA/℃，即在 25℃（298K）时输出电流值为 2.98mA。常见的型号有 AD590 等。

3）可调电流型。

可调电流型温度传感器的温度系数可通过外接电阻的阻值来调节，范围为 1μA/℃ ~ 10mA/℃。常见的型号有 LM134 等。

2. 微处理器端口电路简述

从图 3-21 所示电子语音万年历电路使用的微处理器是标准的 40 双列直插式封装 MCS-51 系列微处理器，各引脚功能如下。

脚	名称	名称	脚
1	P1.0	VCC	40
2	P1.1	P0.0	39
3	P1.2	P0.1	38
4	P1.3	P0.2	37
5	P1.4	P0.3	36
6	P1.5	P0.4	35
7	P1.6	P0.5	34
8	P1.7	P0.6	33
9	RST/VPD	P0.7	32
10	P3.0/RX	$\overline{EA}$/VPP	31
11	P3.1/TX	ALE/P	30
12	P3.2/$\overline{INT0}$	$\overline{PSEN}$	29
13	P3.3/$\overline{INT1}$	P2.7	28
14	P3.4/T0	P2.6	27
15	P3.5/T1	P2.5	26
16	P3.6/$\overline{WR}$	P2.4	25
17	P3.7/$\overline{RD}$	P2.3	24
18	XTAL2	P2.2	23
19	XTAL1	P2.1	22
20	VSS	P2.0	21

图 3-21　微处理器 MCS-51 的引脚及基本结构

（1）电源引脚　两个电源引脚，包括

V_{CC}（40 脚）：电源端，接 5V 电压。

V_{SS}（20 脚）：接地端。

（2）时钟引脚　当使用芯片时钟时，XTAL1（19 脚）、XTAL2（18 脚）外接石英晶体（又称晶振）和微调电容；当使用外部时钟时，由 XTAL2 引入外时钟信号，XTAL1 接地。

（3）控制线　RST/VPD（9 脚）：为复用引脚：第一功能 RST 为复位信号输入端，此引脚若保持两个机器周期的高电平，微处理器就复位；第二功能 VPD 为备用电源输入端，在 V_{CC}掉电情况下，由 VPD 接入备用电源，为 RAM 供电，保证 RAM 中的信息不丢失。

所谓复位，就是把微处理器内部电路的状态恢复到起始状态，这有利于微处理器重新开始执行新的指令。按程序执行功能，一般复位信号是高电平有效。

复位操作有加电自动复位和按钮手动复位两种方式，如图 3-22 所示。

复位电路虽然简单，但一个单片机系统不能正常运行时，应首选检查复位电路是否正常工作。电子语音万年历采用手动复位方式。

ALE/$\overline{PROG}$（30 脚）：此引脚为复用引脚。第一功能 ALE 为地址锁存控制信号。当访问外部存储器时，ALE 用于控制 P0 口输出的低 8 位地址送锁存器，以实现低位地址和数据的隔离。当不访问外部存储器时，ALE 以晶振频率六分之一的固定频率输出正脉冲。第二功能$\overline{PROG}$为编程脉冲输入端，当对片内 ROM 编程时，由该引脚输入编程

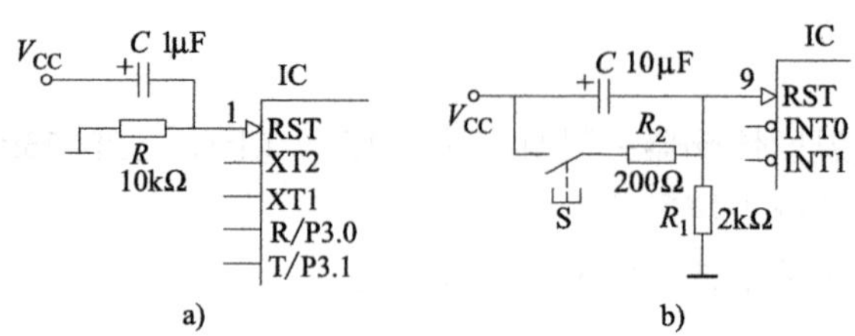

图 3-22 自动复位和手动复位方式

a）加电自动复位电路 b）按钮手动复位电路

脉冲。

$\overline{EA}$/VPP（31 脚）：此引脚为复用引脚。第一功能$\overline{EA}$为内外程序存储器 ROM 的选择控制信号。当$\overline{EA}$为低电平时只访问外部 ROM；当$\overline{EA}$为高电平时，先访问内部 ROM，然后延至外部 ROM。在应用 8031 芯片时，由于 8031 片内无 ROM，$\overline{EA}$要接地。第二功能 VPP 为内部 ROM 编程时的 25V 编程电压输入端。

$\overline{PSEN}$（29 脚）：外部程序存储器 ROM 读选通信号。在读外部 ROM 时$\overline{PSEN}$有效，以实现外部 ROM 单元的读操作。访问外部 RAM 或内部 ROM 时该信号无效。

（4）并行 I/O 口 MCS-51 单片机内部有 4 个 8 位并行 I/O 口，共 32 根 I/O 口线。其中：

P0 口（32～39 脚）为 8 位双向 I/O 口，在访问片外存储器时，分时作低 8 位地址线或 8 位数据线使用。

P1 口（1～8 脚）为 8 位准双向 I/O 口。

P2 口（21～28 脚）为 8 位准双向 I/O 口，在访问片外存储器时，作高 8 位地址线使用。

P3 口（10～17 脚）为 8 位准双向 I/O 口，每个引脚还具有专门的第二功能，见表 3-4。

表 3-4 P3 口各引脚的第二功能

P3 口各引脚	第二功能
P3.0	RXD(串行口输入)
P3.1	TXD(串行口输出)
P3.2	INT0(外部中断 0 输入)
P3.3	INT1(外部中断 1 输入)
P3.4	T0(定时器 0 的外部输入)
P3.5	T1(定时器 1 折外部输入)
P3.6	$\overline{WR}$(片外数据存储器写选通)
P3.7	$\overline{RD}$(片外数据存储器读选通)

在微处理器中，I/O 端口大致可以分成两类：一类是双向 I/O 口，另一类是准双向 I/O 口。两类端口在结构和特性上是基本相同的，但也有不同之处。准双向 I/O 口可以直接与被控制元器件连接，而双向 I/O 口必须要在端口上加入电阻 R（所谓的上拉电阻）后连接电源 V_{CC}，端口才可以与被控制的元器件连接。这正是双向 I/O 口与准双向 I/O 口的区别。

双向 I/O 口在端口加入的电阻 R 是给电源 V_{CC} 提供通路的压降电阻，也是输出信号的负载电阻。

图 3-23 所示为 8 位双向 I/O 口 P0 与 8 位准双向 I/O 口 P1 作为输出口使用时（负载相同的数码显示管），所采用不同的连接方法。

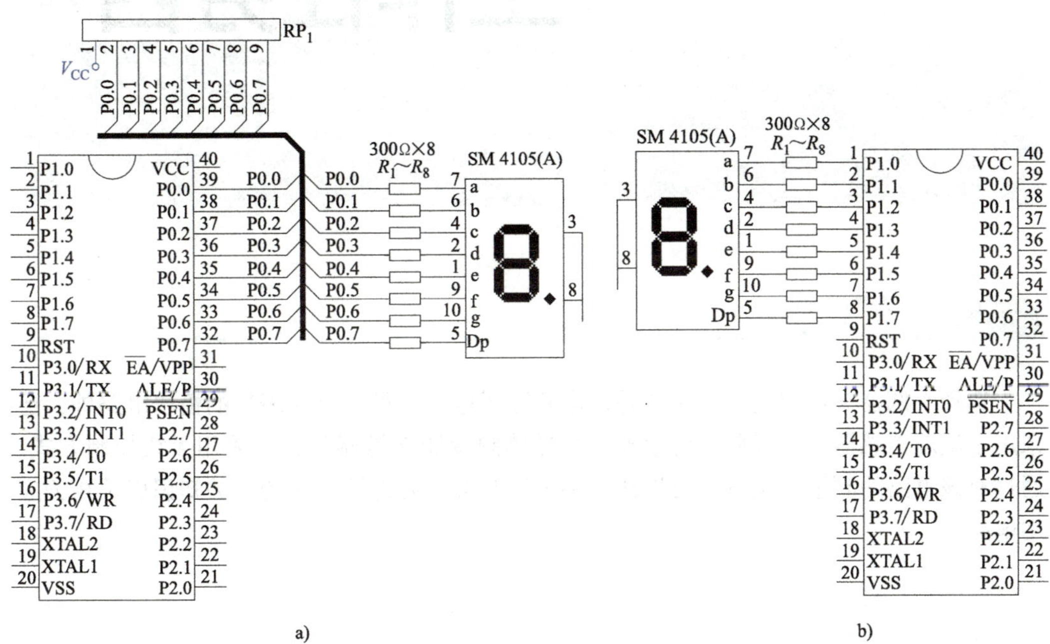

图 3-23　不同的 I/O 口连接方法

a）8 位双向 I/O P0 的连接　b）8 位准双向 I/O P1 的连接

工作任务四 搭建空调器电路

一、任务名称

选择空调器来搭建电路，主要是该电路除了应用多种具有代表性的模块电路外，还采用了温度传感器、空气质量传感器、半导体制冷器件等器件，并采用无线控制方式。通过对该电路的测量与调试，可以认识和了解有关微处理器更多的相关知识以及相关应用电路。

二、任务描述

1. 电路原理图

空调器电路原理图如图 4-1 所示。

2. 电路模块的配置

根据电路原理图，组建该电路可配置 EDM002 AVR 单片机主机、EDM507 半导体制冷片、EDM605 四位数码管显示、EDM314 ±12V、±5V 直流电源模块、EDM315 变压器模块、EDM404 NPN 型晶体管驱动两个、EDM501 直流风机模块、EDM311 红外发射模块、EDM312 红外接收模块、EDM504 蜂鸣器模块、EDM105 空气质量传感器模块等。

3. 电路功能

（1）功能作用

1）空调器遥控器的功能作用。

空调器遥控器接通电源后便可以进行操作了，只要按下 $S_1 \sim S_8$ 任何一按键，就可以完成温度、风量大小的设定等操作，通过红外发射二极管把需要的控制信息发送出去。

2）空调器主机温度控制电路的功能、作用。

接上电源后，只要遥控器发出指令，主机温度控制电路便可以通过红外接收二极管接收指令，并通过解调和解码，把相关信息送入微处理器，由微处理器发出相关指令，操纵制冷片工作，使室内温度保持在遥控器设定的温度范围之内，而室内的温度数据由

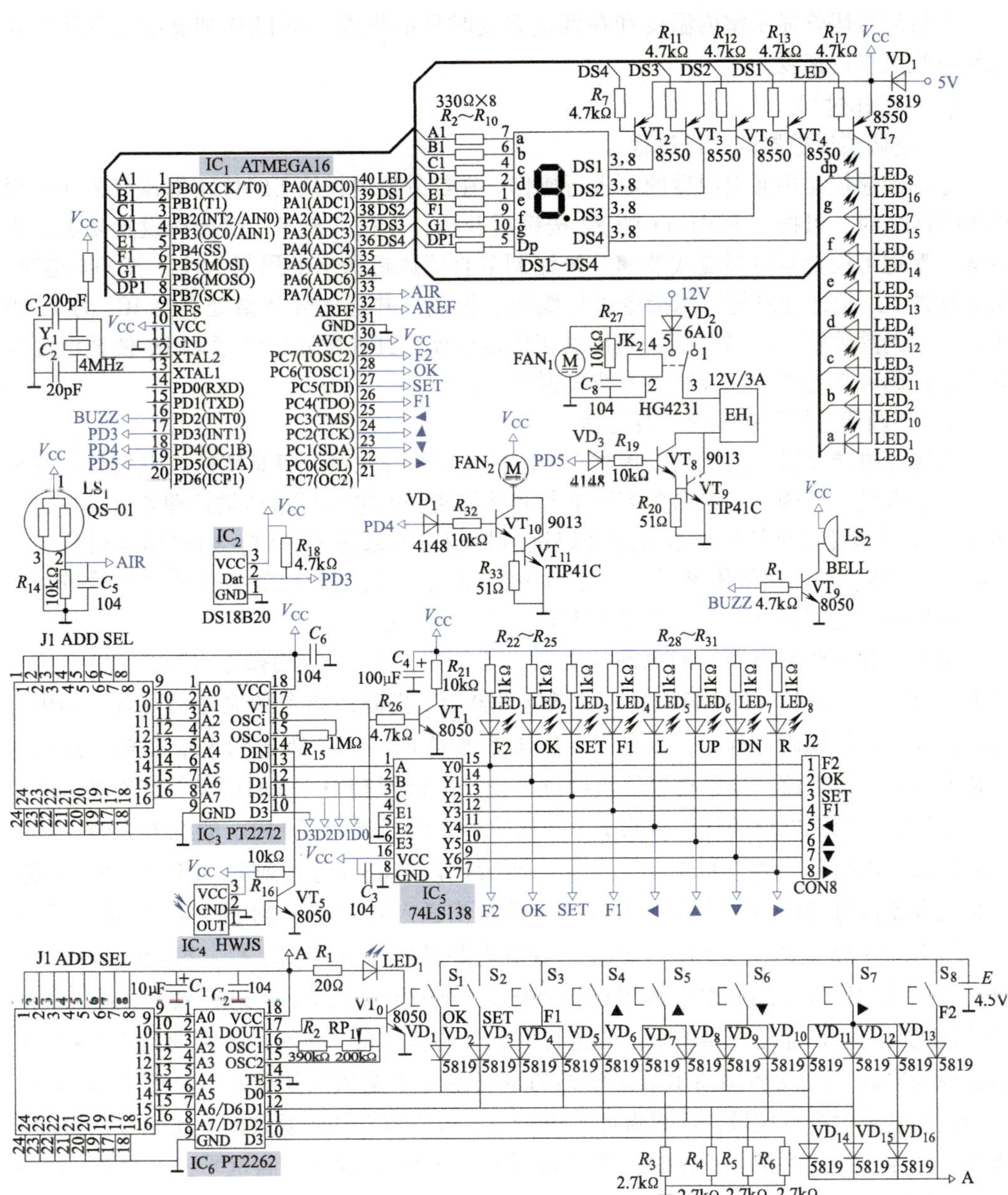

图 4-1　空调器电路原理图

温度传感器采集取样。该主机同时亦可控制直流风机送出风量的大小，使室内温度更快达到预设温度要求。

开机后数码管显示室内温度和在调整温度时显示数值，而 LED 则显示空气质量状况和直流风机的速度。

（2）工作过程

1）空调器遥控器的工作过程。

空调器遥控器接通电源后便可进行操作。在红外发射模块 EDM311 对准红外接收模块 EDM312 时，可按下 EDM311 的 F2 按键后开机，再按“SET”键选择设置功能，再按▲、▼键可设置制冷温度或按◀、▶键调节直流风机送出的风量大小，按 OK 键时，微处理器 IC_1 把地址码与功能指令进行编码、调制，并把信号从微处理器 IC_1 的 17 脚送出，送到晶体管 VT_1 的基极，控制其集电极电流，红外发光二极管 LED_1 便把已经编好的地址码和功能指令变成红外光线发射出去。

2）空调器主机温控电路工作过程。

在接好电源以后，主机红外接收头 IC_4 接收到红外光线后将其转换成电信号，并进行放大、选频、解调，还原出含有地址码和功能指令的电信号送到微处理器 IC_1 的 22～29 脚，微处理器把该信号与本机地址码进行比较，如果完全一致，则根据本机传感器（温度传感器、空气质量传感器）检测到的数据值，与接收到功能指令的电信号进行比较，然后由微处理器 IC_1 根据比较的结果，发出执行指令。

例如：在空调器遥控器的电源接上后，任何按下 S_1～S_8 的操作（如制冷），信号从 IC_6 PT2262 的 10～13 脚编码输入，微处理器 IC_1 把制冷指令和地址码（J1 ADD SET 设置）进行编码、调制，该电信号从微处理器 IC_6 的 17 脚送到 VT_0 基极，按信号变化改变集电极电流，集电极电流流经红外发光二极管 LED_1，LED_1 发射红外光。而空调器主机温度控制电路的红外接收头 IC_4 接收到空调器遥控器 LED_1 的红外光时，把红外光转换成电信号，并进行选频、放大，然后把该电信号送入到 IC_3 PT2272 的 14 脚，在集成电路内进行解调，该信号从 11～13 脚输出送入 IC_5 74LS138 的 1～3 脚进行译码，然后从 $IC_5$7～15 送入到空调器主机温度控制电路微处理器 IC_1 的 22～29 脚，微处理器对已经译码的信号（还原出空调器遥控器的地址码和制冷指令）进行处理，首先把自己的地址码与空调器遥控器的地址码进行对比，确认完全一致时，还需要把空调器主机温度控制电路的温度传感器 IC_2 检测到的空气温度数据从微处理器 IC_1 的 17 脚输入，与预设温度数值进行比较，如果温度传感器 IC_2 检测的空气温度数据要比预设的温度数值要高，便执行制冷指令。此时，微处理器 IC_1 从 19 脚输出一高电平，经保护二极管 VD_3、电阻 R_{19}到晶体管 VT_8 的基极，流经 VT_2 集电极的电流使继电器 JK_2 吸合，继电器 JK_2 触点 3 与触点 5 接通，半导体制冷片的 A 端接入 12V 直流电压，制冷电流流经制冷片 EH_1 便开始制冷。制冷使空气温度下降，此时如果温度传感器 IC_2 检测的空气温度数据要比预设的温度数值要低，微处理器 IC_1 便发出停止制冷的指令，IC_1的 19 脚不再输出高电平，晶体管 VT_8、VT_9 由导通变为截止，继电器 JK_2 释放，触点 3 不再与触点 5 接通，半导体制冷片“A”端没有了 12V 电压而停止制冷。

空调器温控器还有其他的一些功能，如风量控制、空气质量检测及保持等，这里就不再一一叙述了，可根据空调器温控器的电路工作过程，简述一下其各种功能。

三、任务完成

1. 模块电路连接

(1) 连接实物图　空调器电路连接实物如图 4-2 所示。

图 4-2　空调器电路连接实物图

(2) 连接说明　该电路使用了 2 个 EDM404 NPN 型晶体管驱动，其中一个驱动半导体制冷片，设为 T_1 模块，另一个驱动 EDM501 直流风机模块，设为 T_2 模块。

各模块都连接电源（正极接 5V，负极接 GND）。

1) EDM507 半导体制冷片的连接。

FAN+、FAN-插孔分别连接 12V、GND；

EH+插孔连接开关电源正极，EH-插孔连接 T_1 模块的$\overline{OUT}$插孔；

OUT2 插孔温度传感器输出连接 EDM002 AVR 单片机主机的 PD3 插孔。

2) T_1 模块的连接。

GND 插孔连接 EDM314 的 GND 插孔，再连开关电源电源负极；

IN-插孔连接 EDM002 AVR 单片机主机的 PD5 插孔；

V_{CC}插孔连接开关电源正极。

3) T_2 模块的连接。

$\overline{OUT}$插孔连接 EDM501 直流风机的 FAN-插孔；

IN-插孔连接 EDM002 AVR 单片机主机的 PD4 插孔；

V_{CC}、GND 插孔连 12V、GND 插孔。

EDM501 直流风机的 FAN+插孔连接 12V 插孔。

EDM504 蜂鸣器的$\overline{B1}$插孔连接 EDM002 AVR 单片机主机的 PD2 插孔。

EDM312 红外接收模块的▶～F2 插孔连接 EDM002 AVR 单片机主机的PC0～PC7 插孔。

4）EDM605 四位数码管的连接。

$\overline{A}$～$\overline{DP}$插孔连接 EDM002 的 PB0～PB7 插孔；

$\overline{LED}$～$\overline{DS_4}$ 插孔连接 EDM002 的 PA0～PA4 插孔。

EDM105 空气质量传感器的 OUT 插孔连接 EDM002 的 PA7 插孔。

2. 电路调整与测量

（1）电路调整　为了使搭建后的空调器能够正常地进行工作，就必须要对搭建后的电路进行调整。

1）地址码调整。

调整红外发射模块 EDM311 上的 J1 短路线位置使其与红外接收模块 EDM312 上的 J_1 短路线位置完全相同。

2）红外发光二极管发射频率调整。

为了能够使接收和发射频率相对应，使接收更加灵敏，就需要调整红外发光二极管发射频率，可以用示波器或计数器直接读取它的频率，调整的是红外发射模块 EDM311 的电位器 RP_1，使其发射的频率为 38kHz。

（2）电路测量

1）电压测量。

① 测量 EDM105 空气质量检测模块的输出端 OUT 的电压为4.1V。

② 测量 EDM507 温度传感器模块中输出端 OUT2 的电压为4.7V。有漂移的直流信号。

③ 如果把原来连接到 EDM507 OUT2 的 EDM002 PD3 插孔改为连接到 EDM507 的 OUT1 插孔，测量 EDM57 温度传感器模块中输出端 OUT1 的电压为0.2V。

④ 调整遥控器，使 EDM501 的风机处于不同转速，测量 EDM002 上 PD4 的电压，填在表 4-1 中。

表 4-1　EDM002 PD4 的电压

转速	Speed－	Speed	Speed＋	Speed＋＋
电压/V	1.66	2.65	3.63	4.61

2）波形测试。

① 测量 EDM002 的 PD4 波形。

把各模块按电路连接后并通上电，调整遥控器，使 EDM501 的风机在不同转速时，用示波器测量 PD4 插孔的波形并记录在图 4-3 中。

规律：虽然不同的直流风机转速，PD4 的矩形波频率与幅度都相同，但直流风机转速越快，PD4 波形的占空比越大。

② 测量 EDM002 上 PD5 的波形。

把各模块按电路连接后并通上电，调整遥控器，当设置温度低于室内温度时，用示波器测量 PD5 插孔波形并记录在图 4-4 中。

把各模块按电路连接后并通上电，调整遥控器，使设置温度高于室内温度时，用示波器测量 PD5 插孔的波形并记录在图 4-5 中。

波形	周期	幅度
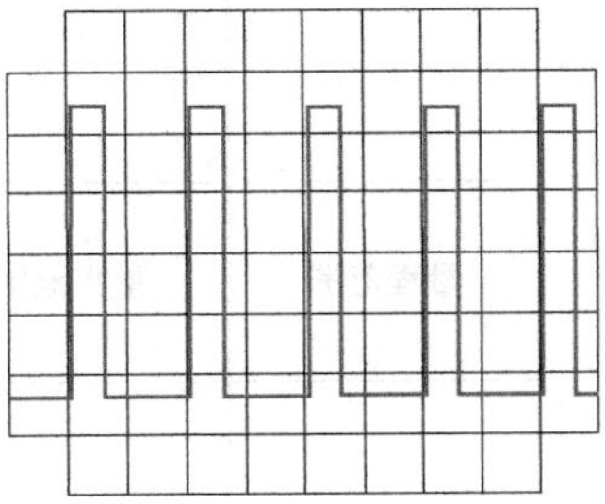	$T=1\text{ms}$	$U_{P-P}=4.6\text{V}$
	量程范围	量程范围
	0.5ms/div	1V/div

a)

波形	周期	幅度
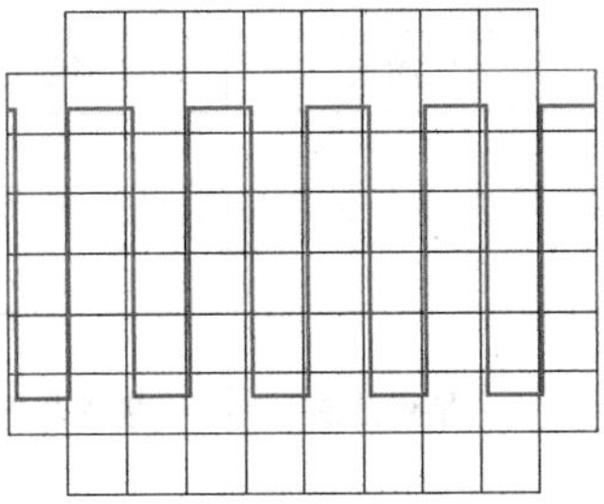	$T=1\text{ms}$	$U_{P-P}=4.6\text{V}$
	量程范围	量程范围
	0.5ms/div	1V/div

b)

波形	周期	幅度
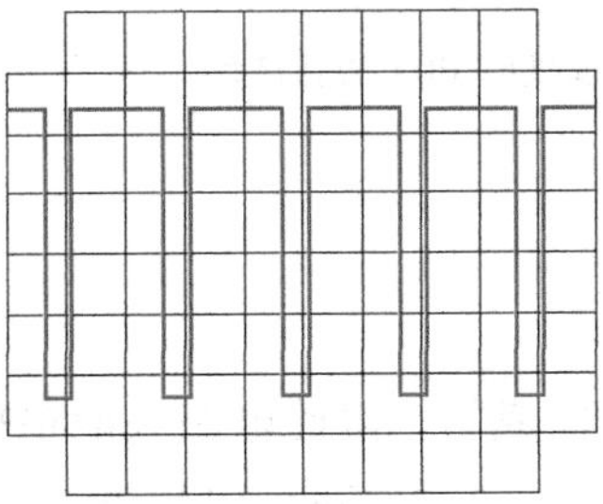	$T=1\text{ms}$	$U_{P-P}=4.6\text{V}$
	量程范围	量程范围
	0.5ms/div	1V/div

c)

波形	周期	幅度
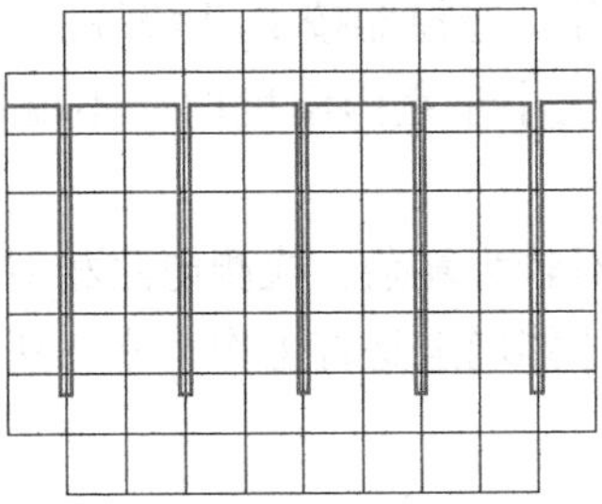	$T=1\text{ms}$	$U_{P-P}=4.6\text{V}$
	量程范围	量程范围
	0.5ms/div	1V/div

d)

图 4-3　PD4 插孔的波形

a）风机转速为 speed－时　b）风机转速为 speed 时

c）风机转速为 speed＋时　d）风机转速为 speed＋＋时

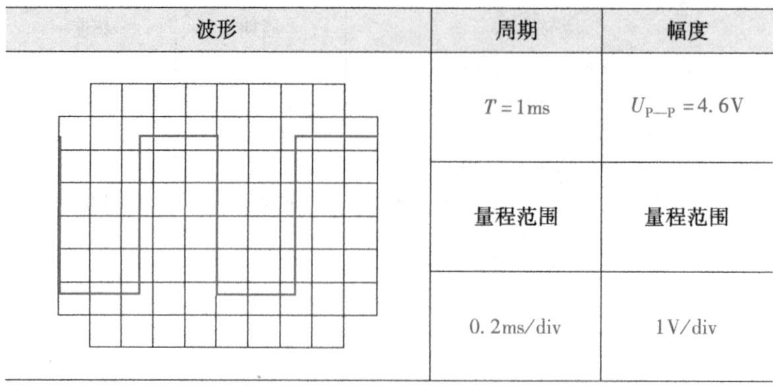

波形	周期	幅度
	$T=1\text{ms}$	$U_{P-P}=4.6\text{V}$
	量程范围	量程范围
	0.2ms/div	1V/div

图 4-4 温度低于室内温度时 PD5 插孔的波形

波形	周期	幅度
	$T=$ ms	$U_{P-P}=$ V
	量程范围	量程范围
	ms/div	V/div

图 4-5 温度高于室内温度时 PD5 插孔波形

两波形的区别在于：____

____

3. 电路检测

由于空调器电路是由比较多的模块搭建而成的，因此电路只能根据电路测试的结果来判断电路出现的故障是在哪一块电路上。同样，我们可以通过排除法确定故障模块。

(1) 故障举例 现举例如下。

故障现象：把各模块连接好后，接上电源，遥控器按 F_2 后开机，主机板上数码管显示温度（室内温度），设置遥控器上的温度小于室内温度时，不能制冷，但仍有风吹出。

故障检测过程如下：因为空调器电路相对较为复杂，检测电路相对也比较多，一些电路还要将设置情况和检测到的数据比较后才能确定是否工作正常，所以要找出故障之处，应采用排除法。

1）EDM311 遥控器模块工作正常。

用同规格其他空调器遥控器模块试验空调器主机温度控制电路模块是否能接收到遥控信号，如能接收，说明空调主机温度控制电路模块遥控接收正常；如果使用同规格空调器遥控器模块也不能开机，说明故障在空调器主机温度控制电路上。实行该步骤后仍不能开机，说明遥控器模块工作正常。

2）EDM312 红外接收模块工作正常。

空调器温度控制电路通电，将示波器接在红外接收模块的输出端，调整示波器扫描速度，按动空调器遥控器的功能键 S_3 ~ S_7，观察是否有脉冲信号输出，若有信号输出则说明红外光接收模块正常。没有信号输出，则红外光接收模块不正常。实施该步骤时把示波器接在 PT2272 的 14 脚上。

3）EDM002 工作正常。

将示波器接在微处理器的制冷指令输出端口，调整示波器扫描，按动空调器遥控器的功能键，使调整温度低于室内温度，观察是否有脉冲信号输出，若有信号输出则说明 EDM002 正常。实施该步骤是把示波器接在 IC_1 的 PD5 插孔上。

根据故障现象，虽不能制冷，但仍有风吹出，所以也可把示波器接在 IC_1 的 PD4 插孔上，按动空调器遥控器的功能键，使调整温度低于室内温度，示波器有脉冲信号出现，说明微处理器模块有驱动直流风机工作的脉冲，所以也可说明 EDM002 工作正常。

4）故障确定在 EDM507 半导体制冷片上。

由于 EDM002 工作正常，能给 EDM507 半导体制冷片提供制冷驱动脉冲，而机器又没有制冷，因此故障应该出现在 EDM507 上。

用同一型号的 EDM507 半导体制冷片代替故障模块，重新把电路连接好后接入电源，机器已能制冷，其他功能亦正常，至此故障排除。

（2）其他故障　模块检测可能出现的问题及解决方法见表 4-2。

表 4-2　模块检测可能出现的问题及解决方法

问　题	原　因	解决方法
EDM311 红外发射模块所有微动按钮不能遥控主机功能	EDM311 红外发射模块没有装电池	在 EDM311 红外发射模块上装电池
	没有按遥控器电源开关 F2	按遥控器电源开关 F2
	振荡频率不准确	调整遥控器模块中 RP_1
	晶体振荡器不起振	置换 EDM311 红外发射模块
	发射电路（R_1、VT_1、LED_1 等）故障	
	红外发射电路 IC_6 坏	
	红外接收电路 IC_4 坏	置换 EDM312 红外接收模块
	红外接收模块 IC_4 坏	
	温控主机微处理器 IC_1 或外围电路故障	置换 EDM002 单片机模块
EDM311 红外发射模块个别微动按钮不能遥控主机相应的功能	个别微动按钮接触不良	置换 EDM311 红外发射模块
	微动按钮与总线连线断裂	
按动 EDM311 红外发射模块制冷键，主机不制冷	主机没有接电源	主机接入电源
	预设温度过高	把预设温度重新调整
	微处理器 IC_1 故障	置换 EDM002 单片机模块

（续）

问　题	原　因	解 决 方 法
按动 EDM311 红外发射模块制冷键，主机不制冷	温度控制制冷支路元器件 VD_3、R_{19}、VT_8、VT_9 个别损坏	置换 EDM507
	制冷器件损坏（半导体制冷片）	
EDM502 直流风机模块不动	微处理器 IC_1 故障	置换 EDM002
	风机插头没有插好	重新插好风机插头
	电动机坏	置换 EDM501
	控制直流风机支路元器件坏	
EDM605 部分数码管不能显示数字	微处理器 IC_1 故障	置换 EDM002
	部分显示器坏	置换 EDM605
	驱动管 VT_2 ~ VT_6 部分坏	
EDM605 数字显示缺段	微处理器 IC_1 故障	置换 EDM002
	缺段的显示器坏	置换 EDM605
EDM605 空气质量传感器显示红色发光二极管不亮	空气质量传感器 LS_1 损坏	置换 EDM105
	微处理器 IC_1 故障	置换 EDM002
	红色发光二极管坏	置换 EDM605
EDM605 风量显示发光二极管部分不亮	微处理器 IC_1 故障	置换 EDM002
	红色发光二极管坏	置换 EDM605
按下红外发射 EDM311 功能键，能控主机温控功能，但没有“嘟”响提示音	微处理器 IC_1 故障	置换 EDM002
	蜂鸣器 LS_2 坏	置换 EDM504
	蜂鸣器电路有故障	

4. 电路框图

根据图 4-1 电路原理图，空调器电路框图如图 4-6 所示。

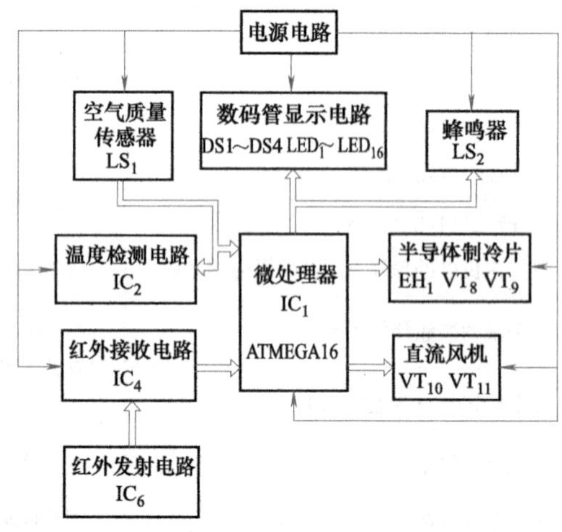

图 4-6　空调器电路框图

四、知识链接

(一) 相关单元模块介绍

1. EDM002 AVR 单片机主机模块

EDM002 AVR 单片机主机模块属于单片机电路模块之一。

(1) 模块电路 如图 4-7 所示。

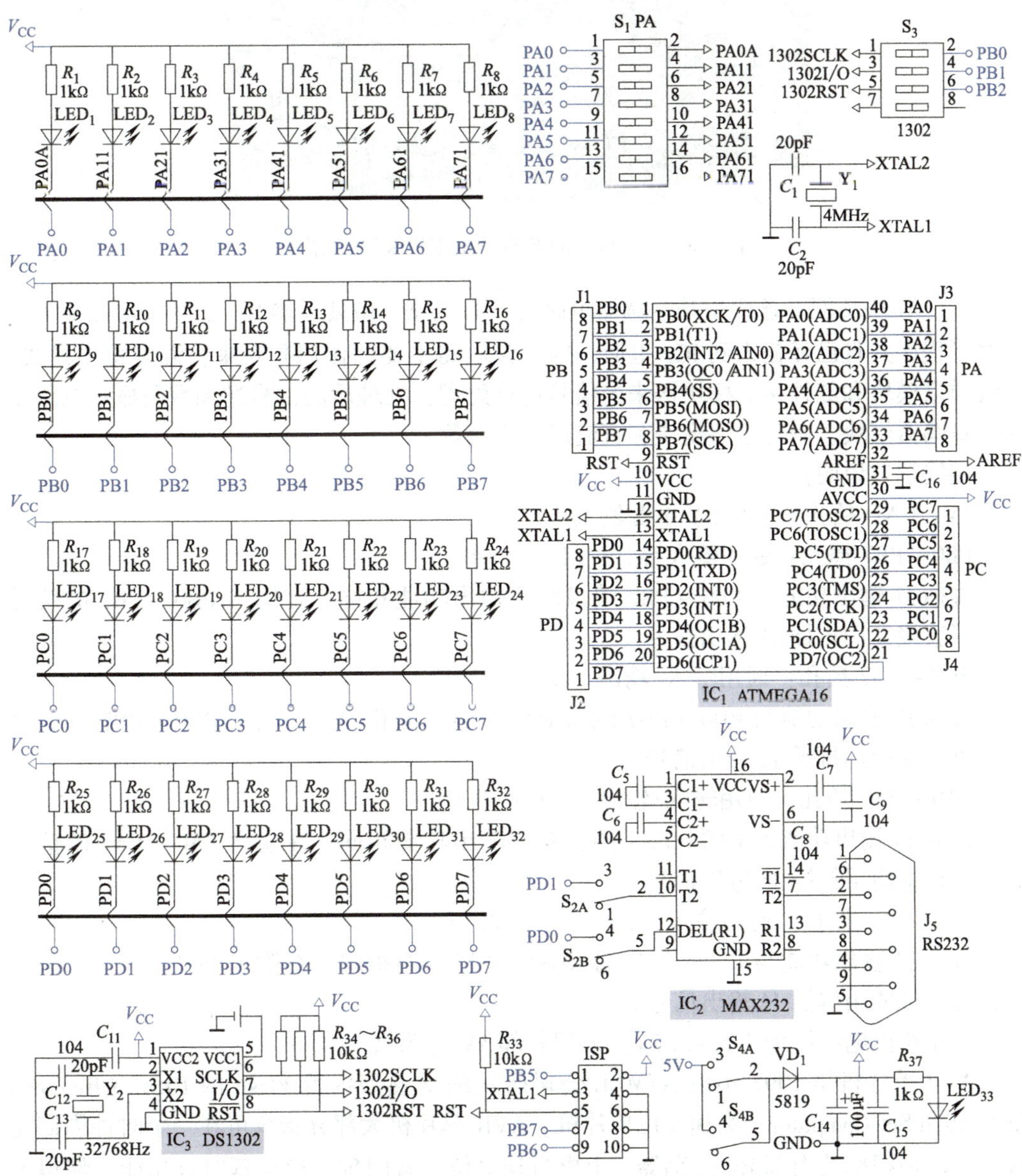

图 4-7 EDM002 AVR 单片机主机模块电路图

（2）模块实物 如图 4-8 所示。

图 4-8 EDM002 AVR 单片机主机模块实物图

（3）模块功能 该模块是空调器电路的核心电路，微处理器 IC_1 已经按功能要求编写好了程序并且已经输入到 IC_1 里面，因此该电路主要的作用是对来自温度检测模块、空气质量模块和红外接收模块送来的信号进行处理，处理后的信号送到数码显示电路模块、蜂鸣器模块、制冷电路模块和直流风机模块等。

接线端口说明：

5V、GND 插孔：模块 5V 电源输入插孔。

PB0 ~ PB7 插孔：通用输入/输出（I/O）端口。

排插 J1 输出功能与 PB0 ~ PB7 端口对应输出功能相同。在输出 PB0 ~ PB7 的信号时，可直接使用排插 J1 输出信号。

PD0 ~ PD7 插孔：通用输入/输出（I/O）端口。

排插 J2 输出功能与 PD0 ~ PD7 端口对应输出功能相同。在输出 PD0 ~ PD7 的信号时，可直接使用排插 J2 输出信号。

PA0 ~ PA7 插孔：通用输入/输出（I/O）端口。

排插 J3 输出功能与 PA0 ~ PA7 插孔对应输出功能相同。在输出 PA0 ~ PA7 的信号时，可直接使用排插 J3 输出信号。

PC0 ~ PC7 插孔：通用输入/输出（I/O）端口。

排插 J4 输出功能与 PC0 ~ PC7 端口对应输出功能相同。在输出 PC0 ~ PC7 的信号时，可直接使用排插 J4 输出信号。

该模块供电电压为 4.5 ~ 5.5V，采用外部 5V 电源供电。

AVR 单片机是 1997 年由 ATMEL 公司研发的增强型内置 Flash 的 RISC（Reduced Instruction Set Computer）高速 8 位单片机。AVR 单片机大部分指令可在一个时钟周期完成，有多种频率的内部 RC 振荡器、上电自动复位、看门狗、启动延时等功能，使得电路设计变得非常简单，并且内部资源丰富，一般都集成 A/D 转换器、PWM、SPI、US-

ART 、TWI、I^2C 通信口和丰富的中断源等。

ATMEGA64 内部有 32KB 系统内可编程 Flash 程序存储字节，擦写寿命约为 10000 次，2KB 字节 SRAM 数据存储器，1KB 的 E^2PROM，两路 8 位 PWM，6 路编程分辨率从 1 到 16 位可变的 PWM 通道，8 路 10 位 ADC，工作频率为 0 ~ 16MHz，通用输入/输出口 53 个，两个具有独立预分频器和比较器功能的 8 位定时器/计数器，两个具有预分频器、比较功能和捕获功能的扩展 16 位定时器/计数器。

通过 SPI 口就可直接下载程序，无需购买昂贵的专用下载器。该模块上的单片机每个 I/O 口都连有贴片 LED 指示灯，可直观地看到每个 I/O 口的电平状态，方便设计、调试电路。

2. EDM507 半导体制冷片模块

EDM507 半导体制冷片模块属于执行器件模块之一。

（1）模块电路　如图 4-9 所示。

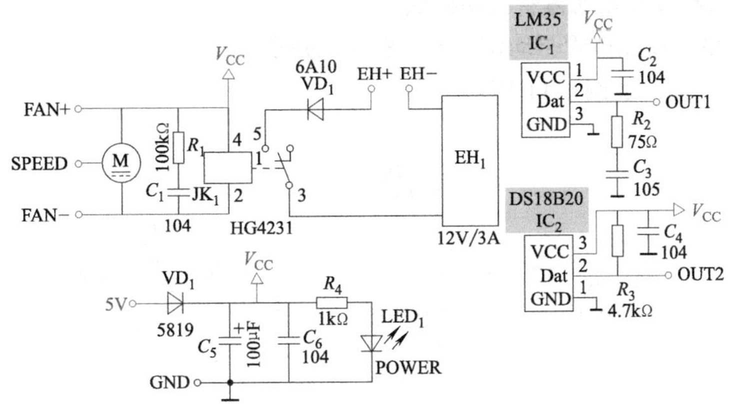

图 4-9　EDM507 半导体制冷片模块电路图

（2）模块实物　如图 4-10 所示。

图 4-10　EDM507 半导体制冷片模块实物图

（3）模块功能　该模块接上5V电源后，散热风机转动的同时，继电器JK_1吸合，如果EH+和EH-有电压存在，制冷片EH_1开始制冷，温度传感器LM35和DS18B20把检测到的温度数据分别从插孔OUT1和OUT2输出。

接线端口说明：

5V、GND插孔：模块电路5V电源输入插孔。

EH+插孔：制冷片正极。

EH-插孔：制冷片负极。

FAN+、FAN-插孔：散热风扇正负极。

SPEED插孔：散热风扇速度输出端。

OUT1插孔：温度传感器LM35信号输出端。

OUT2插孔：温度传感器DS18B20信号输出端。

该模块供电电压为4.5~5.5V，模块采用外部5V电源供电。

3. EDM404 NPN型晶体管驱动模块

EDM404 NPN型晶体管驱动模块属于驱动电路模块之一。

（1）模块电路　如图4-11所示。

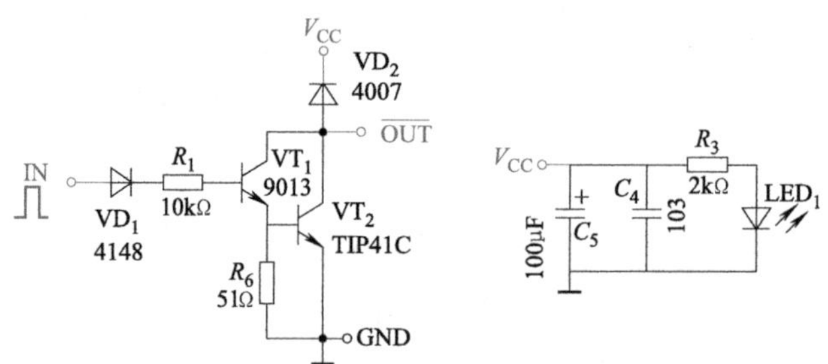

图4-11　EDM404 NPN型晶体管驱动模块电路图

（2）模块实物　如图4-12所示。

（3）模块功能　该模块的主要作用是对正脉冲信号进行放大。为了能够有较强的驱动作用，模块采用了由两只NPN型晶体管连接成复合管。为了减小电路受电源的影响，外接电源上加接电容滤波去耦电路，并带有外接5V电源的发光二极管LED_1显示电路。

接线端口说明：

VCC、GND插孔：模块电路5V电源输入端口。

IN插孔：模块信号输入端口。

$\overline{\text{OUT}}$插孔：模块信号输出端口。

4. EDM501 直流风机模块

EDM501直流风机模块属于执行器件模块之一。

图4-12　EDM404 NPN型晶体管驱动模块实物图

(1) 模块电路　如图 4-13 所示。

(2) 模块实物　如图 4-14 所示。

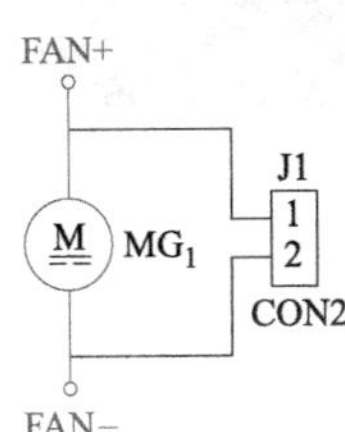

图 4-13　EDM501 直流风机模块电路图

图 4-14　EDM501 直流风机模块实物图

(3) 模块功能　只要在该模块的 FAN + 和 FAN - 加入直流电压或矩形脉冲，直流风机便可转动，随着加入的直流电压和矩形脉冲宽度不同，直流风机的转速也不一样。排插 J1 功能与 FAN + 和 FAN - 插孔相同。

接线端口说明：

FAN +、FAN - 插孔：直流风机驱动信号输入端口。

5. EDM311 红外发射模块

EDM311 红外发射模块属于传感器电路模块之一。

(1) 模块电路　如图 4-15 所示。

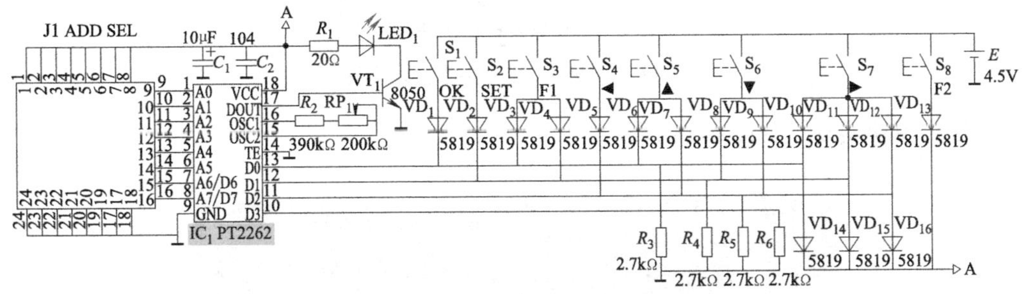

图 4-15　EDM311 红外发射模块电路图

(2) 模块实物　如图 4-16 所示。

(3) 模块功能　该模块工作电压为 4～15V，内装 4.5V 电池。电路可以进行编码，它由 J1 的 8 位短路线开关组成地址编码电路，由按键◀～F2 进行空调器功能控制，并和红外发射电路组成红外发射电路。IC_1（PT2262）是数字编码芯片。由 RP_1 调整振荡频率，由 LED_1 发射，发射频率为 38kHz。

6. EDM312 红外接收模块

EDM312 红外接收模块属于传感器电路模块之一。

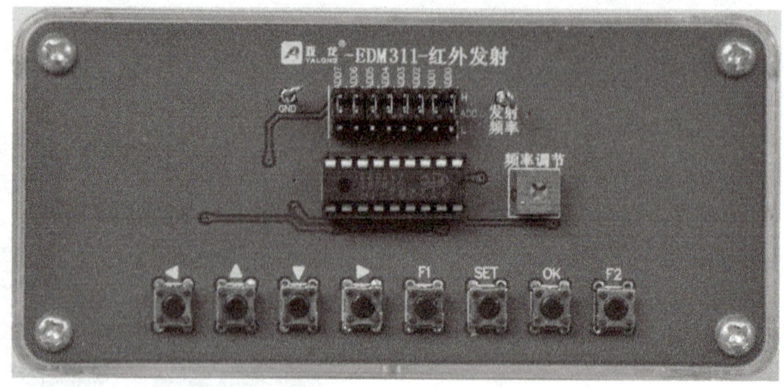

图 4-16　EDM311 红外发射模块实物图

(1) 模块电路　如图 4-17 所示。

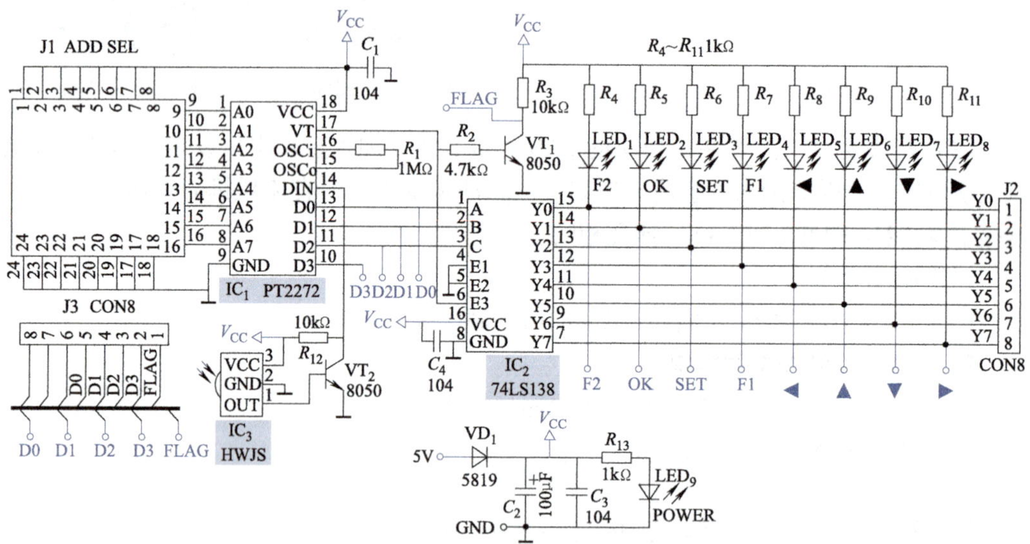

图 4-17　EDM312 红外接收模块电路图

(2) 模块实物　如图 4-18 所示。

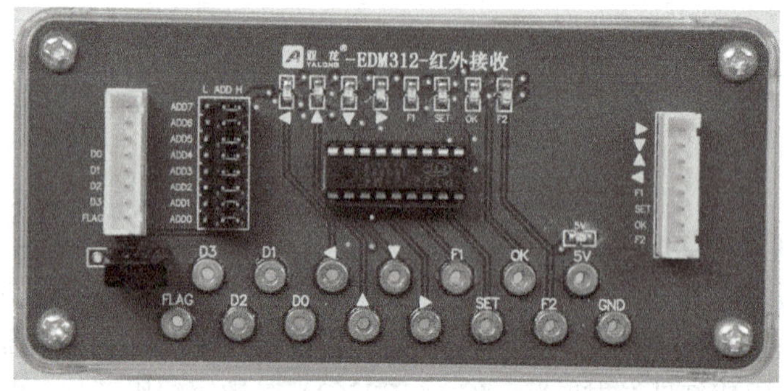

图 4-18　EDM312（红外接收模块）实物图

(3) 模块功能　该模块由按键编码、红外接收电路组成。IC_1 PT2272 是解码芯片，J1 的 8 位短路线开关组成地址编码电路。PT2272 解码电路一般与 PT2262 编码电路配对使用。红外接收由 IC_3 HWJS 完成，信号经 VT_2 放大进入 IC_1 PT2272 完成解码工作，然后经 IC_2 74LS138 译码，信号就可以送入单片机模块，另一路信号驱动对应发光二极管 LED_1 ~ LED_8 点亮。

IC_2 74LS138 是3 线-8 线译码器，LED_1 ~ LED_8 是低电平驱动，当 Y0 ~ Y7 为低电平时，对应的发光二极管亮，例如，Y0 输出为低电平时，发光二极管 LED_1 发亮。

接线插口说明：

5V、GND 插孔：模块电路5V 电源输入端口。

F2 ~ ▶插孔：红外接收状态信号输出端口。

D0 ~ D4 插孔：解码数据信号输出端口。

FLAG 插孔：按键信号输出端口。

排插 J2 功能与 F2 ~ ▶插孔功能相同。在输出 F2 ~ ▶的信号时，可直接使用排插 J2 输出信号。

排插 J3 功能与 D0 ~ D4、FLAG 插孔功能相同。在输出 D0 ~ D4、FLAG 的信号时，可直接使用排插 J3 输出信号。

该模块工作电压为 4 ~ 15V，采用外部 5V 电源供电。

7. EDM504 蜂鸣器模块

EDM504 蜂鸣器模块属于执行器件模块之一。

(1) 模块电路　如图 4-19 所示。

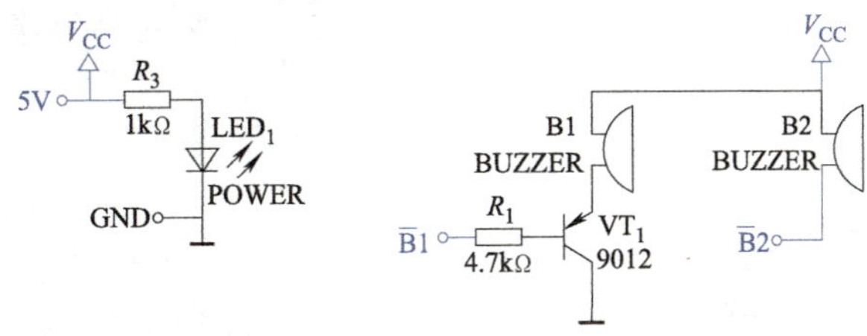

图 4-19　EDM504 蜂鸣器模块电路图

(2) 模块实物　如图 4-20 所示。

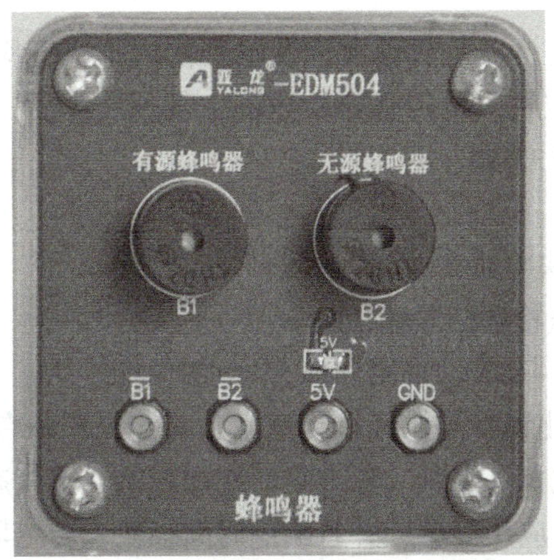

图 4-20　EDM504 蜂鸣器模块实物图

(3) 模块功能 该模块的主要作用是把来自微处理器 IC_1 的提示音响信号放大后，由蜂鸣器发出提示音。

接线端口说明：

5V、GND 插孔：5V 电源输入端口。

$\overline{B1}$、$\overline{B2}$ 插孔：蜂鸣器提示音控制信号输入端口，低电平有效。

模块采用外部电源供电。该模块包括 1 个有源蜂鸣器和一个无源蜂鸣器。由 PNP 型晶体管驱动蜂鸣器，当 B1 或 B2 插口接入低电平，VT_1 和 VT_2 导通，蜂鸣器 B1 和 B2 发出提示音响声，否则，蜂鸣器 B1 和 B2 不响。R_8 起限流作用，LED_1 亮，表示接入电源正常。

8. EDM105 空气质量传感器模块

EDM105 空气质量传感器模块属于传感器电路模块之一。

(1) 模块电路 如图 4-21 所示。

(2) 模块实物 如图 4-22 所示。

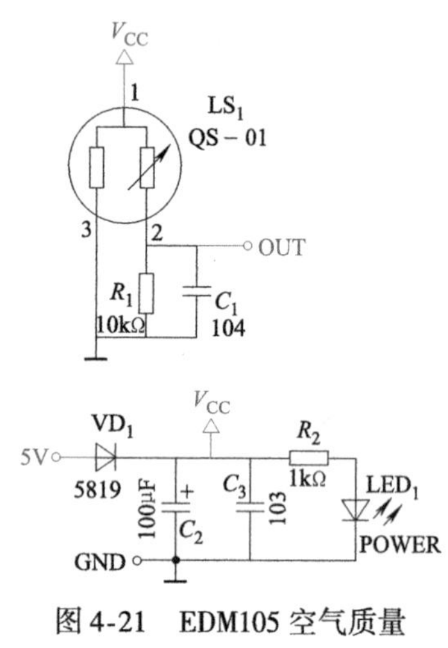

图 4-21 EDM105 空气质量传感器模块电路图

图 4-22 EDM105 空气质量传感器模块实物图

(3) 模块功能 在空调器主机温度控制电路使用了空气检测电路，其中 LS_1 QS—01 为空气质量传感器。空气质量传感器检测到空气的质量后，把检测的结果转换成电信号送到微处理器 IC_1 的 33 脚。

接线端口说明：

5V、GND 插孔：模块电路 5V 电源输入端口。

OUT 插孔：空气质量检测信号输出端口。

该模块工作电压为 4～15V，采用外部 5V 电源供电。

QS—01 是一种二氧化锡半导体气体传感器，对 VOCS 和有气味气体有很高的灵敏度，如氨气、酒精、硫化氢、甲苯、氢气等。它功耗低，对气态的空气污染有很高的灵敏度，寿命长、价位低、应用简单，并且响应时间很快。传感器采用塑料外壳，有 3 个引脚，可在极低的功耗情况下获得极好的感应特性，这款产品非常适合应用于空气质量控制系统、排风电扇和空气清新机。传感器阻值减少与气体浓度增加之间呈现对数关系，用传感器电阻和气体浓度之间的关系很好地体现了传感器的灵敏度特性。其量程为 $(1\sim10)\times10^{-6}$，灵敏度为 $(0.15\sim0.45)\times10^{-6}$。

9. 其他模块

EDM605 四位数码管显示模块、EDM314 ±12V、±5V 直流电源模块、EDM315 变压器模块已在前面的工作任务中做过专门的介绍，这里不再详述。

（二）相关电路知识

1. 器件知识

（1）红外光发射、接收元件

1）红外线发光二极管。

空调器遥控器电路中使用了红外光发射器件 LED_1，它是红外线发光二极管，发出的是红外光，发光波长主要在 850 ~ 940nm 范围内，属于近红外光段。因为红外发光二极管外形与普通二极管相似，通常采用透明的塑料封装，所以管内的电极清晰可见：内部电极较宽大的为负极，而较窄小的为正极。全塑封装红外发光二极管（$\phi3$ 型或 $\phi5$ 型）的侧向呈一小平面，靠近小平面的引脚为负极，另一个引脚为正极。常见红外发光二极管及电气符号如图 4-23 所示，红外发光二极管通常用字母 VL 表示。

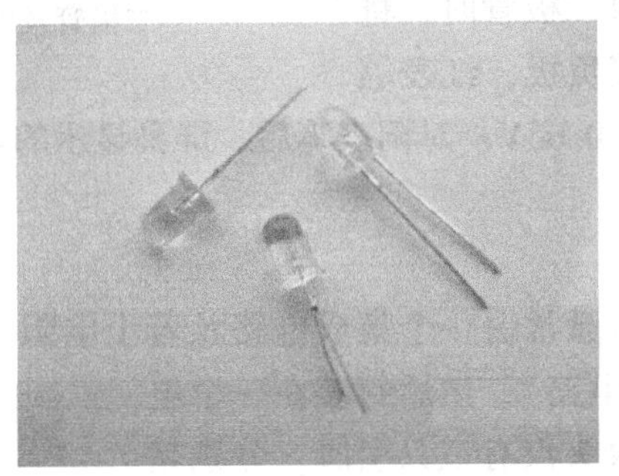

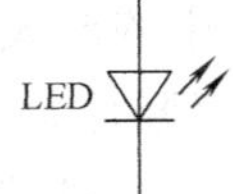

图 4-23 常见红外发光二极管及电气符号

红外发光二极管工作在正向电压下，正常工作电压约为 1.4V，工作电流一般小于 20mA，为了适应电路不同的电压，红外发光二极管常和限流电阻串联使用。

红外发光二极管发射红外线控制相应的受控装置，其控制距离与发射功率成正比。为了在相同的耗散功率状态下，增加红外线的控制距离，红外发光二极管通常工作于脉冲状态，因为脉冲红外（红外被脉冲调制）的有效传送距离与脉冲的峰值电流成正比，只需尽量提高峰值脉冲电流 I_P，就能增加红外光的发射距离。提高 I_P 的常用方法是减小脉冲的占空比，即压缩脉冲的宽度，减小脉冲的占空比明显增加小功率红外发光二极管的发射距离。

检测红外发光二极管，采用指针式万用表。将指针式万用表置于 R×1k 档，黑表笔接红外发光二极管的正极，红表笔接红外发光二极管的负极，此时万用表的读数应为 20 ~ 40kΩ（正向电阻）；黑表笔接负极，红表笔接正极时，万用表的读数应在 500kΩ 以上（反向电阻），该电阻值越大越好。采用数字式万用表测量红外发光二极管，要将档位转换开关置于二极管档，黑表笔接红外发光二极管的负极、红表笔接红外发光二极管的正极时，万用表的读数为0.96～1.56V；对调表笔后，屏幕显示的数字为溢出符号“OL”或“1.”。

电路中只要按下任何一只微动开关，红外发光二极管 LED_1 便把经过 PT2262 内部处理后的指令用红外光线发送出去。

2）红外光接收二极管。

空调器主机温控电路使用了红外接收装置，图 4-17 中的 IC_3 是一个红外接收头。红外接收头是一种红外线接收电路模块，通常由红外光接收二极管与放大电路组成。红外光接收二极管是用来接收红外发光二极管产生的红外线光波，并将其转换成电信号的一种半导体器件。红外线接收管通常采用黑色树脂封装，以滤掉 700nm 以下波长光线。常见红外光接收二极管及电气符号如图 4-24 所示，红外光接收二极管通常用字母 VD 表示。

识别红外光接收二极管的引脚时，可以面对受光面观察，从左到右分别为正极和负极。另外，在红外光接收二极管的管体顶端有一个小斜切平面，通常带有此斜切面一端的引脚为负极，另一端为正极。

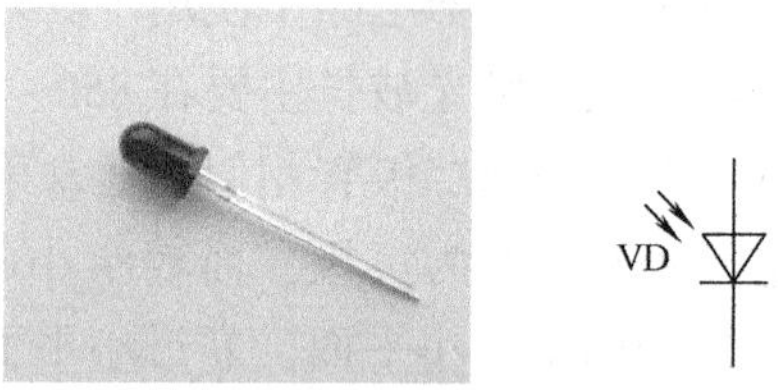

图 4-24 常见红外光接收二极管及电气符号

用数字万用表检测红外光接收二极管时，将档位开关置于二极管档，黑表笔接负极，红表笔接正极时，万用表的读数为0.45～0.65V；对调表笔后，屏幕显示的数字应为溢出符号“OL”或“1.”。

3）红外光线接收头。

红外光线接收头中的放大电路通常由一个集成电路及若干电阻、电容等元件组成（包括放大、选频、解调几大部分电路），然后封装在一个电路模块（屏蔽盒）中。红外线接收头仅有三只引脚，分别是电源正极、电源负极（接地端）及信号输出端，工作电压为5V 左右，只要给它接上电源即是一个完整的红外线接收放大器，使用十分方便。常见的红外线接收头如图 4-25 所示。

电路中红外接收头接收到红外信号后，对信号进行放大、选频及解调，转换成电信号，送到 PT2272 的 14 脚进行内部处理。

图 4-25 红外线接收头

（2）空气质量传感器 在空调器主机温度控制电路还使用了空气检测电路，其中 LS_1 QS—01 为空气质量传感器。空气质量传感器检测到空气的质量后，把检测的结果转换成电信号送到微处理器 IC_1 的 33 脚。

（3）半导体制冷片

1）半导体制冷片制冷过程及材料。

半导体制冷片也叫热电制冷片，是利用半导体材料的珀尔帖（Peltier）效应工作的。当直流电通过两种不同半导体材料串联成的电偶时，在电偶的两端即可分别吸收热量和放出热量，可以实现制冷的目的。它是一种产生负热阻的制冷技术，其特点是无运动部件，在一些空间应用时受到限制、可靠性要求高、无制冷剂污染的场合，具有很高的实用价值。半导体制冷片外观由许多N型和P型半导体颗粒互相排列而成，当一块N型半导体材料和一块P型半导体材料连接成电偶对时，在这个电路中接通直流电流后，就能产生能量的转移。电流由N型半导体流向P型半导体时接头吸收热量，成为冷端；由P型半导体流向N型半导体的接头释放热量，成为热端。吸热和放热的大小是通过电流的大小以及半导体材料N、P的对数来决定的。在N、P之间以一般的导体相连接而成为一个完整线路，通常是铜、铝或其他金属导体，最后由两片陶瓷片像夹心饼干一样夹起来，其中陶瓷片必须绝缘且导热良好。

半导体制冷片的半导体制冷材料，不仅需要N型和P型半导体，还要根据掺入杂质来改变半导体的温差电动势率，电导率和导热率使这种特殊半导体成为实现制冷的材料。目前国内常用材料是以碲化铋为基体的三元固溶体合金，其中P型是Bi2Te3—Sb2Te3，N型是Bi2Te3—Bi2Se3。

2）半导体制冷片的特点。

半导体制冷片作为特种冷源，在技术应用上具有以下特点：

① 不需要任何制冷剂，可连续工作，没有污染源、没有旋转部件，工作时没有振动、噪声，寿命长，安装容易。

② 半导体制冷片具有两种功能，既能制冷，又能加热，虽制冷效率一般不是很高，但制热效率很高。因此使用一个片件就可以代替分立的加热系统和制冷系统。

③ 半导体制冷片是电流换能型片件，通过对输入电流的控制，可实现高精度的温度控制，再加上温度检测和控制手段，很容易实现遥控、程序控制、计算机控制，便于组成自动控制系统。

④ 半导体制冷片热惯性非常小，制冷、制热时间很快，在热端散热良好、冷端空载的情况下，通电不到1min，制冷片就能达到最大温差。

⑤ 半导体制冷片的反向使用就是温差发电，它一般适用于中低温区发电。

⑥ 半导体制冷片单个制冷元件对的功率很小，但组合成电堆，用同类型的电堆串、并联的方法组合成制冷系统的话，功率就可以做得很大，制冷功率为几毫瓦到上万瓦的范围。

⑦ 半导体制冷片的温差范围大，从90℃到－130℃都可以实现。

3）半导体制冷片使用中的注意问题。

半导体制冷片CDL1系列制冷组件使用中的注意问题：

① 当采用非专用设备检验该器件时，在工作参数下，热端的温度必须低于80℃（改变电流方向可使冷端变成热端）。在热端没有散热的条件下，瞬间通电进行试验，即用手触摸制冷器的两个端面，感到一面有一定的热感，另一面稍有冷感即可。否则由于热端温度太高，极易造成器件短路或断路，使制冷器报废。

② 在一般条件下，鉴别制冷组件的极性时可将制冷组件冷端朝上放置，引线端朝向人体方向，此时右侧引线即为正极，通常用红色表示；左侧为负极，通常用黑色、蓝

色或白色表示，此种极性是制冷组件工作时的接线方法。需制热时，只要改变电流极性即可。制冷工作时，必须采用直流电源，电源的纹波系数应小于10%。

③ 对制冷电偶对数及极限电压进行识别时，电偶对数即指PN结的数量。例如：制冷器的型号为CDL1—12703，则127为制冷组件的电偶对数，03为允许电流值（单位为安培），制冷组件的极限电压为电偶对数×0.11V，例如：CDL1—12703的极限电压$U=127\times0.11\text{V}=13.97\text{V}$。

④ 各种制冷组件不论在使用还是在试验中，冷热交换时必须待两端面恢复到室温时才可进行（一般需要15min以上方可进行），否则易造成陶瓷片炸裂。

图4-26所示为半导体制冷片在电路中的应用，半导体制冷片EH_1的1脚（设为A，冷端）接继电器JK_1的3脚，而半导体制冷片EH_1的2脚（设为B，热端）驱动晶体管VT_8、VT_9的集电极。

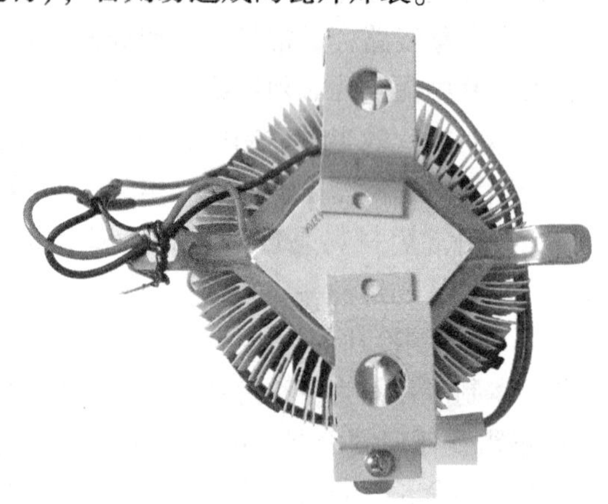

图4-26　半导体制冷片在电路中的应用

（4）PT2262、PT2272集成电路

1）PT2262集成电路。

PT2262主要是编码集成电路，完成数据与地址码的编码任务后，信号交给红外发光二极管发射。

PT2262的引脚排列见图4-15，各引脚功能说明见表4-3。

表4-3　PT2262各引脚功能说明

序号	名称	功　能	序号	名称	功　能
1～6	A0～A5	A0～A11是12个地址端	13	A11/D0	地址/数据端
7	A6/D5	D0～D5是6位数据引脚	14	TE	控制端，低电平有效
8	A7/D4	A6～A11兼做数据引脚	15	OSC2	外接振荡电阻输出端
9	GND	接地	16	OSC1	外接振荡电阻输入端
10	A8/D3	地址/数据端	17	DOUT	数据输出端
11	A9/D2	地址/数据端	18	V_{CC}	电源
12	A10/D1	地址/数据端			

PT2262的地址引脚有3种接法，即悬空（高阻态）、高电平及低电平，不同接法的输出波形不同。图4-15中R_2、RP_1是振荡电阻，可根据需要进行适当的调节，阻值越大振荡频率越小，编码的宽度越大，发一帧码的时间越长。PT2262的特点是在其内部已经把编码信号调制在了一个较高的载频上。要把遥控编码信息用无线方式（红外线或无线电等）传送出去，必须有载体（载波），把编码信息“装载”在载体上（调制在载波上）才能传送出去，因此需要一个振荡电路和一个调制电路。PT2262编码器内部已包含了这些电路，从DOUT端送出的是调制好了的频率约为38kHz的高频已调波，因此使用起来非常方便，适用于红外线和超声波遥控电路。

当发射电路没有按键按下时，PT2262 不接通电源，其 17 脚为低电平，所以 315MHz 的高频发射电路不工作；当有按键按下时，PT2262 得电工作，其 17 脚输出经调制的串行数据信号。在 17 脚为高电平期间，315MHz 的高频发射电路起振并发射等幅高频信号；当 17 脚为低平期间，315MHz 的高频发射电路停止振荡。所以高频发射电路完全收受控于 PT2262 的 17 脚输出信号，从而对高频电路完成幅度键控（ASK 调制），相当于调制度为 100% 的调幅。

2）PT2272 集成电路。

PT2272 主要是解码集成电路，它把红外接收头送来的信号，进行解调后解码，完成数据与地址码的解码任务后把信号交给译码器。

芯片 PT2272 的引脚排列见图 4-17，各引脚功能说明见表 4-4。

表 4-4　PT2272 各引脚功能说明

序号	名称	功　能	序号	名称	功　能
1～6	A0～A5	A0～A11 是 12 位地址端	13	A11/D0	地址/数据端
7	A6/D5	D0～D5 是 6 位数据引脚	14	DIN	数据信号输入端，来自接收模块输出端
8	A7/D4	A6～A11 兼做数据引脚	15	OSCo	外接振荡电阻输出端
9	GND	接地	16	OSCi	外接振荡电阻输入端
10	A8/D3	地址/数据端	17	VT	解码有效确认输出端（常低），解码有效变成高电平（瞬态）
11	A9/D2	地址/数据端			
12	A10 /D1	地址/数据端	18	V_{CC}	电源

解码芯片 PT2272 接收到信号后，其地址码经过两次比较核对后，17 脚才输出高电平，与此同时相应的数据脚也输出高电平。如果发送端一直按住按键，编码芯片也会连续发射。PT2272 的暂存功能是指当发射信号消失时，PT2272 的对应数据输出位即变为低电平。而锁存功能是指，当发射信号消失时，PT2272 的数据输出端仍保持原来的状态，直到下次接收到新的信号输入。图 4-17 中，为了能正确解调出调制的编码信号，接收模块 IC_3 接收到发射信号后，经过 VT_2 进行放大，再送入到 PT2272 的 14 脚，保证输入 PT2272 的信号幅度足够大。

PT2272 和 PT2262 除地址编码必须完全一致外，振荡电阻还必须匹配，一般要求译码器振荡频率要高于编码器振荡频率的 2.5～8 倍，否则接收距离会变近甚至无法接收。随着技术的发展市场上出现一批兼容芯片，在实际使用中只要对振荡电阻稍做改动就能配套使用。

（5）遥控器微处理器　由于空调器遥控器使用的微处理器是比较简单的（12LE5202 和 ATMEGA8L），这里简单地介绍它们端口的使用方法。

从图 4-27 两块微处理器中可以看出，除有电源和接地端口外，还有复位 RST 端口和 I/O 端口。

1）复位（RST）端口。

空调器遥控器电路中的微处理器 IC_1 和空调器主机温度控制电路中的微处理器 IC_2

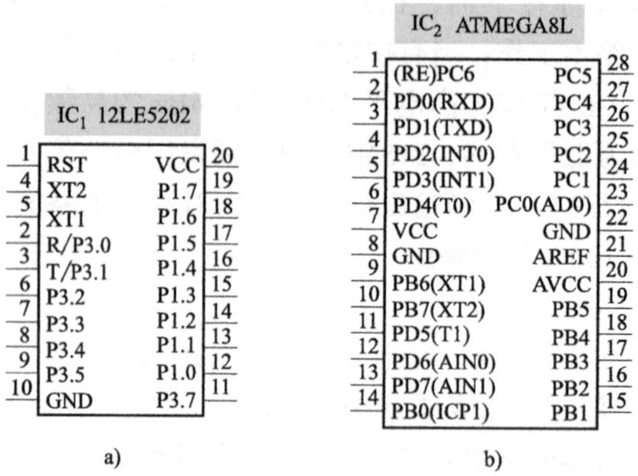

图 4-27 空调器主机中使用的两块微处理器

a）遥控器的微处理器 b）主机温度控制电路的微处理器

均采用加电自动复位方式。

2）I/O 端口。

在微处理器中，I/O 端口大致可以分成两类：一类是双向 I/O 口，另一类是准双向 I/O 口。两类端口在结构和特性上是基本相同的，但也有不同之处。两类 I/O 端口在作输出端口使用时是有区别的，准双向 I/O 口可以直接与被控制元器件连接，而双向 I/O 口必须要在端口上加入电阻 R 后连接电源 V_{CC}，端口才可以与被控制的元器件连接。双向 I/O 口在端口上加入电阻 R 后连接电源 V_{CC}，才能有高电平输出，才能正常作输出端口使用，这正是双向 I/O 口与准双向 I/O 口在结构上区别的结果。

双向 I/O 口在端口加入的电阻 R 是给电源 V_{CC} 提供通路的压降电阻，也是信号输出的负载电阻。

空调器遥控器中的微处理器和空调器主机温度控制电路中的微处理器的 I/O 口都是准双向 I/O 口。

2. 电路知识

（1）编码知识 我们用数字或字符表示某些特定含义的代码就称为编码。编码在通信领域中是必不可少的技术。编码技术有多种，在这里只介绍数字电路中最简单的编码技术。数字电路只处理二进制代码形式的信号，所以，任何信息送入数字系统处理都要先转换为二进制码的电信号，能实现这种转换的电路称为编码器。用二进制代码中若干个 0 和 1 表示信号的过程叫二进制编码。

在电路中，如果以高电平为“1”，以低电平为“0”，则编码信号就是由一串高、低电平组成的电信号。很明显，若编码信号只有 1 位，则编码信号是 2 个；若编码信号是 2 位，则编码信号只有 4 个；若编码信号有 3 位，则编码信号有 8 个。理论上编码信号有 n 位，则编码信号应该有 2^n 个。现在我们看一个简单而直接的编码电路，它可以直接输出高、低电平进行编码。

图 4-28 是较为常见的 8 位编码电路。它可以由多路（8 路）拨码开关组成，也可以由多只单引线接插件组成，并和“短路跳线”配合使用，可用作选择开关。开关的位置根据预先设计好的编码顺序进行调拨。

这种编码电路的开关中间触点即是编码电路的输出端，中间触点可以与左边触点接通，也可以与右边触点接通。与左边触点接通时则输出高电平，与右边接通时则输出低电平。编码电路的输出端 $A_7 \sim A_0$ 由此产生不同的高低电平信号，即是由“1”和“0”组成的 8 位二进制数编码，它可以有 2^8 的编码量，也就是我们需要的编码信号。

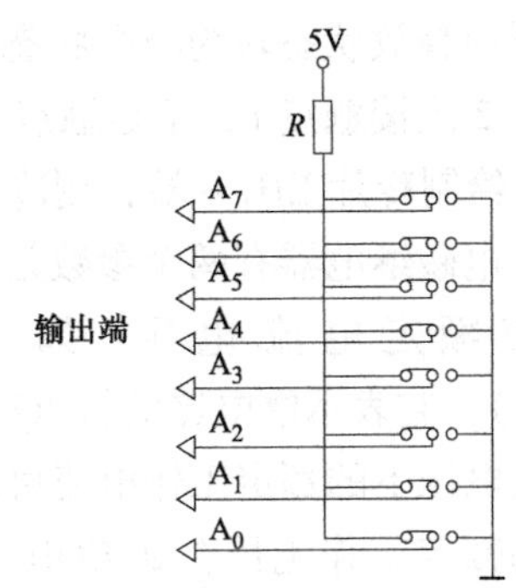

图 4-28　8 位编码的简单编码电路

（2）继电器电路　在空调器主机温度控制电路中使用了继电器 JK_1 和 JK_2。继电器是如何工作的呢？下面我们先看看继电器是如何构造和工作的。

继电器是一种电子控制器件，具有输入端和输出端。输入端往往使用一组小电流作为控制信号，可以在输出端控制一组或多组的电器接点开关（大电流或高电压），通常用在自动控制电路中。所以继电器也称作为“小电流控制大电流（高电压）的自动开关”，在电路中起到自动调节、案例保护及转换电路等作用。继电器可分为电磁继电器、固态继电器两种。

1）电磁继电器。

从图 4-29 中可以看到电磁继电器的结构及工作状态。该电磁继电器只有释放和吸合两种状态。低压电源接通线圈，电流流经线圈产生磁场，铁心强大的磁场吸引衔铁，带动簧片上的触点与常开触点接通，这时为吸合状态。当线圈断电时，铁心失去磁性，衔铁由于弹簧的作用被释放，簧片上的触点与常开触点断开，这时为释放状态。继电器的常开、常闭触点是这样定义的：继电器线圈未通电时处于断开状态的静触点称为常开触点；线圈未通电时处于接通状态的静触点称为常闭触点。

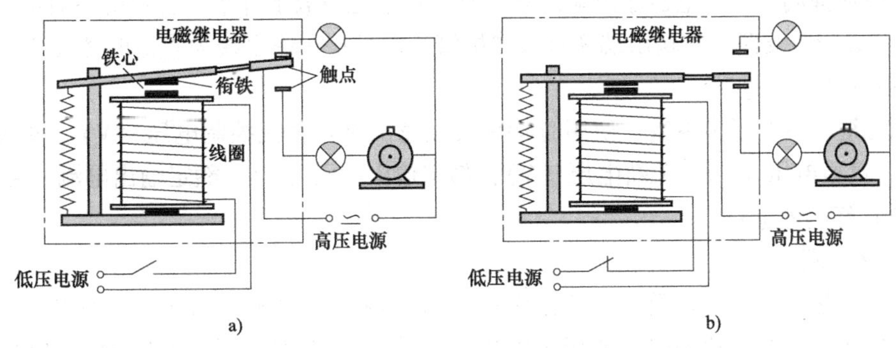

图 4-29　电磁继电器的构造和工作状态
a）释放状态　b）吸合状态

下面以温度控制电路为例说明电磁继电器的工作过程。图 4-30 为制冷控制电路中继电器的连接图。

JK_2 是继电器的铁心和线圈，线圈一边连接电源，另一边接晶体管 VT_3 的集电极。继电器的动态触点 4 为输出端，触点 2 为常闭触点接地，触点 1 为常开触点接 12V 电源。当晶体管 VT_3 基极为高电平时，VT_3 导通，集电极电流流经继电器 JK_2 的线圈，继电器由释放状态转为吸合状态，动态触点4由原来接触点2改接触点1，于是触点4也由输出0变为输出12V给制冷片EH_1+端，制冷片可以制冷。

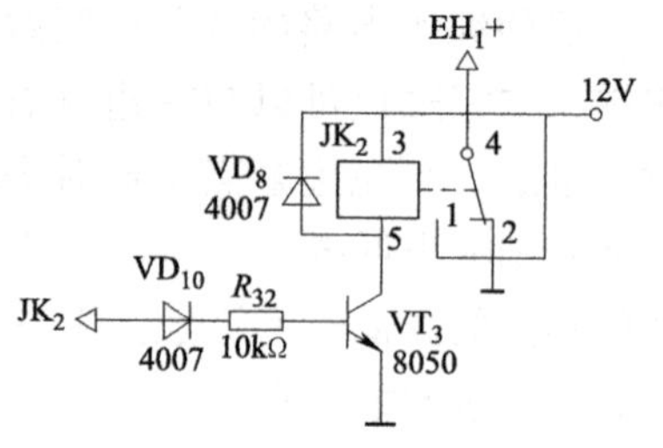

图4-30 制冷控制电路中继电器的连接图

电磁继电器有两个参数是要值得关注的：一个是触点额定电流/电压：如10A 250V（AC）/30V（DC），它表示继电器的触点在250V交流电压或30V直流电压下的额定工作电流可达到10A；另一个是线圈的额定工作电压，如COIL 12V（DC），它表示继电器的额定工作电压为直流12V。在使用电磁继电器时要特别注意，不能随意接线，否则容易损坏电磁继电器及电路。

2）固态继电器（SSR）。

在危险、恶劣的工作环境中，需要一种“无触点”、反应快、可靠度高、耐振动、耐冲击、防潮防腐防霉、寿命长的继电器，只有固态继电器能胜任。固态继电器可分为控制输入端和输出端。输入端内部是发光器件，如发光二极管；输出端内部是光耦合器，如光敏双向晶闸管。发光器件与光耦合器两者是隔离的。固态继电器按控制电压和负载电压可分为交流和直流两大类四种形式：DC→AC，DC→DC，AC→AC，AC→DC，不能混用。

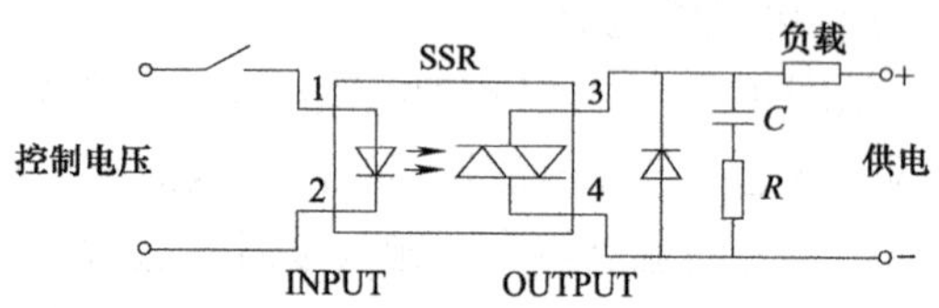

图4-31 固态继电器控制的电路

图4-31所示是采用固态继电器控制的电路。控制电压一般采用微电压的直流或交流3~32V，负载供电可以是高电压的直流或交流。当负载为非稳定性负载或感性负载时，在输出端接入RC吸收支路，可以有效地抑制固态继电器输出端的瞬态电压和电压指数上升率。若只是一般负载则可以省略RC吸收支路。在输出端还接入二极管，但只是在输出端为直流时才使用，若为交流电则不可使用。

固态继电器有很多参数，使用时特别要注意的是：直流控制电压（V）、输入电流（mA）、接通电压（V）、关断电压（V）；额定输出电压（V）、额定输出电流（A）。

（3）蜂鸣器电路

1）蜂鸣器。

蜂鸣器是一个发声装置，它只能发出单一的音频。不论输入蜂鸣器的是交流电压或是直流电压，只要达到蜂鸣器的额定电压，它就会发出声响。即使改变输入电压或频率，蜂鸣器也只发出一个音频的声音。一般蜂鸣器发出声音主要是起到提示（警示）作用。

蜂鸣器主要分成压电式和电磁式两种类型。

压电式蜂鸣器主要由多谐振荡器、压电蜂鸣片、阻抗匹配器、共鸣箱和外壳等组成。电磁式蜂鸣器主要由多谐振荡器、电磁线圈、磁铁、振动膜片和外壳等组成。当接通电源后（1.5~15V直流电压），多谐振荡器起振，输出1.5~2.5kHz的音频信号，电流通过电磁线圈，使电磁线圈产生磁场，振动膜片在电磁线圈和磁铁的相互作用下周期性地振动发声。

蜂鸣器在电路中用字母 H 或 HA 表示，电气符号如图 4-32 所示。

用万用表 R×1 档检测蜂鸣器时，正常的蜂鸣器会发出轻微的“咯咯”声，并显示出直流电阻。若无“咯咯”响声且电阻为无穷大，则表明蜂鸣器损坏。

2）蜂鸣器电路。

图 4-33 所示是蜂鸣器在空调器主机温控电路中的应用，其中蜂鸣器 LS_2 串联在 V_{CC} 与晶体管 VT_9 的集电极之间，只要微处理器的 BUZZ 提供一个高电平给晶体管 VT_9 的基极，VT_9 导通，蜂鸣器 LS_2 便发出单一声音。

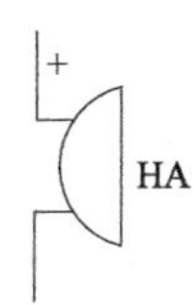

图 4-32　蜂鸣器的电气符号

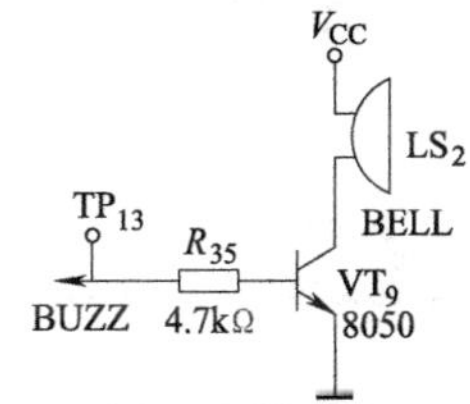

图 4-33　蜂鸣器在空调器主机温度控制电路中的应用

工作任务五 搭建出租车计价器电路

一、任务名称

选择出租车计价器作搭建电路，因为该电路比较简单，所应用的模块电路很多都在前面已经介绍，这里再一次出现，主要是为说明同一个模块在不同电子产品电路中的应用。通过对该电路的测量与调试，可以进一步认识和了解模块的功能和相关知识。

二、任务描述

1. 电路原理图

出租车计价器电路原理图如图 5-1 所示。

2. 电路模块的配置

根据电路原理图，组建该电路可配置 EDM606 12864LCD 液晶屏，EDM001 MCS51 单片机主板，EDM403 8 位独立按键模块，EDM502 直流风机模块，EDM405 PNP 型晶体管驱动模块，EDM314 ±5V、±12V 直流电源模块。

3. 电路功能

(1) 功能作用 由液晶显示器显示出租车在运行时的累计价钱，可以通过按键控制进行价格设定，实现出租车计价器的模拟。

(2) 工作过程 按电路连接好模块后，接入 5V 电源，发光二极管点亮，表示电源已经正确接入。由于微处理器 IC_2 已经预先写入了编好的程序，所以 S_1 ~ S_8 按下时产生的信号，由微处理器 IC_2 进行处理。MG_1 直流电动机转动时，经光耦合器 IC_1 对 MG_1 直流电动机进行转速计数，并送微处理器 IC_2 的 P3.2 端口，由微处理器 IC_2 根据编好的程序进行计价并送到液晶显示器显示。

操作过程是：按下 F2 键开机，5s 后进入出租车计价器菜单，按 F1 设置菜单。此时设置的菜单会变黑，按◀、▶键进行加减（只有价格可以修改），当要修改其他参数的时候会提示不能操作（因为路程等其他参数是不能进行修改的），价格设置完成后再按 F1 键保存。

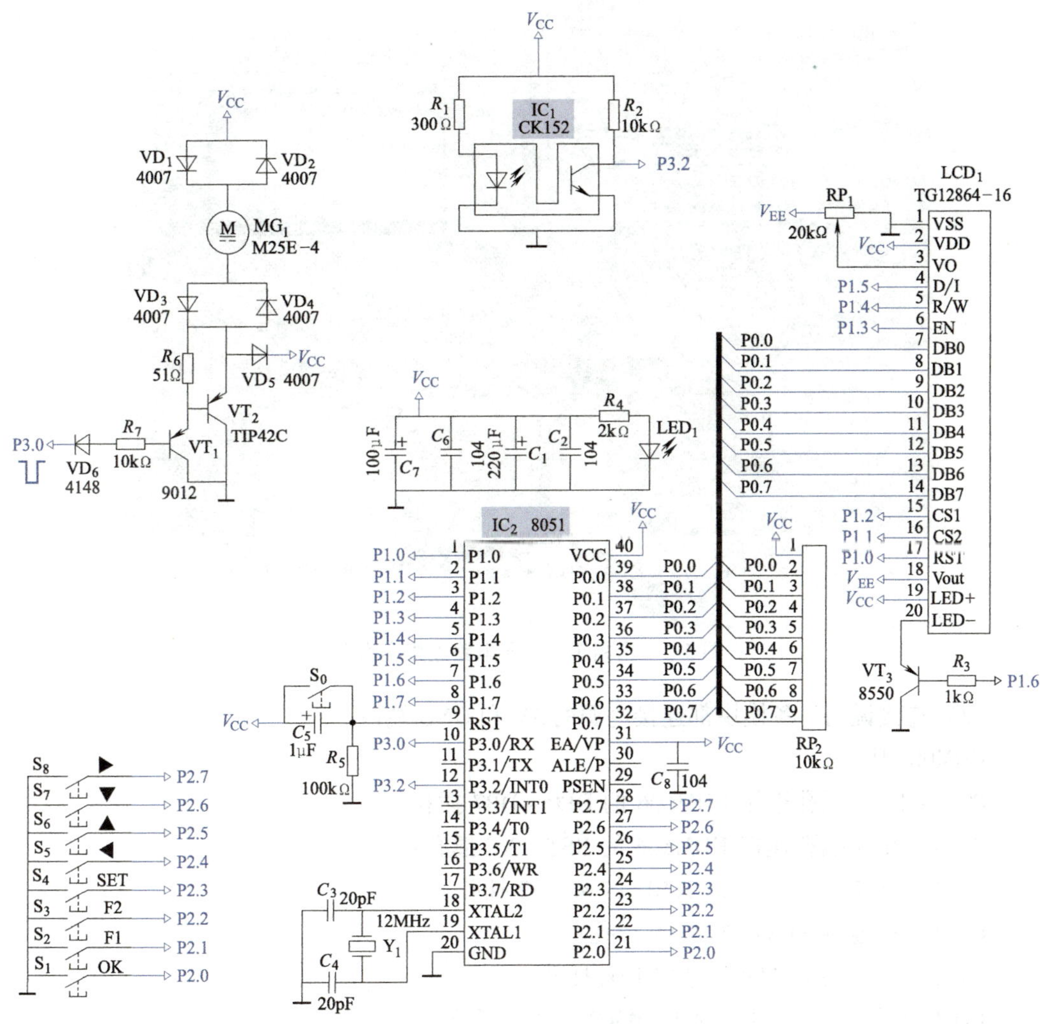

图 5-1　出租车计价器电路原理图

按 SET 键启动计价器，电动机转动，当遇到堵车或其他原因要暂时停车时，可按 OK 键；若要继续行驶，则再按 SET 键，即可继续运行并接续计价。

车到达目的地，需要进行计价时，按两次 OK 键即可。

此时可按 F1 键查看菜单，分别显示“行驶→单价→总价→时间→总路程→载人次数→工作时间→累计金额”。最后的累计金额便是乘客应付总的价钱。

当提示无权操作的时候，按 F1 返回后重新开始。

三、任务完成

1. 模块电路连接

(1) 连接实物图　出租车计价器电路连接实物如图 5-2 所示。

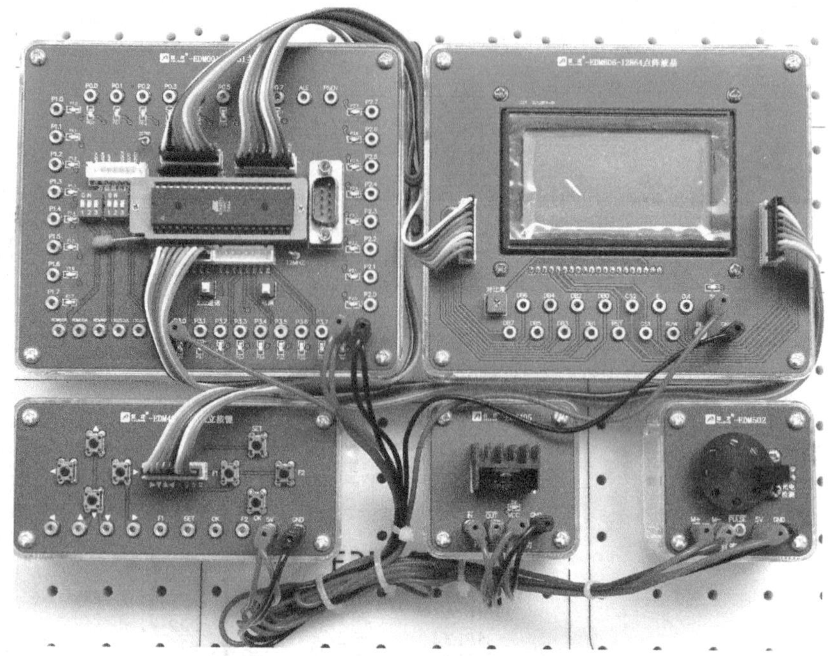

图 5-2 出租车计价器电路连接实物图

(2) 连接说明 各模块都连接电源的 5V 和 GND 端口。

EDM001 中：

P0.0 ~ P0.7 插孔连接 EDM606 的 DB0 ~ DB7 插孔；

P1.0 ~ P1.7 插孔连接 EDM606 的 RST ~ NC 插孔；

P2.0 ~ P2.7 插孔连接 EDM403 的◀ ~ F2 插孔；

P3.0 插孔连接 EDM405 的 IN 插孔；

P3.2 插孔连接 EDM502 的 PULSE 插孔。

EDM405 的 OUT 插孔连接 EDM502 的 M－插孔。

EDM502 的 M＋插孔连接 V_{CC}电源插孔。

2. 电路调整与测量

(1) 电路调整 由于出租车计价器电路比较简单，电路调整要求也不高。这里只要求调整 RP_1 电位器，使得液晶显示器的亮度和对比度合适为宜。

(2) 电路测量 用导线把各模块连接好，并接上 5V 电源。

1) 按键 S_1 ~ S_8 按下时，对应 EDM001 的 P2.0 ~ P2.7 插孔电压变化，对该电压进行测量，并把测量结果记录在表 5-1 中。

表 5-1 P2.0 ~ P2.7 插孔电压

项　目	P2.0	P2.1	P2.2	P2.3	P2.4	P2.5	P2.6	P2.7
未按按键前/V	3.5	3.5	3.5	3.5	3.5	3.5	3.5	3.5
按下按键时/V	0	0	0	0	0	0	0	0

2) 脉冲信号的测量。

① 直流电动机驱动脉冲的测量。

用示波器连接 EDM502 的 P3.0 插孔，测量其波形并记录在图 5-3 中。

波　形	周　期	幅　度
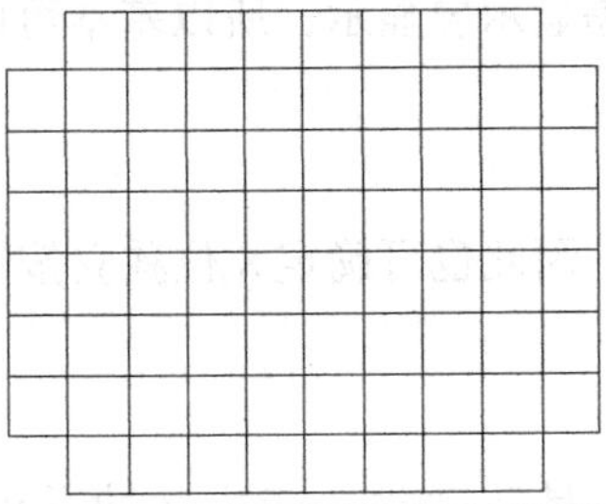	$T=$　μs	$U_{P-P}=$　V
	量程范围	量程范围
	μs/div	V/div

图 5-3　P3.0 插孔脉冲信号

② 直流电动机转动输出脉冲测量。

用示波器连接 EDM502 的 P3.2（$\overline{\text{PULSE}}$）插孔，测量其波形并记录在图 5-4 中。

波　形	周　期	幅　度
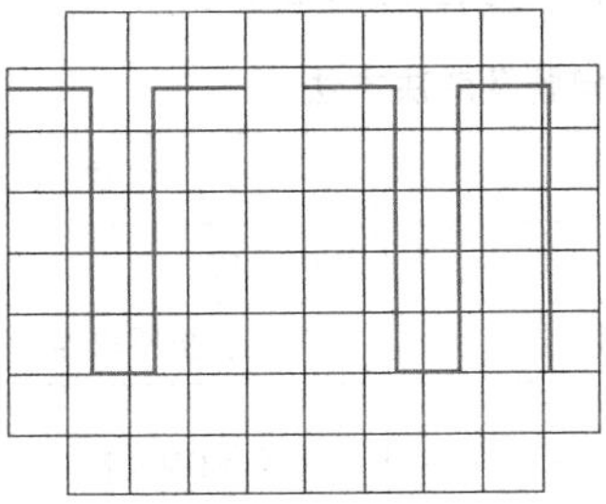	$T=5.2$ms	$U_{P-P}=4.6$V
	量程范围	量程范围
	2ms/div	1V/div

图 5-4　P3.2 插孔脉冲信号

从以上可以看出两者信号脉冲频率的关系是：直流电动机转动输出脉冲的频率是驱动脉冲频率的____倍，这是因为直流电动机转盘上有____个的槽。

3. 电路检测

由于电路是由模块搭建而成的，因此电路的检测一般根据电路测试的结果来判断电路出现的故障是在哪一块模块电路上。

(1) 故障举例

故障现象：把各模块按电路要求连接，并接入 5V 电源。设置好单价后按 SET 键起动直流电动机 MG_1，一段时间后按 OK 键两次，再按下 F1，发现没有累计金额。

故障检测过程：由于组成该电路的模块不多，所以应该找出故障所在的模块也就比较容易了。我们可以用排除法来进行检测。

1）EDM606 正常。

因为在按下 F1 键后，其他参数显示均正常，这显然是与液晶显示模块无关，所以确定 EDM606 工作正常。

2）EDM405 正常。

该驱动模块连接着 EDM502 直流电动机模块，现在直流电动机能够正常运转，说明晶体管驱动模块能够正常工作。

3）EDM001 正常。

该模块的主要核心是微处理器 8051，现在它能够提供电动机转动的驱动脉冲，也能够接受键盘模块在设置时的信息，还能驱动液晶显示屏显示，所以基本可以认定单片机模块工作正常。

4）EDM403 正常。

按键的作用只是进行设置，并没有妨碍计价，因此也可确定 8 位独立按键模块工作正常。

5）故障应在直流电动机模块 EDM502。

虽然该模块的直流电动机能够正常转动，但是转动时要产生脉冲送到微处理器 IC_2，可用示波器检查 P3.2 插孔是否有计数脉冲出现。检查结果是没有计数脉冲出现，也就是说直流电动机模块 EDM502 存在故障。

用与直流电动机模块 EDM502 相同的模块置换，重新开机后，机器正常工作。至此故障排除。

（2）其他故障 模块检测可能出现的问题及解决方法见表 5-2。

表 5-2 模块检测可能出现的问题及解决方法

<table>
<tr><th>问 题</th><th>原 因</th><th>解 决 方 法</th></tr>
<tr><td rowspan="5">开机后,不能进行计价</td><td>没有接电源</td><td>接电源</td></tr>
<tr><td>EDM405 没有与 EDM001 连接</td><td>两模块按要求连接</td></tr>
<tr><td>光耦合器 IC_1 损坏</td><td rowspan="2">置换 EDM502</td></tr>
<tr><td>直流电动机损坏不动</td></tr>
<tr><td>直流电动机不转动</td><td>置换 EDM405</td></tr>
<tr><td rowspan="8">EDM606 液晶显示器模块屏幕没有显示</td><td>没有接电源</td><td>接电源</td></tr>
<tr><td>电阻 R_{23} 阻值增大</td><td rowspan="4">置换 EDM606</td></tr>
<tr><td>晶体管 VT_1 c-e 开路</td></tr>
<tr><td>没有 V_{EE} 电压</td></tr>
<tr><td>LCD_1 3 脚没有电压</td></tr>
<tr><td>P1.6 没有低电平</td><td rowspan="2">置换 EDM001</td></tr>
<tr><td>晶体振荡器 Y_1 坏</td></tr>
<tr><td>RP_1 没有调整好</td><td>调整 RP_1</td></tr>
<tr><td rowspan="5">EDM606 液晶显示器模块显示数字缺段</td><td>液晶显示器 LCD_1 坏</td><td>置换 EDM606</td></tr>
<tr><td>微处理器 IC_2 坏</td><td rowspan="2">置换 EDM001</td></tr>
<tr><td>S_0 坏,无法清零</td></tr>
<tr><td>微处理器 IC_2 程序错误</td><td>重写入微处理器 IC_2 程序</td></tr>
<tr><td>排阻 RP_2 坏</td><td>置换 EDM001</td></tr>
<tr><td rowspan="2">计价错误</td><td>按键设置错误</td><td>重新在 EDM4038 设置按键</td></tr>
<tr><td>微处理器 IC_2 程序错误</td><td>重写入微处理器 IC_2 程序</td></tr>
</table>

4. 电路框图

根据图 5-1 电路原理图，出租车计价器电路框图如图 5-5 所示。

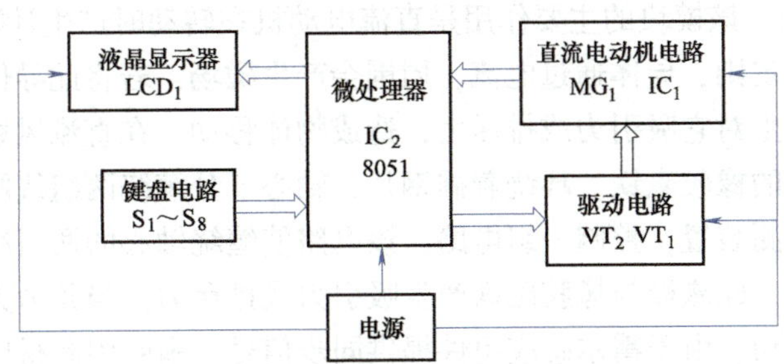

图 5-5 出租车计价器电路框图

四、知识链接

（一）相关单元模块介绍

1. EDM606 12864-01 液晶显示模块

该模块见工作任务三中的介绍。

2. EDM001 MCS51 单片机主板模块

该模块见工作任务三中的介绍。

3. EDM403 8 位独立按键模块

该模块见工作任务三中的介绍。

4. EDM405 PNP 型晶体管驱动模块

该模块已经在工作任务一中介绍，这里就不再重复叙述。

5. EDM502 直流电动机模块

EDM502 直流电动机模块属于执行器件模块之一。

（1）模块电路 如图 5-6 所示。

（2）模块实物 如图 5-7 所示。

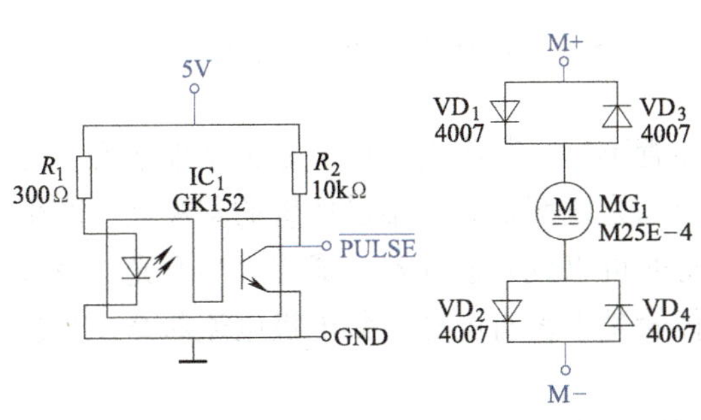

图 5-6 EDM502 直流电动机模块电路图

图 5-7 EDM502 直流电动机模块实物图

(3) 模块功能 该模块的主要作用是直流电动机在转动时产生计数脉冲。

根据安培右手定则，导体通过电流，周围会产生磁场，若将此导体置于另一固定磁场中，则磁场将产生对它吸引力或排斥力，造成物体移动。在直流风扇的扇叶内部，附着一事先充有磁性的橡胶磁铁。环绕着硅钢片，轴心部分缠绕两组线圈，并使用霍尔感应组件作为同步检测装置，控制一组电路，该电路使缠绕轴心的两组线圈轮流工作。硅钢片产生不同磁极，此磁极与橡胶磁铁产生吸引力或排斥力。当其力大于风扇的静摩擦力时，扇叶自然转动。由于霍尔感应组件提供同步信号，扇叶因此得以持续运转，至于其运转方向，可依右手定则判断。

接线端口说明：

M+、M-插孔：为电动机接入电源的正极、负极端。

$\overline{\text{PULSE}}$插孔：计数脉冲输出端。

5V、GND 插孔：模块电路 5V 电源输入端。

该模块的工作电压为 4.5～5.5V，采用外部 5V 电源供电。光电耦合 IC_1（GK152）、R_1 和 R_2 组成转速检测电路。VD_1～VD_4 对电动机 MG_1 起保护作用。

（二）相关电路知识

在出租车计价器中，使用了一种器件——(GK152)，我们把它称作为光遮断器，它是一种将光线作为控制信号的开关，因此又名光电开关或光电传感器。根据其工作类型，又分为反射型光电开关、对射型光电开关、槽型光电开关等。常见的光电开关如图 5-8 所示。

光遮断器的两个悬臂里分别装有一个发光二极管（红外发光二极管）和一个光敏晶体管，其内部电路原理如图 5-9 所示。

图 5-8 常见的光电开关实物

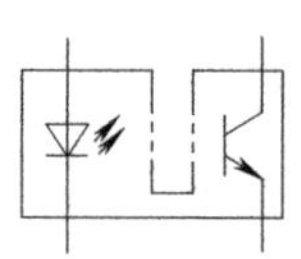

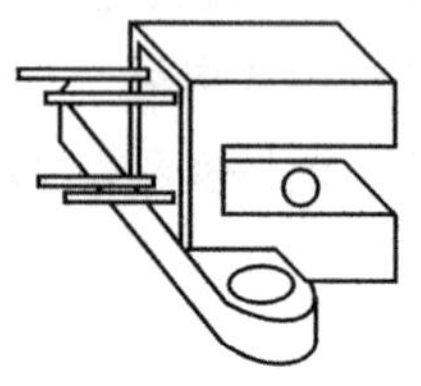

图 5-9 光遮断器内部电路原理

光遮断器内部的光敏晶体管和一般的晶体管不同，其集电极电流是由基极电流上的光线所触发。接上电源之后，发光二极管发出的光线照射到光敏晶体管的基极上，产生的基极电流使光敏晶体管产生集电极电流，这时可以说光遮断器为通路；当发光二极管和光敏晶体管之间的光线被遮断时，光敏晶体管基极没有电流，集电极电流断开，光遮断器为断路。

光遮断器通常应用在自动控制电路及需要进行电气隔离的控制电路中，也可利用遮断的数量作为计数的量值，我们这个项目使用的光遮断器就是起到这样的作用。

工作任务六 搭建电子秤电路

一、任务名称

选择电子秤作搭建电路，主要是该电路应用了多种具有代表性模块电路，电路中涉及了压力传感器中的电阻应变式传感器及其信号的变换等辅助电路，通过该电路的测量与调试，可以认识和了解有关电阻应变式传感器的相关知识以及相关应用。

二、任务描述

1. 电路原理图

电子秤电路原理图如图6-1所示。

2. 电路模块的配置

根据电路原理图，搭建该电路可配置EDM104称重传感器模块、EDM203 ICL7135模/数转换模块、EDM603十进制计数器模块、EDM406 4×4键盘电路模块、EDM001 MCS51单片机主板电路模块、EDM606 12864LCD液晶显示器模块和EDM504蜂鸣器模块。

3. 电路功能

(1) 功能作用　该电路主要由称重传感器、模数转换电路、十进制计数器、键盘电路、单片机主板电路、屏幕显示器和蜂鸣器等部分组成。

电源主要由外电路提供，有±12V、±5V，以及模数A/D转换电路中的二次稳压V_{EE}电源。

按下键盘电路中的F键开机，显示电路中的液晶显示器LCD_1点亮并显示欢迎界面。按“D”键进入设置界面，屏幕上显示“重量（kg）：0.000”，“单价（元）：000.00”和“总价（元）：00.00”三行字。使用“A”（+）键、“B”（-）键、“C”（移位）键设置“单价”，或在“单价：”一项中直接输入数字（按数字按钮），重新设置为“单价（元）：×××.××”，也可同时设置待机时间、声音提示。设置好后按“E”键保存退出。

此时把物体放在秤盘上，屏幕上显示“重量（kg）：0.000”变成了显示物体“重

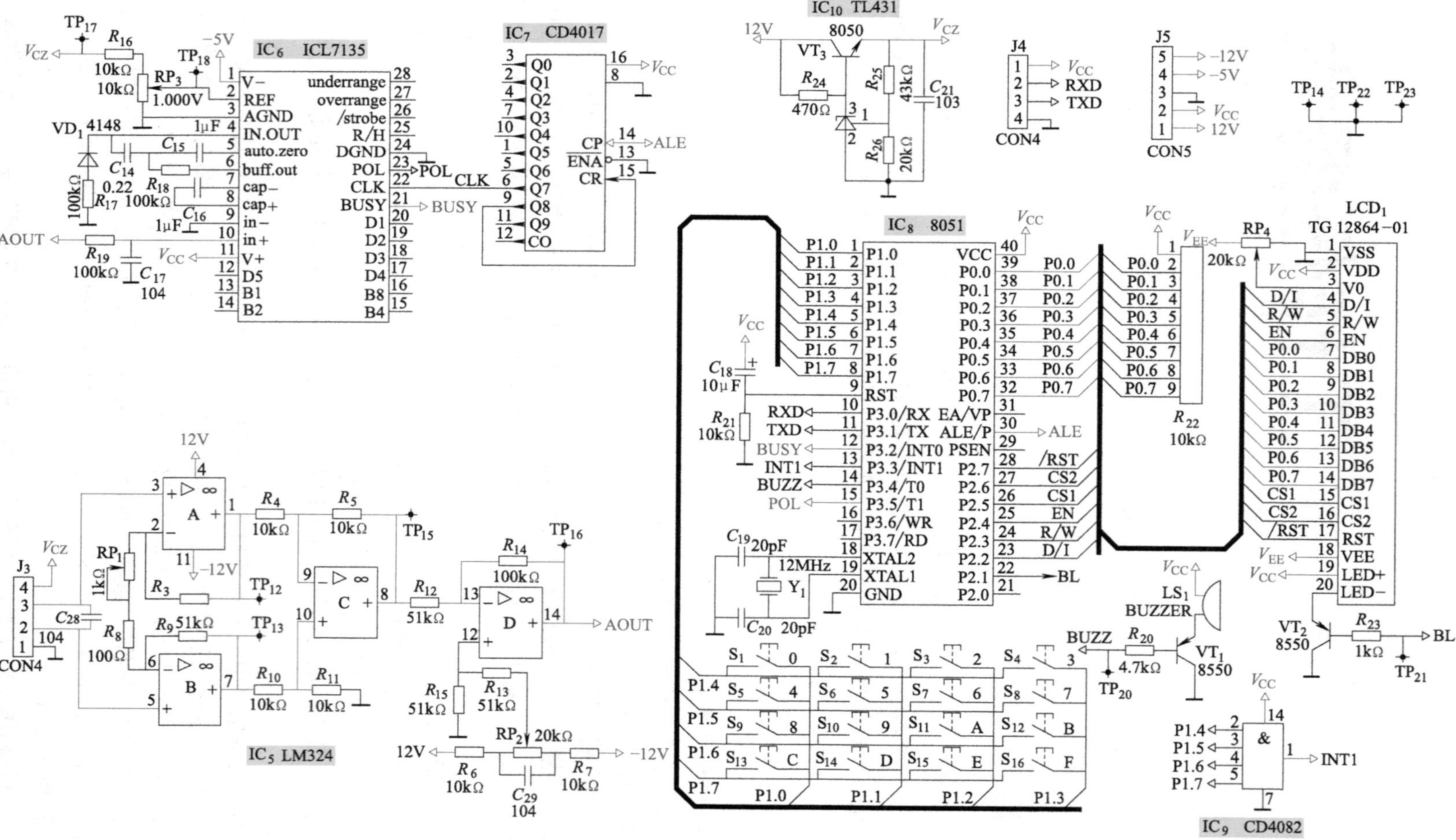

图 6-1 电子秤电路原理图

量（kg）：×.×××”。“总价（元）：00.00元”中的数字也随着变化，最后成为“总价（元）：××.××”，确认了物体卖出的价钱。

（2）工作过程　当把要称量的重物放入秤盘时，由应变压力传感器产生的信号经 J_3 插头“2”和“3”端传送到模拟放大电路的 IC_5（LM324）的输入端3、5脚。信号经A和B组成的差动放大电路放大后从1、7脚输出，经电阻 R_4、R_{10}，送进运算放大器C的输入端9、10脚进行放大，再从8脚输出，经电阻 R_{12} 送进运算放大器D的输入端13脚进行放大，从14脚输出。

输出的模拟信号AOUT经 R_{19} 进入A/D转换电路 IC_6（ICL7135）的10脚输入端，信号在 IC_6 内经过取样、保持、量化和编码，把输入的模拟信号转变为数字信号，并由23脚输出送到微处理器 IC_8 的P3.5端口输入（15脚）。由于要把模拟信号转变为数字信号，所以电路中必须要有取样脉冲，取样脉冲是经由微处理器 IC_8 的30脚取出，这个脉冲信号的频率是微处理器 IC_8 的晶振频率的六分之一，这个脉冲再送到 IC_7（CD4017）进行八分频后送入 IC_6（ICL7135），成为模/数转换过程中的取样脉冲。

由于微处理器 IC_8 已经输入了单价，根据从微处理器 IC_8 15脚送来的信号进行运算处理，处理的结果在相关端口P0.0～P0.7输出。如输出“单价（元）：×××.××”、“重量（kg）：×.×××”和“总价（元）：××.××”等。

三、任务完成

1. 模块电路连接

（1）连接实物图　电子秤电路连接实物如图6-2所示。

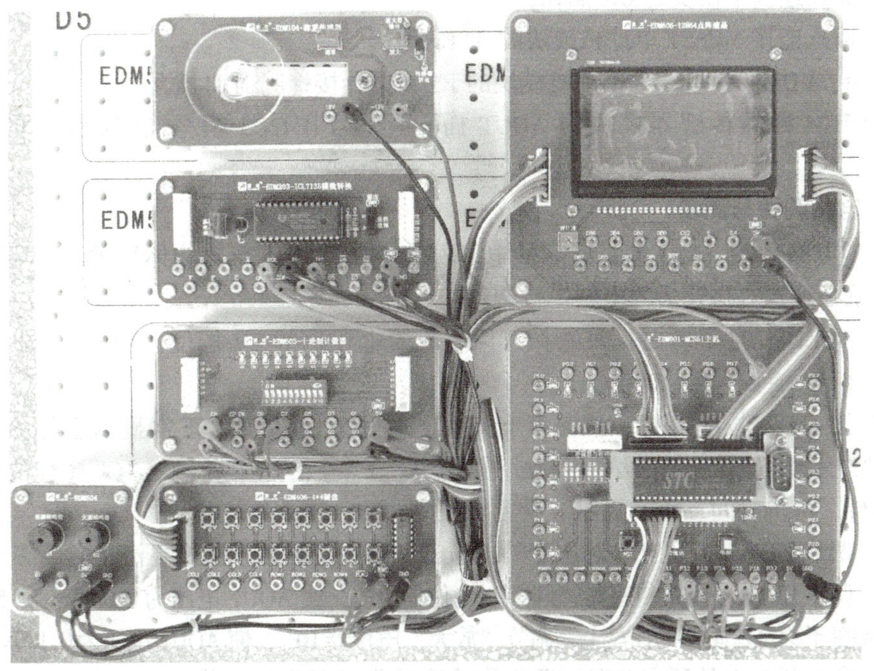

图6-2　电子秤电路连接实物

(2) 模块电路连接说明　EDM203 模/数转换模块接 ±5V 电源，EDM104 称重传感器模块接 ±12V 电源。由于二次稳压电源 V_{CZ}已经在 EDM203 中连接，V_{EE}也在 EDM606 中连接，因此在模块间不用连接。

EDM406 4×4 键盘电路模块的连接如下：

COL_1 ~ ROW_4 插孔连接 MCS51 单片机主板电路模块的 P1.0 ~ P1.7 插孔。

$\overline{FLAG}$插孔连接 MCS51 单片机主板电路模块 P3.3 插孔。

EDM606 12864 液晶显示器模块的连接如下：

DB0 ~ DB7 插孔连接 MCS51 单片机主板电路模块的 P0.0 ~ P0.7 插孔；

$\overline{RST}$插孔连接 MCS51 单片机主板电路模块的 P2.7 插孔；

CS2 插孔连接 MCS51 单片机主板电路模块的 P2.6 插孔；

CS1 插孔连接 MCS51 单片机模块 P2.5 插孔；

EN 插孔连接 MCS51 单片机模块 P2.4 插孔；

R/W 插孔连接 MCS51 单片机模块 P2.3 插孔；

D/I 插孔连接 MCS51 单片机模块 P2.2 插孔；

BL 插孔连接 MCS51 单片机模块 P2.1 插孔。

EDM203 模/数转换模块的连接如下：

Ext. Clk 插孔连接十进制计数器模块的 Q7 插孔；

BUSY 插孔接 MCS51 单片机主板电路模块的 P3.2 插孔；

POL 插孔接 MCS51 单片机主板电路模块的 P3.5 插孔；

IN－插孔连接 GND。

EDM603 十进制计数器模块的连接如下：

Q8 插孔连接本模块的 CR 插孔；

CP 插孔连接 MCS51 单片机模块的 ALE 插孔。

其余，EDM001 MCS51 单片机模块的 P3.4 插孔接蜂鸣器$\overline{B1}$插孔；

EDM104 称重传感器模块的 AOUT 插孔连接 EDM203 模/数转换模块的 AOUT 插孔。

2. 电路调整与测量

(1) 电路调整　为了使搭建后的电子秤能够准确地进行对物体秤重，且屏幕显示清楚，就必须要对搭建后的电路进行调整。

1）对 EDM203 调整时，可选择万用表直流电压档的 2V 档位，调节 EDM203 中的电位器 RP_3，使 U_{ref}为 1.000V。

2）按“F”按键开机，液晶背光点亮，显示欢迎界面。正常显示主界面后，按“D”键进入设置界面。在设置界面时利用“A”（+）、“B”（－）、“C”（移位）键可设置单价、待机时间、声音提示。设置好后按“E”键保存退出。

3）调节 EDM606 上的“对比度”电位器 RP_4，液晶显示图像更清楚。

4）调节 EDM104 称重传感器“调零”电位器 RP_2，使 AOUT 电压为 0.000V，将 5 个 20g 砝码全部置于称重传感器的托盘上，调节“放大”电位器 RP_1，使 AOUT 电压为 0.100V。

5）拿去托盘上的所有砝码，调节称重传感器“调零”电位器 RP_2，使 AOUT 电压为0.000V。

6）重复2）、3）步骤的调整过程，一直到精确为止。

(2) 电路测量

1）取样脉冲的测量。

① EDM603 和 EDM203 的取样脉冲。

电路正确接上电源，用示波器测量 EDM603 的 CP 插孔和 EDM203 的 CLK-IN 插孔信号波形，并记录在图 6-3 和图 6-4 中。

波　形	周　期	幅　度
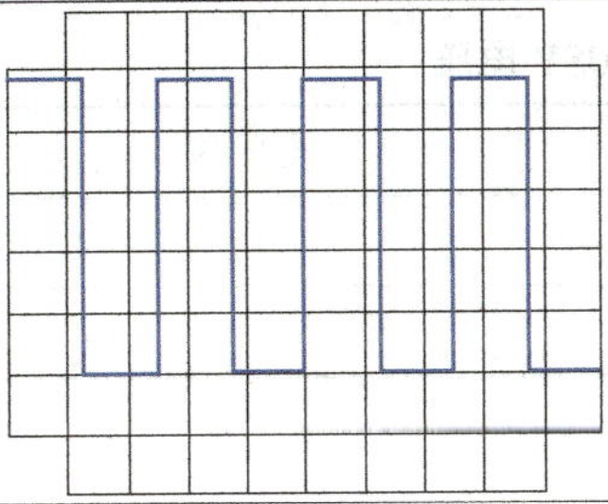	$T=0.5\mu s$	$U_{P-P}=4.8V$
	量程范围	量程范围
	0.2μs/div	1V/div

图 6-3　EDM603 CP 插孔的信号波形

波　形	周　期	幅　度
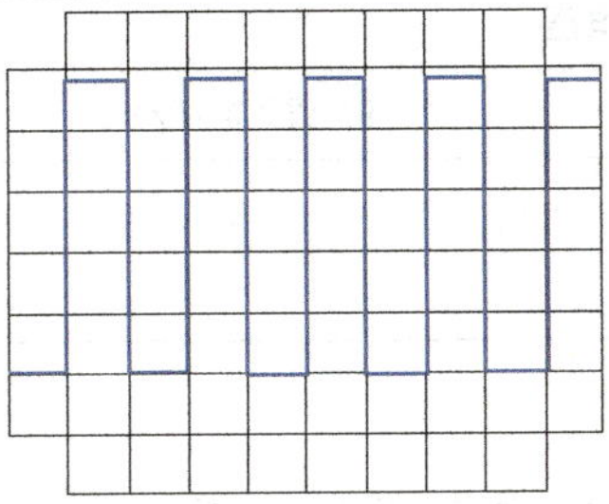	$T=4\mu s$	$U_{P-P}=4.8V$
	量程范围	量程范围
	2μs/div	1V/div

图 6-4　EDM203 CLK-IN 插孔的信号波形

两波形的关系是：EDM603 CP 插孔的信号波形周期是 EDM203 CLK-IN 信号波形周期的八分之一，也就是说，EDM603 把矩形脉冲波的频率八分频后才送进 EDM203，作为取样脉冲。

② 测量 EDM001 的 ALE 插孔信号波形。

电路正确接上电源，用示波器测量 EDM001 的 ALE 插孔信号波形，并记录在图 6-5 中。

波　形	周　期	幅　度
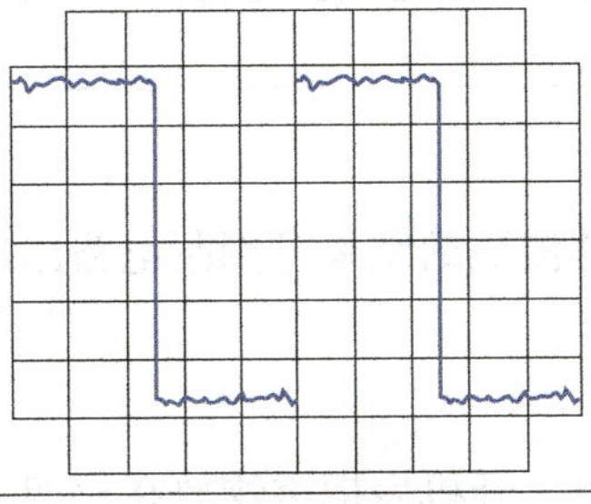	$T=0.5\mu s$	$U_{P-P}=5.5V$
	量程范围	量程范围
	0.1μs/div	1V/div

图 6-5　EDM001 的 ALE 插孔的信号波形

从图中波形可以看出：EDM001 的 ALE 插孔的信号波形是微处理器时钟脉冲周期的六分之一，即微处理器的时钟脉冲频率是 EDM001 ALE 插孔的信号波形脉冲频率的 6 倍。

2）满度值选择与基准电压的变化。

调节 EDM203 的电位器 RP_3。

① 电子秤电路接上电源，把重物放在秤盘上，调节电位器 RP_3 并观察变化：可以看到屏幕上显示重量的数字也跟着变化。调节电位器 RP_3 恢复屏幕上显示重物的重量。

② 在秤盘上放入重物，完成称重的操作过程后，用仪器测量 EDM203 的 BUSY 插孔的电压；把重物移开，再测 BUSY 插孔电压，并记录在表 6-1 中。

表 6-1 EDM203 的 BUSY 电压

项　目	电压/V
无重物	5
加重物	5 + 随重量增加的增加量

3）EDM504 提示音驱动信号。

将万用表连接在 EDM504 的 B1 插孔，测量在按下 EDM406 中按键前后的电压并记录在表 6-2 中。

表 6-2 B1 插孔电压

项　目	B1 插孔电压/V
未按下	5
按下按钮	0

4）EDM406 的测试。

正确接上电源后，测试 EDM406 的 COL1 ~ COL4 和 ROW1 ~ ROW4 电压；然后分别按下 S_1、S_6、S_{11}时测试 PT1 ~ PT8 电压，并记录在表 6-3 中。

表 6-3 键盘电路电压记录表

项　目	COL1/V	COL2/V	COL3/V	COL4/V	ROW1/V	ROW2/V	ROW3/V	ROW4/V
未按下	4.6	4.6	4.6	4.6	0.17	0.17	0.17	0.17
按 S_1 时	0.5	0.3	0.3	0.3	0.5	4.5	4.5	4.5
按 S_6 时	0.3	0.5	0.3	0.3	4.5	0.5	4.5	4.5
按 S_{11} 时	0.3	0.3	0.5	0.3	4.5	4.5	0.5	4.5

3. 电路检测

由于电路是由模块搭建而成的，因此根据电路测试的结果可判断电路出现的故障是在哪一块电路上。可以用排除法来进行检测。

（1）故障举例　现举例如下。

故障现象：把各模块按电路要求连接，并加电。开机后把重物放在秤架上，液晶显示器未显示重物的重量。

故障检测过程：因为电子秤进行计量，与电路的功能密切关联。而电子秤的电路相对较为复杂，在秤盘上加上重物后，产生的信号经过较多电路才进行计量，在这一过程中出现了数/模转换和模/数转换，所以要找出故障之处，只能采用逐一排除非故障电路模块，最后归纳到故障在某一电路模块。根据这一思路，我们可排除的非故障电路有：

1）液晶显示器模块 EDM606 正常。

因为从故障现象中分析“把重物放在秤架上，液晶显示器未显示重物的重量”，在通电以后，重物未放在秤架上，液晶屏幕上仍显示“重量（kg）：0.000”，“单价（元）：000.00”和“总价（元）：00.00”三行字。说明液晶显示器还是能正常显示的，所以说液晶显示电路模块是正常的。

2）电源电路模块正常。

根据液晶显示电路模块正常，可以初步判定电源电路是正常的，这是因为液晶显示器模块能正常显示，必须有一个条件，就是电源的 V_{CC} 正常，当然我们可以用万用表对电源的输出端口进行测量，同样可以确定电源是正常的。同时也要检测二次稳压电源是否正常。

3）键盘电路模块 EDM406 正常。

按照常规操作“F”、“D”、“A”、“B”、“C”等键，均能正常显示，基本可以判定键盘电路模块是正常的。

4）单片机模块 EDM001 正常。

微处理器 IC_8 是电子秤电路的核心器件，很多电路的功能均是由微处理器 IC_8 控制，所以其是否正常关系到整个电路的功能的实现。此次电子秤电路故障，并未出现整个电路的功能紊乱，因为液晶显示电路模块正常、键盘电路模块正常，蜂鸣器模块也正常等。这些电路均是由微处理器 IC_8 相连控制的，所以从另一方面证明了单片机主板电路模块应该是正常的。

5）十进制计数器模块 EDM603 正常。

我们可以使用示波器，对 EDM603 的 CP 和 Q7 插孔波形进行测量，发现两处的波形均为正常，也就是说 EDM603 能正常进行分频，所以十进制计数器模块 EDM603 正常。

6）故障确定在 A/D 转换模块 EDM203 上。

电子秤电路的故障现象告诉我们，把重物放在秤架上，液晶显示器没有显示出重物的重量，仍然是“重量（kg）：0.000”。因为前面判断了单片机模块、液晶显示模块均正常，则可推断物体放在秤架上并没有转换成信号送到液晶显示器上。

经过分析，现在可以肯定的是故障应该是出在秤盘电路模块 EDM104 或 A/D 转换电路模块 EDM203 上。置换 EDM104，故障仍然存在，所以不是秤盘电路 EDM104 故障而应该是 A/D 转换电路模块 EDM203 故障。

（2）其他故障　模块检测可能出现的问题及解决方法见表 6-4。

表 6-4　模块检测可能出现的问题及解决方法

问　题	原　因	解 决 方 法
液晶显示器屏幕没有显示	没有接电源	接电源
	电阻 R_{23} 阻值增大	置换 EDM606
	晶体管 VT_2 的 c-e 开路	
	没有 V_{EE} 电压	
	LCD_1 3 脚没有电压	
	TP_{21} 没有低电平	置换 EDM001
	晶体振荡器 Y_1 损坏	
把重物放在秤盘上，液晶显示器不能显示重物的重量	微处理器 IC_8 损坏	置换 EDM001
	分频器 IC_7 损坏	置换 EDM603
	模/数转换器 IC_6 损坏	置换 EDM203
	运算放大器 IC_5 损坏	置换 EDM104
	秤盘电路压力应变传感器损坏	置换秤盘电路压力应变传感器
	二次稳压取样管 IC_{10} 损坏	置换 EDM203
	基准调节电位器 RP_3 损坏	置换 EDM104
重物放在秤盘上显示的重量值与实际不符	电位器 RP_1 没有调整好	调整电位器 RP_1
	IC_5“12”脚电位不为 0	调整电位器 RP_2
液晶显示器显示数字缺段	液晶显示器 LCD_1 损坏	置换 EDM606
	微处理器 IC_8 损坏	置换 EDM001
	微处理器 IC_8 程序错误	重写入微处理器 IC_8 程序
	排阻 R_{22} 坏	置换 EDM001
按下微动按钮时，液晶显示器屏幕没有显示输入信息	微动按钮接触不良	置换 EDM406
	四输入集成与门 IC_9 损坏	
	微处理器 IC_8 损坏	置换 EDM001
按下微动按钮时，能控单片机功能，但没有“嘟”响提示音	微处理器 IC_8 故障	置换 EDM001
	蜂鸣器 B1 损坏	置换 EDM504
	蜂鸣器电路有故障	置换 EDM504

4. 电子秤电路框图

根据图 6-1 所示电子秤电路原理图，电子秤电路框图如图 6-6 所示。

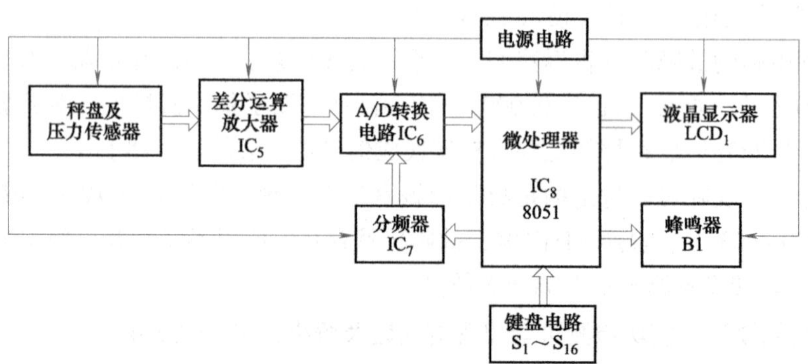

图 6-6　电子秤电路框图

四、知识链接

（一）相关单元模块介绍

1. EDM104 称重传感器模块

EDM104 称重传感器模块属于传感器电路模块之一。

（1）模块电路　如图 6-7 所示。

（2）模块实物　如图 6-8 所示。

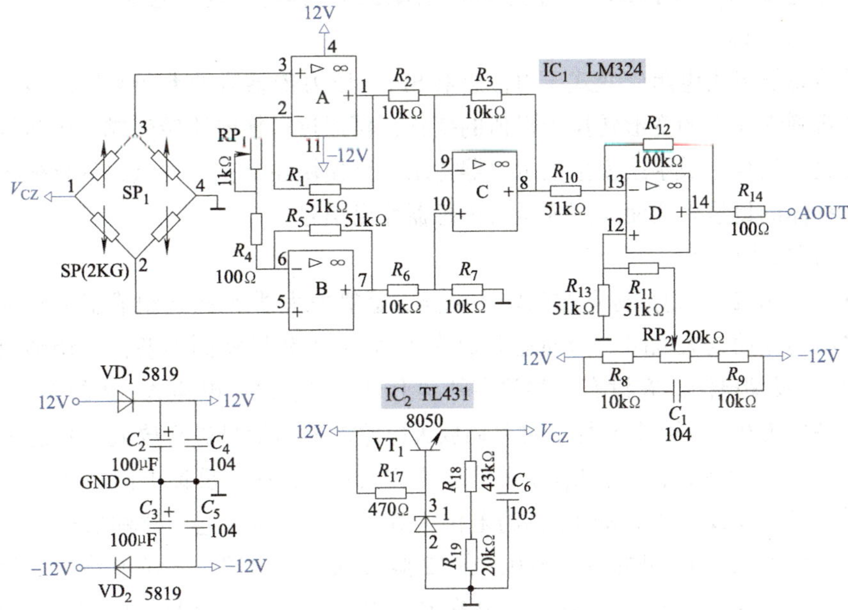

图 6-7　EDM104 称重传感器模块电路图

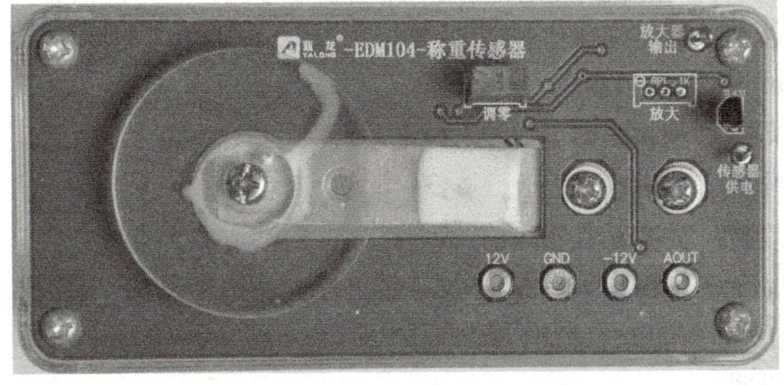

图 6-8　EDM104 称重传感器模块实物图

（3）模块功能　该模块主要是在重物放在秤盘上时，把重物的重量信号经过电路的处理转变为模拟电信号在 AOUT 端口输出。

接线端口说明：

12V、GND、－12V 插孔：模块电路±12V 电源输入。

AOUT 插孔：模拟信号输出端口。

1）电源电路。

模块工作电压±12V。称重传感器的电源电路采用了正、负双电源和二次稳压，为称重传感器提供一个大电流、纹波系数小、动态电流变化大而电压稳定的电源，目的是为了能够使称重传感器在使用过程中灵敏、稳定。

±12V 电压经过 VD_1 和 VD_2 单向导通保护和 C_2 ~ C_5 滤波后，获得 12V 和－12V 直流电压输出，直流 12V 经调整管 VT_1、IC_2（TL431）和电阻、电容组成稳压电路，输出二次稳定电压 V_{CZ}（约 10V），作为称重传感器的选择基准调节电压。

2）称重传感器。

称重传感器采用电阻应变式压力传感器 SP_1。压力传感器种类和型号很多，通常利用应变片将弹性元件的变形转换为阻值的变化，再通过转换电路转变成电压信号或电流信号，经放大后再用数字或模拟显示仪器指示。该模块还有一个秤盘，只要把物体放在秤盘上，物体的重量就会使应变式压力传感器输出信号。

3）模拟放大电路。

由 IC_1（LM324）组成称量重物输入电路，运算放大器 A 和 B 组成了平衡对称双输入、双输出的差动放大电路，为使运算放大器 A 和 B 获得相同增益，可调整 RP_1，电阻 R_1、R_5 为反馈电阻。在没有重物放在秤架上时，差动放大电路 A、B 的 3、5 脚的两输入信号平均为 0。运算放大器 C 对差动放大电路的输出信号进行放大，并送运算放大器 D 对信号再进行放大，R_3、R_{12} 分别是运算放大器 C、D 的反馈电阻。在调整模拟放大电路时要使运算放大器 D 的 12 脚的电位为 0，这样可确保电子秤称量重物时的结果误差最小。为了保证 12 脚的电位为 0，在 12 脚接入零位电路。零位电路非常简单，由电阻 R_8、电位器 RP_2、电阻 R_9 串联，并在 R_8、R_9 两端分别接 12V 和－12V。调整电位器 RP_2，在静态时，可使 12 脚的电位为 0。一旦 RP_2 位置确定，就不能改变。运算放大器 D 的 14 脚是重物称量时整个模拟放大电路输出信号端口。该模拟放大电路在秤盘没有放重物时，14 脚是没有任何信号输出的。

2. EDM203 模/数转换模块

EDM203 模/数转换模块属于信号采样电路模块之一。

（1）模块电路　如图 6-9 所示。

（2）模块实物　如图 6-10 所示。

（3）模块功能　该模块主要是把 IN＋端口输入的模拟信号，经过电路处理以后，由 POL 端口输出数字信号。

接线插口说明：

±5V、GND 插孔：±5V 电源输入端口。

IN＋、IN－插孔：模拟信号输入端口。

CLK-IN 插孔：取样脉冲输入端口。

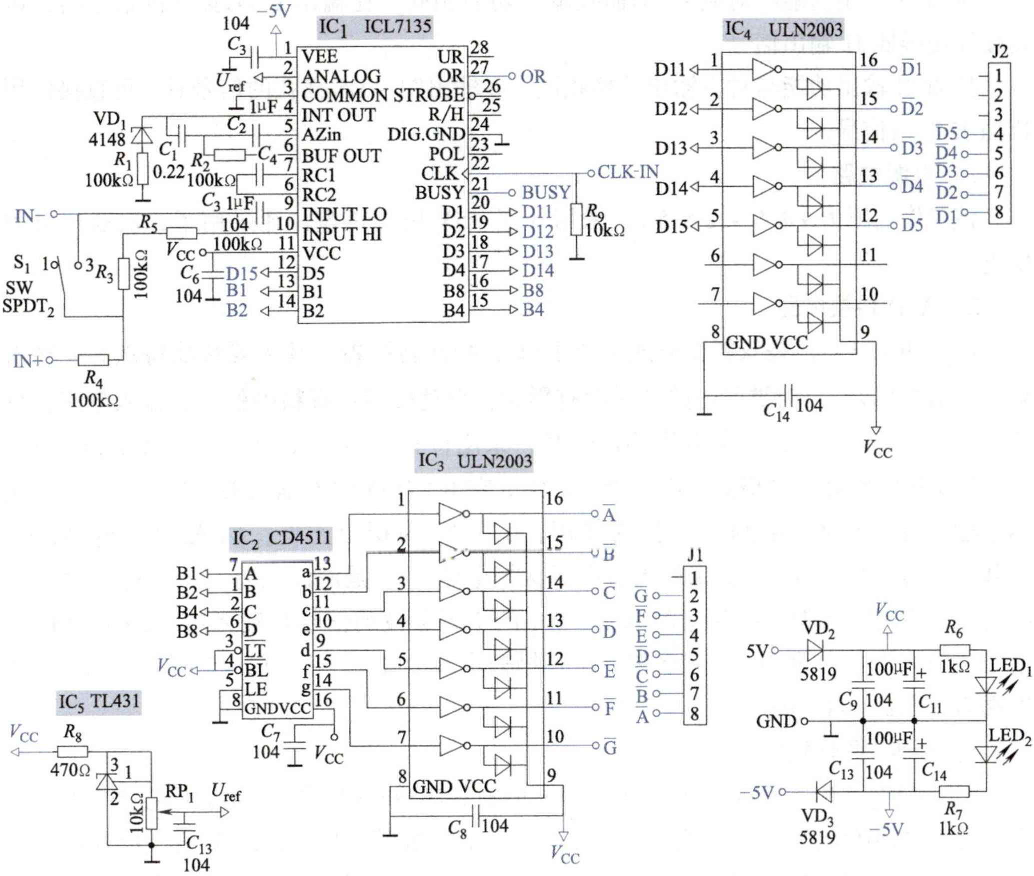

图 6-9　EDM203 模/数转换模块电路图

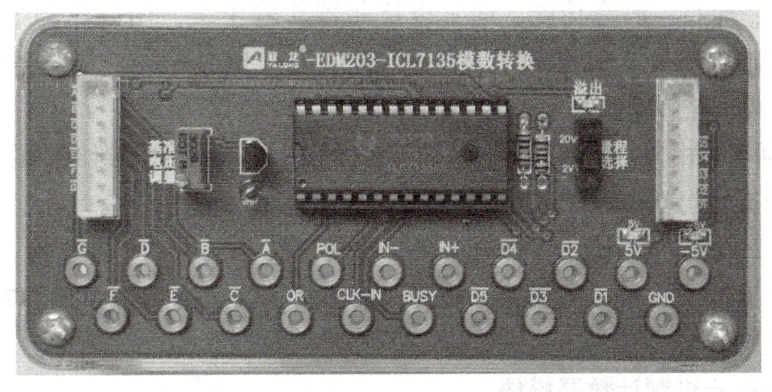

图 6-10　EDM203 模/数转换模块实物图

BUSY 插孔：经模/数转换后的数字信号输出端口。

$\overline{A}$ ~ $\overline{G}$插孔：经译码后脉冲信号输出端口。

$\overline{D1}$ ~ $\overline{D5}$ 插孔：位扫描数据输出信号端口。

排插 J1 输出功能与对应$\overline{A}$ ~ $\overline{G}$插孔输出功能相同。在输出$\overline{A}$ ~ $\overline{G}$插孔的信号时，可直接使用排插 J1 输出信号。

排插 J2 输出功能与对应输出功能相同。在输出$\overline{D1}$ ~ $\overline{D5}$ 插孔的信号时，可直接使用排插 J2 输出信号。

1）电源电路。

该工作电压为 ±4.5 ~ ±5.5V，采用外部 ±5V 电源供电，还采用了二次稳压电源供电。

2）A/D 转换电路。

IC_1（ICL7135）是双斜积分式 4 位半单片 A/D 转换器，其主要性能特点为：输入阻抗达 $10^9\Omega$ 以上，对被测电路几乎没有影响；自动校零；有精确的差分输入电路；自动判别信号极性；有超、欠电压输出信号；采用位扫描与 BCD 码输出。ICL7135 精度高、抗干扰性能好、价格低，应用十分广泛。在 ICL7135 的外围元器件中 R_3、C_4 组成标准输入滤波网络，起到抗干扰的作用，C_1、R_2 为积分元件，C_2 是自零电容，C_4 是基准电容，VD_1 和 R_1 组成输入过电压保护电路，C_3 是滤波电容。二次稳压后的电压送入到 IC_1 的 2 脚，作为基准电压。IC_1 的 9 脚是被测信号负输入端，10 脚是被测信号正输入端，12 脚和 17 ~ 20 脚是位扫描输出端 D11 ~ D15，13 ~ 16 脚是 BCD 码输出端 B1、B2、B4、B8。

3）译码/驱动电路。

IC_3 和 IC_4（ULN2003）是双列直插 16 脚封装集成达林顿管，是非门电路，包含 7 个单元，内部还集成了一个消除线圈反电动势的二极管，ULN2003 多用于单片机、智能仪表、PLC、数字量输出卡等控制电路中，由于具有电流增益高、工作电压高、温度范围宽、带负载能力强等特点，适应于各类要求高速大功率驱动的系统，可直接驱动继电器，也可直接驱动低压灯泡等负载。IC_2（CD4511）是一个 BCD 7 段锁存译码驱动器，具有锁存、译码、消隐功能，通常以反相器作输出级，用以驱动 LED。LT、BI、LE 输入端分别检测显示、亮度调节、存储或选通某一 BCD 码等功能。当使用外部多路转换电路时，可多路转换和显示几种不同的信号。

译码/驱动电路由 IC_2、IC_3和 IC_4组成，IC_4的 1 ~ 5 脚分别接到 IC_1 的 12 脚和 17 ~ 20 脚，即位扫描输出端 D1 ~ D5，对应的输出为 13 ~ 16 脚。

IC_2的 1、2、6、7 脚是 BCD 码输入端，分别与 IC_1的 13 ~ 16 脚连接，即 BCD 码输出端 B1、B2、B4、B8，9 ~ 16 脚是 7 段译码输出端，分别接到 IC_3的 1 ~ 7 脚，IC_3的输出端为10 ~ 16 脚。

3. EDM603 十进制计数器模块

EDM603 十进制计数器模块属于信号处理模块之一。

该模块的主要作用是把从微处理器 IC_8 送出的脉冲信号进行分频处理，处理后的脉冲信号送到模/数转换电路，作为模/数转换电路的取样脉冲，由 Q7 输出。

4. EDM406 4 ×4 键盘电路模块

EDM406 4 ×4 键盘电路模块属于信号处理电路模块之一。

(1) 模块电路　如图6-11所示。

(2) 模块实物　如图6-12所示。

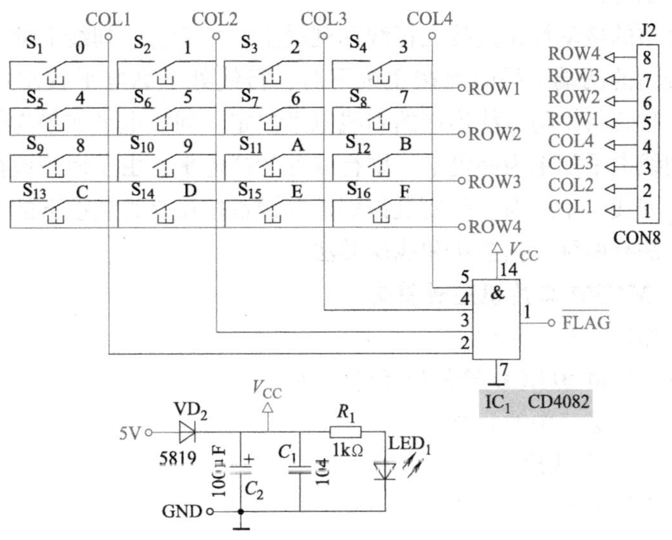

图6-11　EDM406 4×4键盘电路模块电路图

图6-12　EDM406 4×4键盘电路模块实物图

(3) 模块功能　该模块的主要作用是对电路进行控制与使用，把操控信号送到微处理器 IC_8 的P1.0～P1.7端口。

接线插口说明：

5V、GND插孔：5V电源输入端口。

ROW1～ROW4插孔：键盘矩阵行按键输出信号端口。

COL1～COL4插孔：键盘矩阵列按键输出信号端口。

排插J2中的5、6、7、8脚输出功能与对应ROW1～ROW4插孔输出功能相同，1、2、3、4脚与对应COL1～COL4插孔输出功能相同。在输出ROW1～ROW4插孔和COL1～COL4插孔的信号时，可直接使用排插J2。

1）电源电路。

该模块供电电压为4.5～5.5V，采用外部5V电源供电。

2）键盘电路。

在图6-11中，IC_1（CD4082）是四输入与门，J2是连接插孔，需要4×4键盘电路模块时，可以从J2获得。

矩阵式键盘中的微动按钮连接在行线和列线上，位于行、列线上的交叉点，行、列线分别连接到按钮的两端。平时无按钮按下时，行线处于高电平状态；当有按钮按下时，行线的电平状态将由与行线连接的列线电平决定，列线电平如果为低电平，则行线亦为低电平；列线电平如果为高电平，则行线亦为高电平；由于矩阵键盘中行、列线为多键共用，行、列线电平的高、低便是识别矩阵键盘按钮是否被按下的关键所在。矩阵式按键的识别方法有两种：扫描法和线反转法。

5. EDM001 MCS51 单片机主板模块

该模块见工作任务三中介绍。

6. EDM606 12864-01LCD 液晶显示器模块

该模块见工作任务三中的介绍。

7. EDM504 蜂鸣器模块

该模块见工作任务四中的介绍。

（二）相关电路知识

1. 电阻应变式传感器

本任务电子秤的输入电路采用了电阻应变式传感器，属于压力传感器。按其内部结构不同可分为机械式（弹簧管式、风箱式和隔膜式）和半导体式（压阻式、电容式和薄膜型）两大类。

压阻式压力传感器的种类和型号很多，图6-13所示是常见的一种，电气符号如图6-14。压阻式传感器的核心是电阻应变片，通常利用应变片将弹性元件的形变转换为阻值的变化，再通过转换电路转变成电压信号或电流信号，通过放大后再用数字或模拟显示仪器指示。

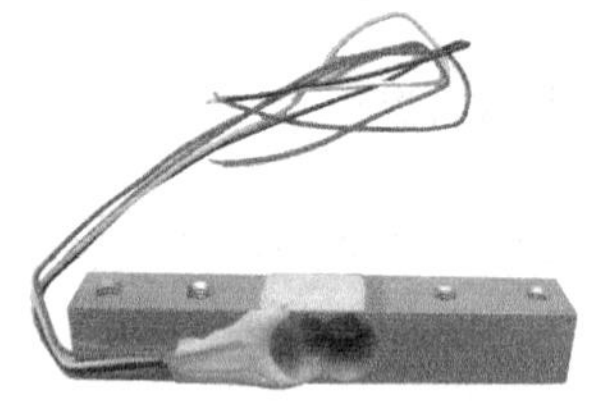

图6-13 压阻式压力传感器

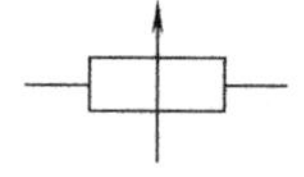

图6-14 压阻式压力传感器的电气符号

导体或半导体材料在外力作用下伸长或缩短时，它的电阻值会相应地发生变化，这一物理现象称为电阻应变效应。将应变片贴在被测物体上，使其随着被测物的应变一起伸缩，阻值也就会相应地变化。应变片就是利用应变效应，通过测量电阻的变化而对应变量进行测量的。电阻应变片分为金属电阻应变片和半导体应变片两大类。电阻应变式传感器的使用方法：一是将应变片直接粘贴于被测构件上，用来测定构件的应变或应力；二是将应变片贴于弹性元件上，与弹性元件一起构成应变式传感器敏感元件。电阻应变式传感器应变电阻的变化是极其微弱的，一般的电阻测量仪表无法满足要求，通常采用双臂电桥电路进行测量，将电阻相对变化转换为电压或电流的变化。双臂电桥电路如图6-15所示，其中R_1和R_3方向一致，R_2和R_4方向一致，它们之间互相垂直。当应变片受到应力发生变形时，R_1、R_3的阻值变化与R_2、R_4的阻值变化就不相同。当不受力时，电桥平衡，输出电压$U_{CD}=0$，一旦受力，只要将受力的方向调整合适，就可以使一个方向的两只电阻（R_1和R_3或者R_2和R_4）阻值变小，从而使电桥平衡被破坏，输出端$U_{CD}\neq0$，其大小与所受压力有关。

应变片接入电桥的方法有以下几种：一是R_1为应变片，其余各桥臂电阻为固定电阻，称为单臂半桥电桥电路；二是在电桥中接入两片应变片，其余桥臂为固定电阻，称为双臂半桥电桥电路；三是电桥的四臂全部接入应变片，称为全桥电桥电路，但要注意的是相邻桥臂的应变片所感受的应变必须相反。

2. 模/数转换（A/D）

模/数（A/D）转换就是把模拟量变换成数字量，即将在时间上连续的模拟信号转换成离散的数字信号输出，所以，进行转换时必须对输入的模拟信号按一定的时间间隔取样，然后把这些取样值转换为输出的数字量。因此，一般的A/D转换过程是由取样、保持、量化和编码四个步骤完成的，如图6-16所示。

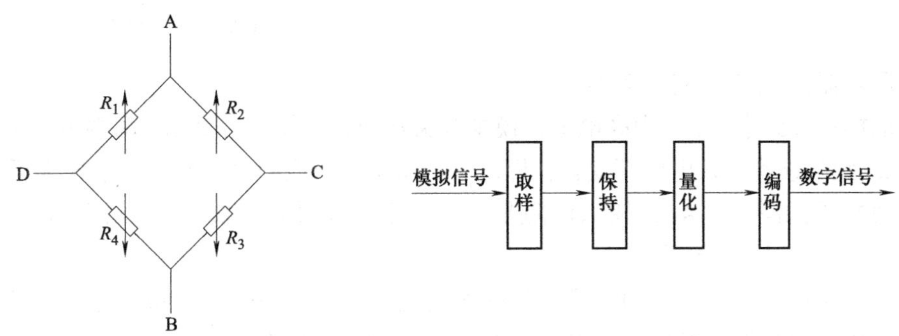

图6-15　由4只电阻构成的双臂电桥

图6-16　A/D转换的过程

(1) 模拟信号的取样　取样是将一个时间上连续变化的模拟量，转换为时间上断续的（离散的）数字量。或者说，取样是将一个时间上连续变化的模拟量转换为一串脉冲，这些脉冲通常是等间隔的，但其幅度取决于输入的模拟量。

取样过程可用图6-17来说明。u_i是输入模拟信号。取样器是一个受取样脉冲S控制的模拟开关。在T_W期间，开关闭合，输出信号u_o等于输入信号u_i；而在两次取样间隔时间T_B内，开关断开，u_o等于0。为了使取样输出信号u_o能精确地复现原输入模拟信号u_i，必须对取样脉冲频率提出一定的要求。通过分析可以看出，取样脉冲S的频率越高，所取得的信号越能真实地反映输入信号，在还原为模拟信号时失真越小。

(2) 保持　保持就是将取样得到的模拟量保持下来，以便为后续的量化编码过程提供一个稳态值。也就是说，要把在取样脉冲宽度T_W内取得的模拟信号暂时存储起来，并保持不变，直到下一个取样脉冲的到来，因而取样保持后的u_o是一个阶梯波，而不是一串脉冲。

为了实现取样和保持，要用到取样—保持电路，如图6-18a所示。图中A_1和A_2均

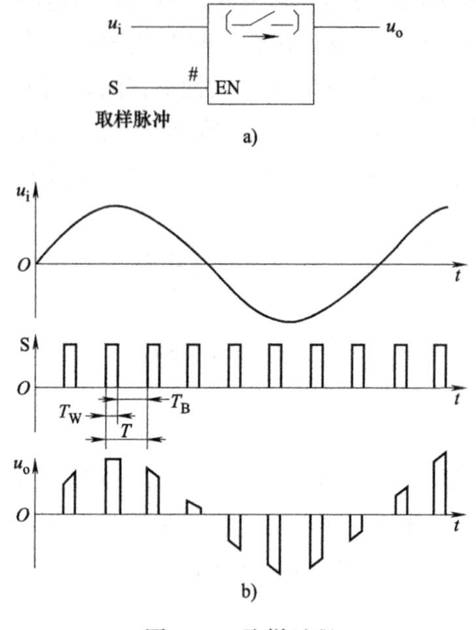

图 6-17　取样过程

a）框图　b）波形图

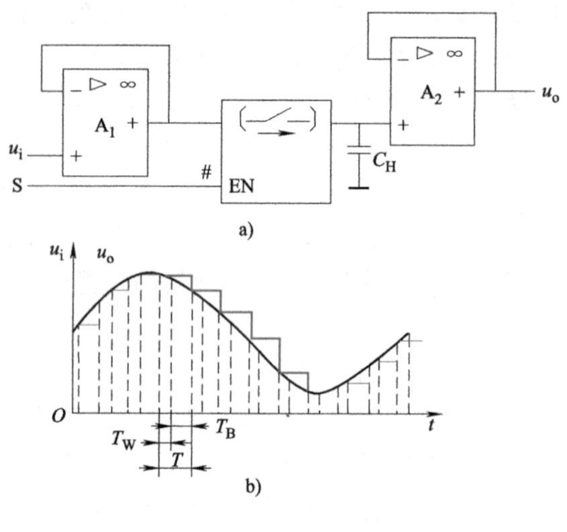

图 6-18　取样—保持电路

a）电路　b）波形图

为电压跟随器，C_H 为保持电容器。

当取样脉冲到来后，S 为高电平，模拟开关接通，保持电容器 C_H 两端电压 u_C、输出电压 u_o 跟随模拟输入电压而变化，即 $u_o = u_C = u_i$；当取样脉冲结束后，S 为低电平，模拟开关断开，若 A_1、A_2 的输入电阻足够大，则电容器 C_H 两端电压几乎不变，一直保持到下一个取样信号到来。

图 6-18b 画出了 u_i、u_o 的波形：其中连续变化的波形是输入模拟信号 u_i 波形，经取样—保持后成为阶梯离散电平信号的波形是 u_o 波形（蓝色）。

（3）量化与编码　量化就是把经过取样—保持电路得到的，这一时间上离散而幅度上连续的模拟量以一定的准确度变成时间上、幅度上都离散的、量级化的等效数字量。通俗地说，量化就是将取样—保持信号 u_o 按指定要求划分成某个最小量化单位的整数倍。

编码就是把已经量化的模拟量用二进制代码表示。这个二进制代码就是 A/D 转换器的输出。实际电路中，由于数字量的位数有限，一个 n 位二进制代码只能代表 2^n 个数值。因此，任意一个取样—保持信号 u_o 不可能正好与某一量化电平（即最小量化单位）的整数倍相等，只能接近某一量化电平值。由于编码的方法很多，在这里就不再进行讨论了。

3. 键盘电路知识

在前面的电子产品中都有需要用微动按钮来控制电子产品的功能，而且很多时候把微动按钮直接接到微处理器的输入端口。在微动按钮不多的情况下，可把每一只微动按钮接微处理器的一个端口上，但如果需要较多的微动按钮时，就不能满足一只微动按钮接微处理器的一个端口的要求了，而是由微处理器少数的几个端口和较多的微动按钮连接组成一个键盘电路。在很多的电子产品中均需要把微动按钮组成矩阵式键盘，只要按下某一微动按钮，便可以使电子产品实现某一功能的操作，所以，键盘电路是电子产品中非常重要的电路之一。如在电子秤电路中，16 只微动按钮和 8 个微处理器的端口连接便组成了一个键盘电路。下面我们介绍两种常用的键盘电路。

(1) 独立式键盘　独立式键盘就是各个按钮相互独立，每个按钮各接一根输入线，一个按钮的工作状态不会影响其他输入线上按钮的工作状态，它可以通过检测输入线的电平状态来判断哪个按键被按下了。

图 6-19 为独立式键盘工作电路。

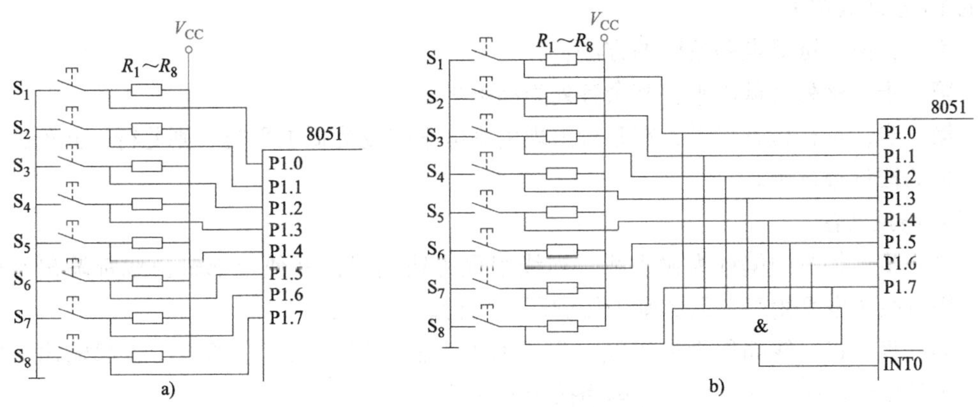

图 6-19　独立式键盘工作电路

a) 查询方式　b) 中断方式

独立键盘按钮与微处理器 8051 的 I/O 以导线相接，通过读 I/O 口，判定各 I/O 口线的电平状态，即可识别出按下的按钮。

(2) 矩阵式键盘

1) 矩阵式键盘的结构。

矩阵式键盘中的微动按钮位处于行、列线上的交叉点上，同时连接行线和列线，如图 6-20 所示。一个 4×4 的行、列结构可以构成一个含有 16 个按钮的键盘电路。

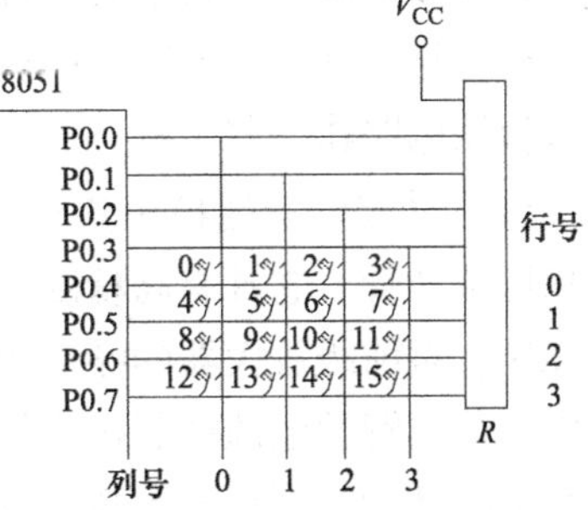

图 6-20　矩阵式键盘电路

2) 矩阵式键盘电路的工作过程。

① 按键。

每个微动按钮为一只按键，按键排序如图 6-20 所示。按键设置在行、列的交叉点上，行、列线分别连接到按键的两端。行线通过上拉电阻 R 接到电源 V_{CC}上。平时无按键按下时，行线处于高电平状态，当有按键按下时，行线的电平状态将由与行线连接的列线电平决定，列线电平如果为低电平，则行线亦为低电平；列线电平如果为高电平，则行线亦为高电平；由于矩阵键盘中行、列线为多键共用，行、列线电平的高、低便是识别矩阵键盘按键是否被按下的关键所在。

② 按键的识别方法。

矩阵式按键的识别方法有两种：扫描法和线反转法。

a. 扫描法

由于行线在按键未按下时处于高电平状态，无论列线全部处于高电平或低电平状态，均未能识别某一按键是否按下。只有某一列线低电平出现，通过相应的按键必然也使连接该按键的行线电平变成低电平，所以只要我们确定哪一行线低电平，则处于行、列线低电平交叉点的按键便是被按下了。以图 6-20 所示电路为例，首先微处理器使各列线逐一置于低电平状态。在 2 号列线处于低电平而其他列线处于高电平时，10 号键按下时，能使 2 号行线由高电平变为低电平，便可以识别出 2 号行线和 2 号列线的交叉点的 10 号键被按下。

因此，按下键盘电路按键的方法：

第一步，逐列置低电平，其余各列为高电平。

第二步，逐行检查电平，在某行出现由高电平转变为低电平时，则此行、此列的交叉点处的按键被按下。

b. 线反转法

第一步：将行线编程为输入线，列线编程为输出线，并使全部输出线都输出零电平，则行线中电平由高变低的则为按键所在的行。

第二步：将行线编程为输出线，列线编程为输入线，并使全部输出线都输出零电平，则列线中电平由高变低的列则为按键所在的列。

根据两步的结果，可以确定按键所在的行、列位置，从而识别出所按下的按键。仍以图 6-20 为例，假设 10 号键被按下，第一步使 P0.0 ~ P0.3 输出全为零，然后读入 P0.4 ~ P0.7，结果读到 P0.6 =0，而其他端口均为 1。因此，第 2 行出现电平由高变低的变化，可以确定，第 2 行有键按下；第二步使 P0.4 ~ P0.7 输出全为零，然后读入 P0.0 ~ P0.3，结果读到 P0.2 =0，而其他端口均为 1，因此，第 2 列出现电平由高变低的变化，可以确定，第 2 列有键按下。综合两步，可以确定是第 2 行、第 2 列的按键按下，即 10 键按下。

4. 二次稳压电路

在很多电路中常常需要准确、稳定的直流电压，以便使电路能够更加稳定地工作，在这个电路中使用的 EDM203 就使用了二次稳压电路，所以，需要对二次稳压电路作一些了解。

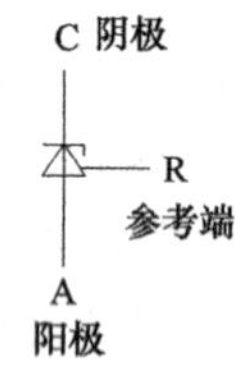

图 6-21　TL431 符号与管脚

(1) 并联型三端稳压基准管　图 6-21 所示的 TL431 是并联型三端稳压基准管，它具有高精度、高速度、低温漂的优点。电路进行二次稳压，对前级放大器的噪声和温漂的影响极大，常规的二次稳压电路中，稳压管的电源抑制比太低，三端稳压器的噪声太大，其他精密芯片电路复杂，而且成本高。许多稳压基准的负载能力都很小，端电压调节也不方便，而由 TL431 构成的稳压基准温漂小，又有相当的负载能力，且输出电压连续可调，电路简单，其电压调节范围为 2.5 ~ 36V，近年来得到了广泛应用。

(2) TL431 二次稳压电路　由于在电子电路中经常需要纹波系数小、电压稳定和任意大小的输出电压作电源，使用 TL431 三端稳压基准管作二次稳压电路最为适用。图 6-22 所示为 TL431 的稳压应用示例。

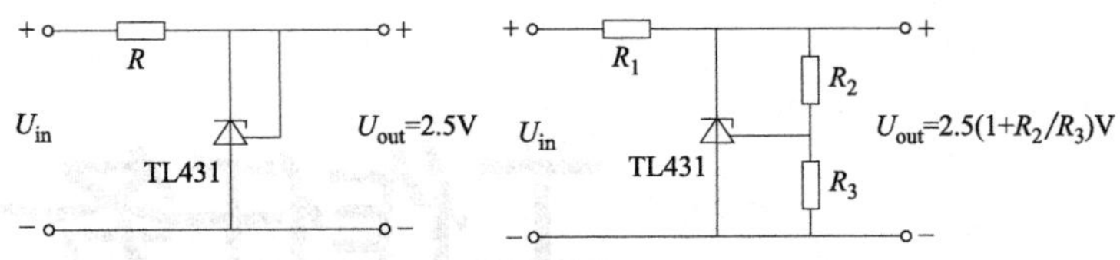

图6-22　TL431的稳压应用示例

在模块中使用TL431的二次稳压电路如图6-23所示。

图6-23中V_{CZ}为2.5(1+43/20)=8.9V，使用时输入电压不能过小，否则起不到二次稳压的作用，晶体管主要起电流调整及电子滤波的作用。

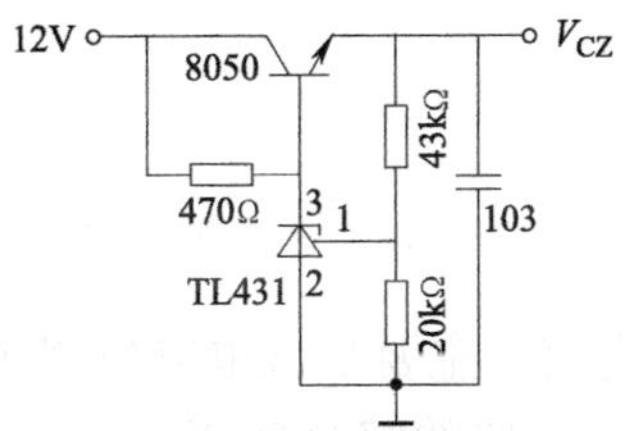

图6-23　二次稳压电路

工作任务七 搭建综合报警系统电路

一、任务名称

选择综合报警系统作搭建电路，主要是该电路应用了多种具有代表性的模块电路，电路比较复杂，是多种电子单元模块的综合使用。所以，该项任务也可以说是综合训练，有利于学习者学习和掌握在复杂电路中对电路进行分解和运用的方法，增强学习者提高学习和运用电子单元电路模块学习电路的信心。在这个综合报警系统电路中，使用了多个传感器，使我们更加了解传感器在电子产品中的作用和重要地位。

二、任务描述

1. 电路原理图

综合报警系统电路原理图如图 7-1 所示。

2. 电路模块的配置

根据电路图原理，搭建该电路需配置 EDM314 ±12V、±5V 电源模块、EDM315 变压器模块、EDM002 ATMEGA16 单片机主板电路模块、EDM605 四位数码显示管模块、EDM201 触摸按键模块、EDM107 热释电红外传感器模块、EDM112 红外反向传感器模块、EDM106 烟雾传感器模块、EDM302 四种音乐模块和 EDM503 扬声器模块。

3. 电路功能

（1）功能作用　该电路中使用了触摸按键、热释电红外线传感器、红外反向器和烟雾传感器四种传感器，所以电路能够对触摸、红外、烟雾和热释在一定范围内的信号进行报警和显示。只要有其中一种报警信号，则扬声器便会发出报警声音，同时对应的数码管显示“1”；十几秒后若无报警信号，则扬声器停止报警，对应的数码管也恢复到“0”。

电源主要由外电路提供 ±12V、V_{CC}和 −5V 或由 EDM314、EDM315 提供。

（2）工作过程　微处理器 IC_4 已经写入编好的程序，四种传感器也已经做好了信号处理的电路模块，如果按电路连接以后，只要其中一个传感器产生信号，经过模块对信号的处理以后，便把信号传送到微处理器去进行处理。微处理器根据编好的程序，向数码显示电路及语音电路发出指令，使报警显示电路及时显示和扬声器报警。

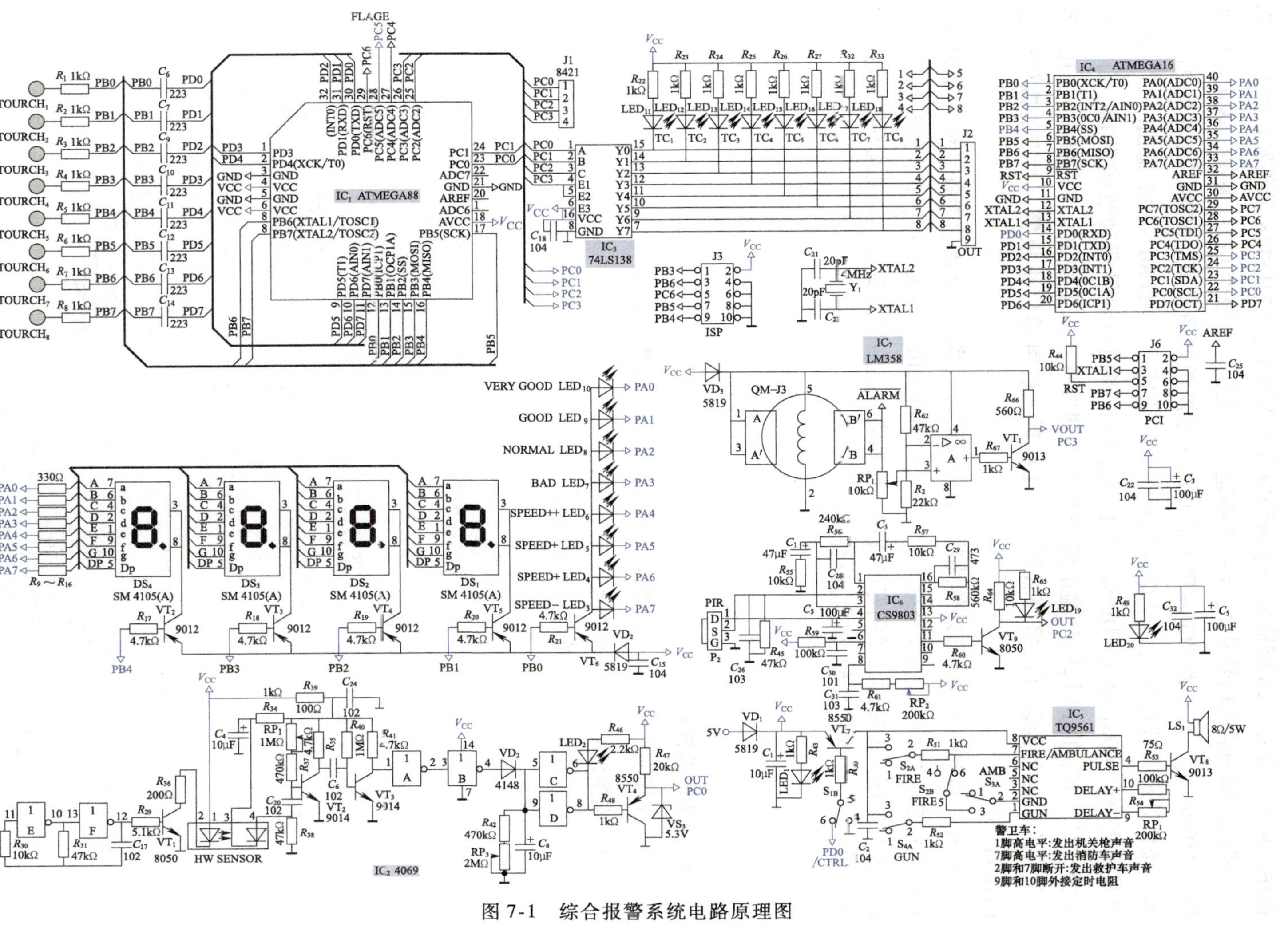

图 7-1　综合报警系统电路原理图

例如在连好电路并接入电源后，数码显示管正常时应显示“0000”，如果这时触按了 $TOURCH_1$，信号便送入微处理器 IC_1（ATMEGA88）的 30 脚，IC_1 根据已经编好的程序，从 IC_1 的 23～26 脚输出一个编码信号送入到 IC_3（74LS138 译码器）的 1～4 脚进行译码，译码后的信号从 7、9～15 脚输出，使发光二极管 LED_{11} 发亮，表示已经触按了 $TOURCH_1$；另一路 PC0～PC3 信号送入主控微处理器 IC_4 ATMEGA16 的 21～24 脚，该微处理器按照预先已经编好的程序处理该信号，由 PA0～PA7 输出“1”给数码显示管 DS_1～DS_4 的 A～DP 端，并由 IC_4 的 5 脚输出信号驱动数码管 DS_4 由“0”变为“1”。IC_1 的 14 脚同时输出信号 PD0 送到四种音乐模块 IC_5（TQ9561），IC_5 得电后，发出已经预设好的报警音乐。十几秒后，扬声器停止报警，对应的数码管也回复到“0”。

同样，其他的热释电红外传感器、红外反射传感器和烟雾传感器各自对本功能检测到的信号进行处理后送主控微处理器 IC_4（ATMEGA16）相关端口，IC_4 会根据送达的信号进行处理，再根据已经编好的程序，使相应的电路作出变化。这里就不再详述，读者可根据以上叙述的工作过程自行分析。

三、任务完成

1. 模块电路连接

（1）连接实物图　综合报警系统电路连接实物如图 7-2 所示。

（2）连接说明　各模块都连接 5V 电源。

EDM002 ATMEGA16 单片机主机模块：

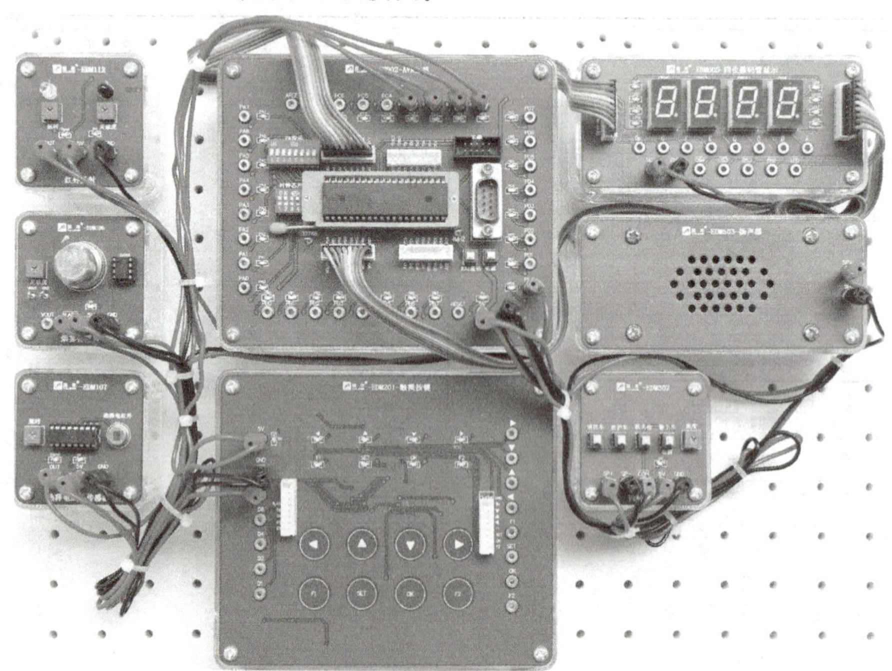

图 7-2　综合报警系统电路连接实物

PA0 ~ PA7 插孔连接 EDM605 四位数码显示管模块的 A ~ DP 插孔；

PB1 ~ PB4 插孔连接 EDM605 四位数码显示管模块的$\overline{DS1}$ ~ $\overline{DS4}$插孔；

PC0 插孔连接 EDM112 红外反射传感器模块的 OUT 插孔；

PC1 插孔连接 EDM201 触摸按键模块的 FLAGE 插孔；

PC2 插孔连接 EDM107 热释电红外传感器模块的 OUT 插孔；

PC3 插孔连接 EDM106 烟雾传感器模块的 VOUT 插孔；

PD0 插孔连接 EDM302 四种音乐模块的$\overline{CON}$插孔。

EDM302 四种音乐模块的 SP +、SP - 插孔连接 EDM503 扬声器模块的SP +、SP - 插孔。

2. 电路调整与测量

(1) 电路调整　把模块按照电路图连接，并正确接入电源。这里主要是调试四个传感器模块的工作灵敏度。

1) EDM106 烟雾传感器模块。

点着能发出烟雾的一根烟（或一炷香），靠近烟雾传感器，调节灵敏度电位器来改变传感器对外界烟雾的灵敏度。

2) EDM107 热释电红外传感器模块。

调节模块上的电位器，使 Signal LED 点亮的时间长度合适，并保证人体在前面晃动时，Signal LED 一般不会点亮。

3) EDM201 触摸按键模块。

分别触摸模块板上的八个触摸按键，其对应的发光二极管应发亮。若对应的发光二极管不亮，则应检查电路，排除故障并使之恢复完好。

4) EDM112 红外反射传感器模块。

用手或者拿其他物体放在模块上方 2 ~ 12cm 处，调节模块左边的延时电位器达到预定延时时间。然后调节右边的灵敏度电位器，使物体在 2 ~ 12cm 的范围内，能够产生报警音及报警显示。

最后按以上四个步骤再改变外部条件，分别触发四种传感器模块报警，并观察数码显示模块上的数字，看显示数字变化是否对应模块的正确状态，同时是否听到对应的报警声音。

(2) 电路测量

1) 测量微处理器 IC_4 的时基脉冲。

通电后，使用仪器测量微处理器 IC_4 的时基脉冲信号，并把相关的数据记录在图 7-3 中。

波　形	周　期	幅　度
	$T = 250\text{ns}$	$U_{P-P} = 4\text{V}$
	量程档位	量程档位
	50ns/div	1V/div

图 7-3　IC_4 的时基脉冲信号

2）传感器模块的输出信号测量。

把各模块按电路连接并接入电源，分别用烟雾接近 EDM106、人体接近 EDM107、物体靠近 EDM112、手触摸 EDM201，测量PC3 ~ PC0 端口在传感器出现信号前后的电压变化，并记录在表 7-1 中。

表 7-1 传感器出现信号前后的电压变化

传 感 器	PC3/V	PC2/V	PC1/V	PC0/V
出现信号前	4.6	4.6	4.6	4.6
出现信号后	0	0	0	0

3. 电路检测

由于电路是由模块搭建而成的，因此电路是根据电路测试的结果来判断电路出现的故障是在哪块模块电路上。可以用排除法来确定故障的模块，因为这个电路的多个传感器完全是由微处理器来控制的，所以，如果某模块出现故障，就能很快确定是对应的传感器模块出现故障了。

（1）故障举例 现举例如下。

故障现象：把各模块按电路要求连接，并加电。开机后，人体靠近时，报警系统不能发出报警声音及对应的数码管显示未出现报警符号“1”。

故障检测过程：首先要确定人体靠近时报警系统能够报警，是由什么电路起作用的。很明显，这是人体的热红外线出现而触发了热释电红外传感器才会出现报警声音和报警显示。因此可以马上确定该故障是与触摸模块 EDM201、烟雾传感器模块 EDM106、红外反射模块 EDM112 无关。

1）确定 EDM002 ATMEGA16 单片机电路模块正常。

因为从故障现象分析，如果其他几种传感器模块能够正常发出报警声音和报警显示的话，这就说明 EDM002 ATMEGA16 单片机电路模块是正常的。

2）EDM605 四位数码显示管模块正常。

同样可以从故障现象中分析，EDM605 正常。还可以改变一下该模块的 PB1 ~ PB4 插孔连线位置来确定对应的数码管是否正常。若数码管的显示结果还是不变，就更进一步说明 EDM605 四位数码显示管模块正常。

3）EDM302 四种音乐模块正常。

如果其他三种传感器均能通过该模块发出报警声音，那么可以认定该四种音乐模块是正常的。

4）故障确定在 EDM107 热释电红外传感器模块上。

我们可以用仪器检查在人体靠近 EDM107 热释电红外传感器模块时，该模块插孔 OUT（PC2）是否出现低电平来确定该模块是否工作正常。若结果是没有出现低电平，则可认定故障就是在 EDM107 热释电红外传感器模块上。

查找到故障模块后，可以直接采用代换模块的方法，用相同型号的模块置换可能的故障模块。若故障现象已经不存在，全部功能已经恢复，则故障排除完毕。

(2) 其他故障　模块检测可能出现的问题及解决方法见表 7-2。

表 7-2　模块检测可能出现的问题及解决方法

问　　题	原　　因	解决方法
EDM605 四位数码显示管模块没有显示	没有接电源	接电源
	单片机模块 EDM002 损坏	置换 EDM002
EDM302 四种音乐模块不能发出报警声音	没有接电源	接电源
	单片机模块 EDM002 损坏	置换 EDM002
	四种音乐模块 EDM302 损坏	置换 EDM302
有较大的烟雾时不能报警	烟雾传感器模块 EDM106 的灵敏度电位器没有调节好	重调 EDM106 的灵敏度电位器
	烟雾传感器模块 EDM106 损坏	置换 EDM106
	单片机模块 EDM002 损坏	置换 EDM002
有烟雾时不能报警	烟雾传感器模块 EDM106 损坏	置换 EDM106
人体接近时不能报警	热释电红外传感器模块 EDM107 损坏	置换 EDM107
	热释电红外信号处理集成 IC_6 损坏	
	单片机模块 EDM002 损坏	置换 EDM002
用障碍物放在红外反射传感器前不能报警	红外反射传感器 HW 损坏	置换 EDM112
	六反相器 4069 损坏	
	红外反射传感器模块 EDM112 的灵敏度电位器没有调整好	重新调整 EDM112 的灵敏度电位器
	单片机模块 EDM002 损坏	置换 EDM002
触摸按键不能报警	触摸按键模块 EDM201 损坏	置换 EDM201
	模块中的微处理器 IC_1 损坏	
	模块中的译码器 IC_3 损坏	
	单片机模块 EDM002 损坏	置换 EDM002

4. 电路框图

根据图 7-1 电路原理图，绘出综合报警系统电路框图如图 7-4 所示。

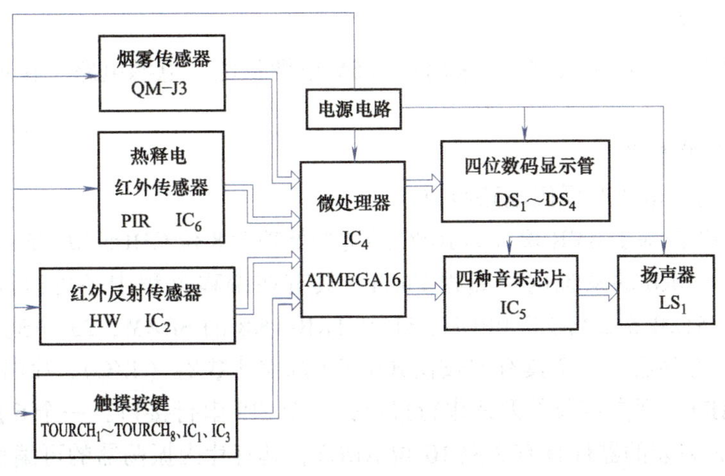

图 7-4　综合报警系统电路框图

四、知识链接

（一）相关单元模块介绍

1. EDM314 ±5V、±12V 直流电源模块

该模块见工作任务一中的介绍。

2. EDM315 变压器模块

该模块见工作任务一中的介绍。

3. EDM002 ATMEGA16 单片机主板模块

该模块见工作任务四中的介绍。

4. EDM605 四位数码显示管模块

该模块见工作任务二中的介绍。

5. EDM201 触摸按键模块

EDM201 触摸按键模块属于信号处理电路模块之一。

（1）模块电路 如图 7-5 所示。

（2）模块实物 如图 7-6 所示。

（3）模块功能 接线端口说明：

5V、GND 插孔：模块电路 5V 电源输入插孔。

FLAGE 插孔：按键标志输出，当有触摸时此处输出低电平信号。

F2 ~ ▶插孔：按键信号输出端口。

D1、D2、D4、D8 插孔：按键数据信号端口。

排插 J1 输出功能与对应 D1、D2、D4、D8 插孔输出功能相同，在输出 D1、D2、D4、D8 插孔的信号时，可直接使用排插 J1 输出信号。

排插 J2 输出功能与对应 F2 ~ ▶插孔输出功能相同，在输出 F2 ~ ▶插孔的信号时，可直接使用排插 J2 输出信号。

1）电源电路。

模块供电电压为 4.5 ~5.5V，采用外部 5V 电源供电，电源电路工作过程工作任务二中的介绍。

2）电容触摸电路。

该模块由检测电路和译码电路组成。

ATMEGA88 是基于 AVR 增强型 RISC 结构的低功耗 8 位 CMOS 微控制器。有如下特点：4KB/8KB/16KB 的系统内可编程 Flash（具有在编程过程中还可以读的能力，即 RWW），256B/512B/512B 的 E^2PROM，512B/1KB/1KB 的 SRAM，23 个通用 I/O 端口，32 个通用工作寄存器，三个具有比较模式的定时器/计数器（T/C），片内/外中断，可编程串行 USART，面向字节的两线串行接口，一个 SPI 串行接口，一个 6 路 10 位 ADC（TQFP 与 MLF 封装的器件具有 8 路 10 位 ADC），具有片内振荡器的可编程看门狗定时器以及 5 种可以通过软件选择的省电模式。$IC_2$74LS138 是 3 线-8 线译码器。

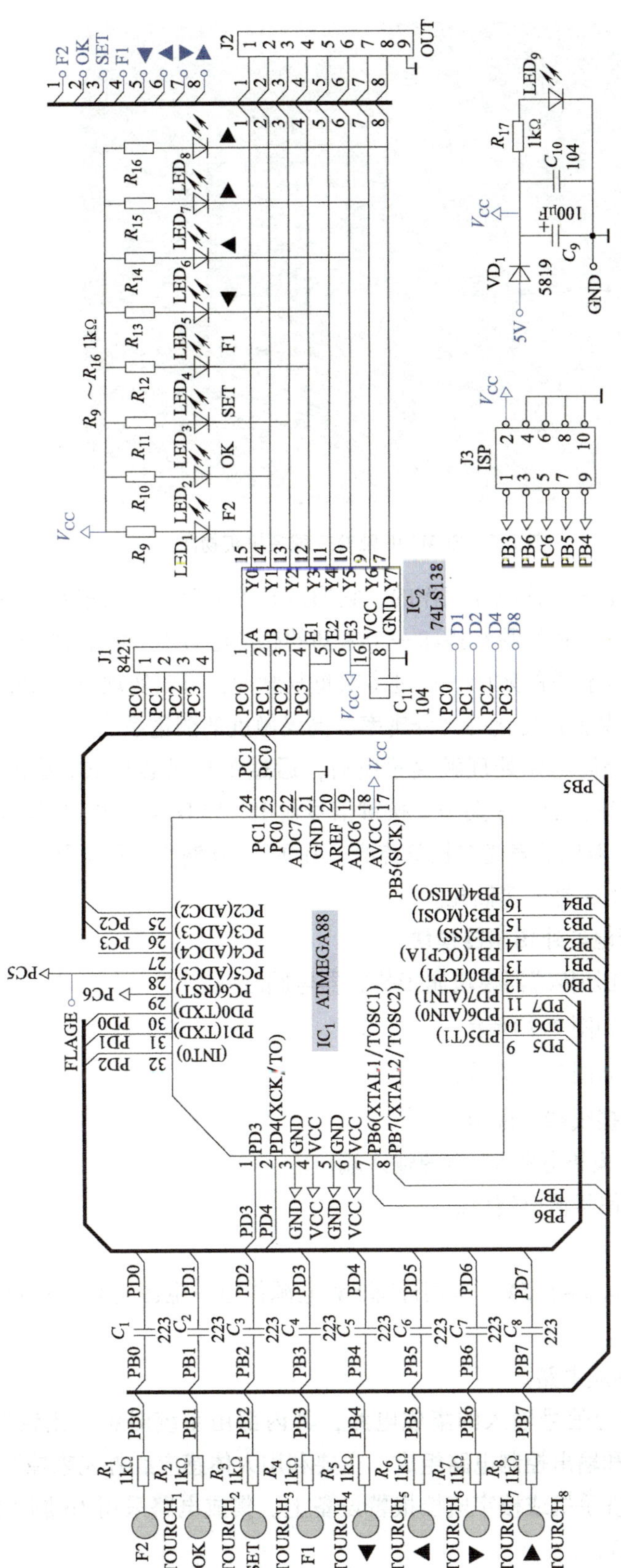

图 7-5　EDM201 触摸按键模块电路图

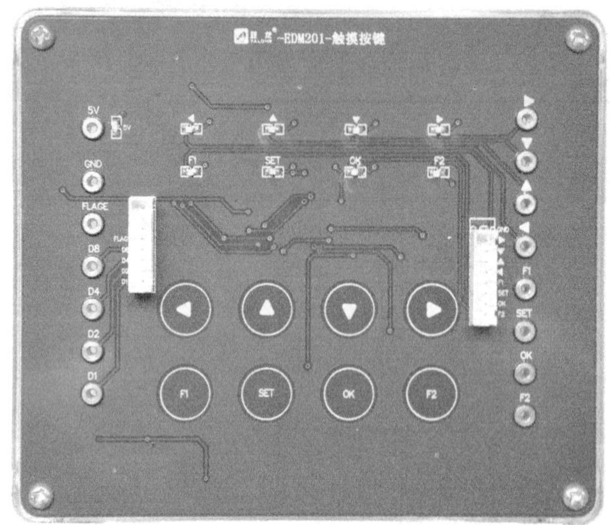

图 7-6 EDM201 触摸按键模块实物图

触摸按键是基于电荷转移原理工作的，它通过开关电容的方式来判断在触摸过程中感应电极的电容变化。电荷转移是指向一个未知的感应电容 C_x 和电荷收集电容 C_S 施加一组特定的电压脉冲而获得的效应。通过多次重复脉冲，可以实现一个能够测量电容量毫皮法级（千分之一皮法）变化的高分辨率、高灵敏度的测量系统。

图 7-5 中，触摸检测电路处理触摸感应后，通过单片机芯片 IC_1 输出触摸按键信息，通过 IC_2（74LS138）获得 8 路独立按键信号输出。LED_1 ~ LED_8 为低电平驱动，当 Y0 ~ Y7 为低电平时，对应的发光二极管点亮。比如，Y0 输出为低电平时，发光二极管 LED_1 发亮。J1、J2 和 J3 是连接插孔。

6. EDM107 热释电红外传感器模块

EDM107 热释电红外传感器模块属于传感器电路之一。

（1）模块电路　如图 7-7 所示。

（2）模块实物　如图 7-8 所示。

（3）模块功能　接线端口说明：

5V、GND 插孔：模块电路 5V 电源输入端口。

OUT 插孔：模块信号输出端口。

1）电源电路。

模块供电电压为 4.5 ~ 5.5V，采用外部 5V 电源供电，电源电路工作过程见工作任务二。

2）热释电红外感应电路。

CS9803 是红外感应信号输入的集成电路，其内部由系统时钟、比较器、检测器、计时器、过零检测器和输出控制电路组成，主要利用人体感应红外光来控制报警器，它应用在自动门、自动洗手机或楼宇监控报警设备上。集成电路采用 16 脚 DIP 封装，各引脚功能说明见表 7-3。

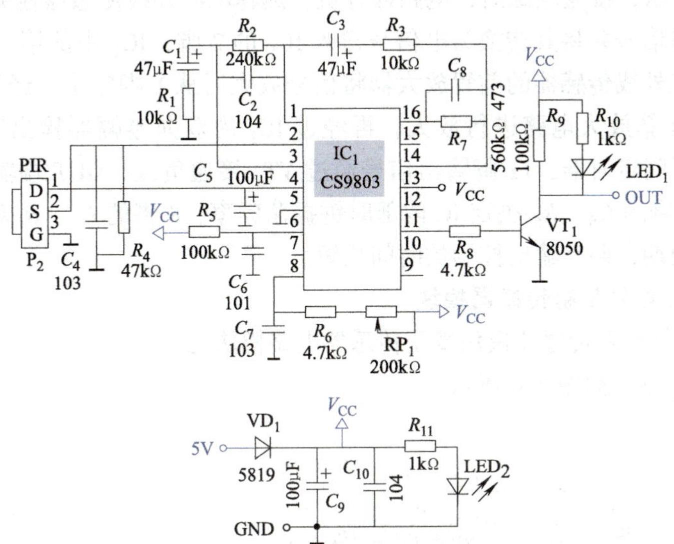

图 7-7　EDM107 热释电红外传感器模块电路图

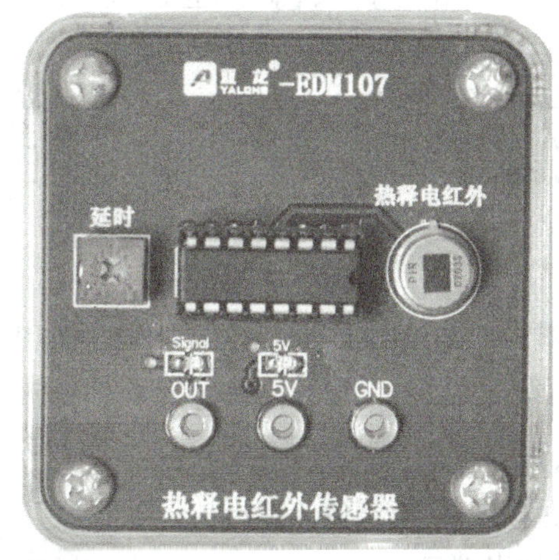

图 7-8　EDM107 热释电红外传感器模块实物图

表 7-3　CS9803 各引脚功能说明

引　脚	功　能	引　脚	功　能
1	运放输出 1	9	光敏电阻检测输入
2	运放正输入 1	10	双向晶闸管控制输出
3	运放负输入 1	11	继电器控制输出
4	基准电压输出	12	过零检测输入
5	接地端	13	正电源端
6	系统时钟	14	运放负输入 2
7	测试端	15	运放正输入 2
8	定时时钟	16	运放输出 2

如图7-7所示，接通电源后，电路即开机，热释电红外线传感器检测出来自人体发出的红外线辐射信号并将其转换为电信号送入 IC_1 的2脚，IC_1 中的第一级运算放大电路作为热释电红外线传感器的前置放大器将信号放大后从1脚输出，经过 C_3、R_3 加到14脚经第二级运算放大电路进行放大，再经过 IC_1 内双向鉴幅器检出有效触发信号，从而启动延迟时间定时器，11脚输出信号经过 VT_1 接通负载，OUT端输出低电平，信号指示灯亮。6脚的 C_6、R_5 决定IC内部时钟振荡频率，8脚的 C_7、R_6 和 RP_1 决定 IC_1 内部定时器的周期，调整输出控制的时间长短。

7. EDM112红外反射传感器模块

EDM112红外反射传感器模块属于传感器电路模块之一。

（1）模块电路　如图7-9所示。

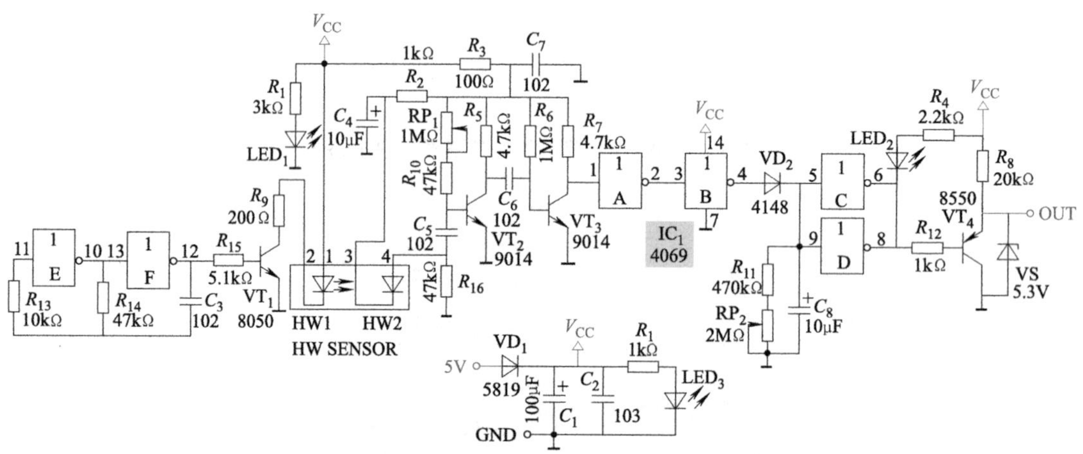

图7-9　EDM112红外反射传感器模块电路图

（2）模块实物　如图7-10所示。

（3）模块功能　接线端口说明：

5V、GND插孔：模块电路5V电源输入端口。

OUT插孔：模块信号输出端口。

1）电源电路。

模块供电电压为4.5~5.5V，采用外部5V电源供电，电源电路工作过程见工作任务二中的介绍。

2）红外发射电路。

该模块由红外光脉冲信号发射电路、光敏二极管及后续电路组成的红外脉冲接收、整形、放大以及滤波电路组成。

图7-10　EDM112红外反射传感器模块实物图

如图7-9所示，IC_1（4069）是6反相器集成电路，IC_1E、IC_1F、R_{13}、R_{14}、C_3 组成自激多谐振荡器，产生方波信号。当有物体位于模块上方的2~12cm处时，由 VT_1 发射的红外脉冲信号由光耦合器HW接收并转换为脉冲信号，经 VT_2 和 VT_3 两级放大，放大后的信号经 IC_1A 和 IC_1B 整形及 VD_2 整流后向 C_8

充电，信号指示灯 LED_2 亮，VT_4 导通，信号输出端 OUT 输出低电平信号。电路中 VD、R_{11}、RP_2、C_8 构成延时电路，调节 RP_2 可调节延时时间的长短。

8. EDM106 烟雾传感器模块

EDM106 烟雾传感器模块属于传感器电路模块之一。

（1）模块电路　如图 7-11 所示。

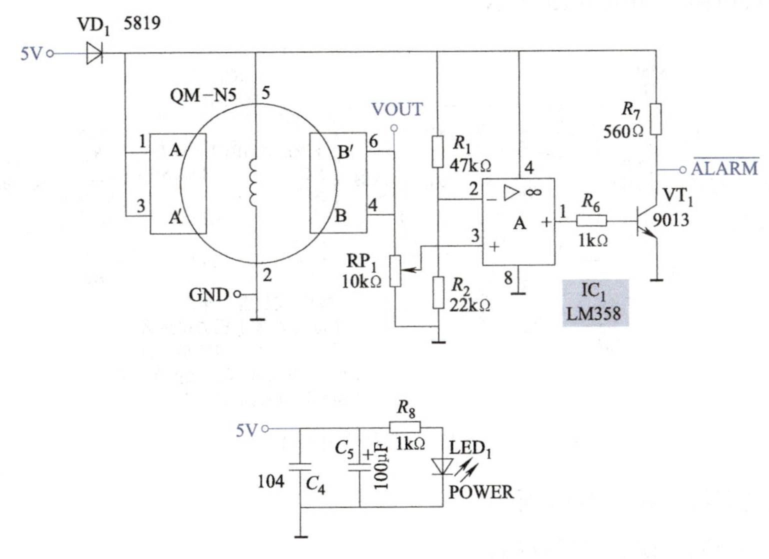

图 7-11　EDM106 烟雾传感器模块电路图

（2）模块实物　如图 7-12 所示。

（3）模块功能　接线端口说明：

5V、GND 插孔：模块电路 5V 电源输入端口。

VOUT 插孔：烟雾传感器信号输出端口。

$\overline{\text{ALARM}}$插孔：模块信号输出端口。

1）电源电路。

模块供电电压为 4.5～5.5V，采用外部 5V 电源供电，电源电路工作过程见工作任务二中的介绍。

2）烟雾传感器。

如图 7-11 所示，该模块由气敏传感器 QM-N5 和 IC_1（LM358 电压比较器）组成。QM-N5 型气敏传感器 A 与 B 之间的电阻值在无烟环境下为几十千欧，在有烟雾环境下电阻值会下降到几千欧。

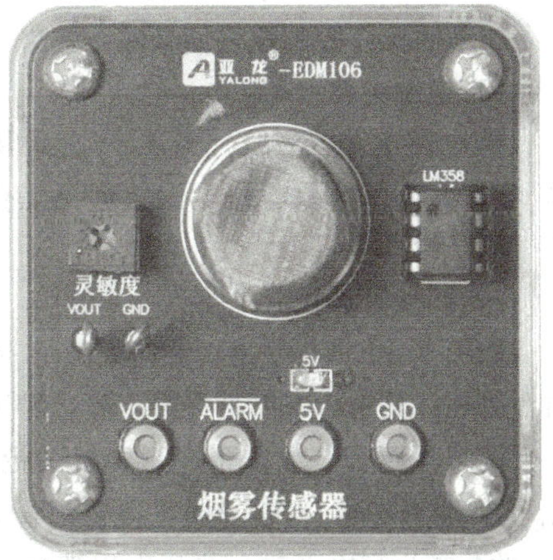

图 7-12　EDM106 烟雾传感器模块实物图

当气敏传感器未检测到烟雾时，其 B 端输出低电平，IC_1 组成的比较器输出低电平，从而使 VT_1 截止，电路不会报警。当气敏传感器检测到烟雾时，其 A 与 B 之间的电阻值会迅速下降，B 端输出电压经过 RP_1 分压到 IC_1 的 3 脚，使其电压大于 IC_1 2 脚电压，1 脚输出高电平，从而使到 VT_1 导通，输出低电平，就会触发扬声器或者电铃而发出声音，以告知烟雾超出了设定值。所以调节 RP_1 也就是调节烟雾传感器的灵敏度。

9. EDM302 四种音乐模块

EDM302 四种音乐模块属于执行器件模块之一。

（1）模块电路　如图 7-13 所示。

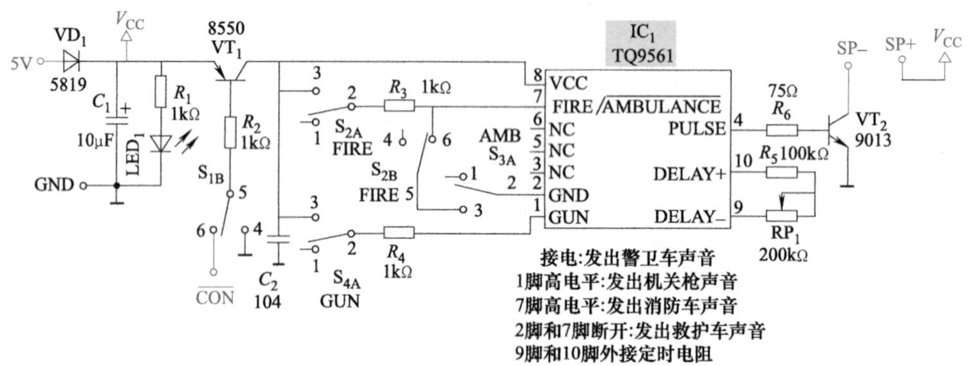

图 7-13　EDM302 四种音乐模块电路图

（2）模块实物　如图 7-14 所示。

（3）模块功能　接线端口说明：

5V、GND 插孔：模块电路 5V 电源输入端口。

SP +、SP - 插孔：外接扬声器端口。

$\overline{\text{CON}}$插孔：控制模块信号输入端口。

图 7-14　EDM302 四种音乐模块实物图

1）电源电路。

模块供电电压为 4.5 ~ 5.5V，采用外部 5V 电源供电，电源电路工作原理见工作任务二中的介绍。

2）四种音乐模块电路。

如图 7-14 所示，IC_1（TQ9561）是报警语音芯片，其中含有四种报警声音：警卫车声音、消防车声音、救护车声音和机关枪声音。S_{1B}接到端子 6 时，VT_1 导通，报警语音芯片开始工作。开关 S_{2A} 合到位置“3”（集成 IC_1 的 7 脚为高电平时，芯片发出消防车声音；模块接电时芯片发出警卫车声音；IC_1 的 2，7 脚断开时，芯片发出救护车声音；开关 S_{4A} 合到位置“1”（集成 IC_1“1”脚高电平）时，芯片发出机关枪声音。调节 RP_1 可以调整发出声音的延长时间。

10. 其他模块

该电路中用到的 EDM314 直流电源模块、EDM315 变压器模块、EDM202 单片机主板模块等，详见前面的介绍，这里不再详述。

（二）相关电路知识

1. 热释电红外传感器

热释电红外传感器是利用被检测体热辐射引起敏感元器件温度变化进行的。

热释电红外传感器的材料以陶瓷氧化物及压电晶体用得最多，如 $PbTiO_3$（钛酸铅）、$LiTaO_3$（钽酸锂）、LATGS（硫酸三甘肽）及 PED（锆钛酸铅）等。这类材料具有强烈的自发极化特性，平时靠捕获大气中的浮游电荷保持平衡，当受到热辐射而产生温度变化时，介质的极化状态随之变化，由于内部的电荷变化速度远远高于表面电荷的变化速度，内、外电荷将产生“失去”现象，即在表面电荷重新达到平衡的短暂时间内，将出现独立的电荷，这就是电介质的热释电效应。

凡是存在于大自然的物体，如人体、火焰、甚至冰等都会发出不同波形的红外线。利用红外线传感器可以检测这些物体发出的红外线。检测红外线比检测可见光效果更好、更方便，具体原因有：

红外线（中、远红外线）不受可见光的影响，可不分昼夜进行检测。

被测对象自身发射红外线，所以不必另设光源。

大气对某些特定波长的红外线吸收甚少，如 2～2.6μm、3～5μm、8～14μm 这三个波段，它们被称为“大气窗口”，这些波长的红外线非常容易被检测。

（1）热释电红外传感器的结构　热释电红外传感器的结构如图 7-15 所示。敏感元器件通常采用 PET 材料，其上、下表面做成电极，表面上加一层氧化膜，用于提高转换效率，由于它的输出阻抗高，输出信号极其微弱，因此在其内部装有场效应晶体管（FET）及偏置厚膜电阻 R_G、R_S 以进行电路放大，电路结构如图 7-16 所示。

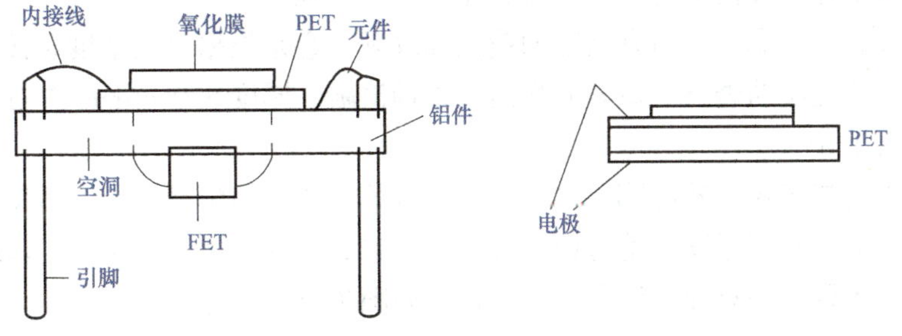

图 7-15　热释电红外传感器的结构示意图

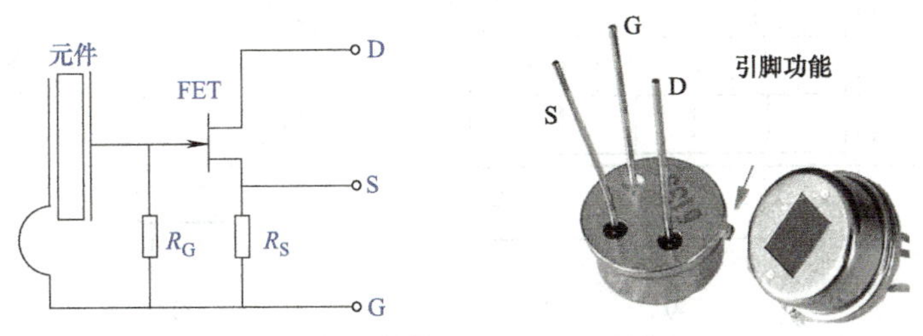

图 7-16　热释电红外传感器内部电路结构和实物图

热释电红外传感器按其内部安装的敏感元件数量的多少分为单元件、双元件、四元件及特殊型等几种。最常见的是双元件型。P228 就是其中一种通用型热释电红外传感器，其内部电路结构如图 7-17 所示。

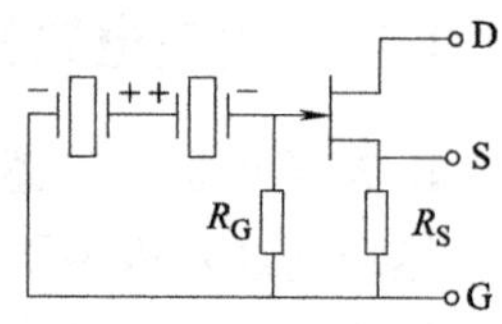

图 7-17 P228 内部电路结构

双元件热释电红外传感器输出比单元件的提高一倍，可以防止太阳红外线引起的误动作、消除因振动而引起的检测误差和由于温度变化而引起的检测错误。

热释电红外传感器的低频响应（一般为 0.1 ~ 10Hz）和对特定波长红外线（一般为 5 ~ 15μm）的响应决定了传感器只对外界红外线辐射而引起传感器温度的变化而敏感，而这种变化对人体而言就是移动。所以，传感器对人体的移动或运动敏感，对静止或移动很缓慢的人体不敏感；它可以抗可见光和大部分红外线的干扰。

（2）热释电红外传感器的封装方式 热释电红外传感器的封装方式有图 7-18 所示的两种，分别为金属外壳 TO—5 封装和塑料 TO—92 封装。

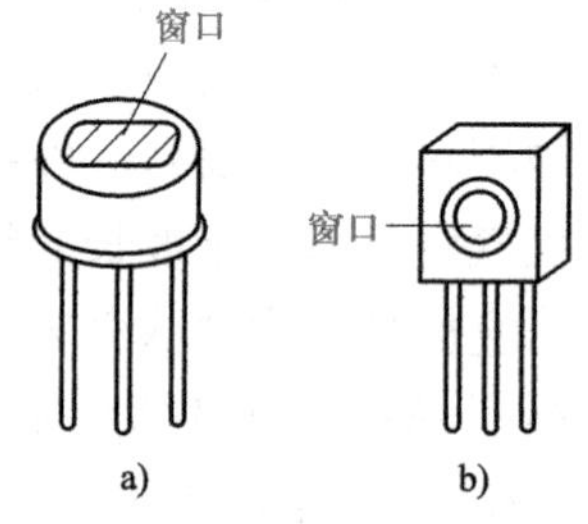

图 7-18 热释电红外线传感器的封装方式

a）TO—5 封装 b）TO—92 封装

（3）菲涅耳透镜 由于人体放射的远红外线能量十分微弱，不论哪种封装，直接由热释电红外传感器接收，灵敏度很低，控制距离一般只有 1 ~ 2m，远远不能满足要求，需要配以良好的光学透镜（如抛物镜、菲涅耳透镜等），才能实现较高的灵敏度。通常多配用菲涅耳透镜，用其将微弱的红外线能量进行“聚集”，以将传感器的探测距离提高到 10m 以上。

菲涅耳透镜是一种精密的光学透镜，是由聚乙烯材料的塑料薄纹镜片构成，里面有精密的镜面和纹理，它是根据对灵敏度和接收的要求设计制造的。一片优质的透镜应该表面光洁、纹理清晰、厚度在 0.65mm 左右，对红外光的透过率应大于 65%。

菲涅耳透镜与热释红外传感器之间的距离应该与透镜的焦距相等。透镜应严格按要求安装在外壳上，并要仔细调整透镜与传感器窗口之间的距离（焦距）。菲涅耳透镜呈圆弧状，透镜焦距正好对准元件中心，其构造如图 7-19 所示。

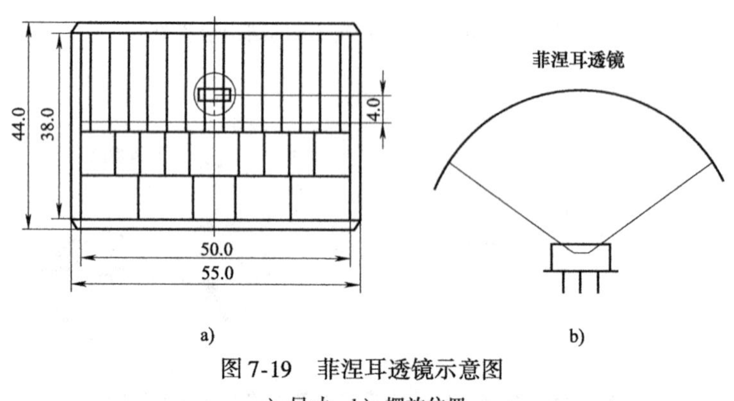

图 7-19 菲涅耳透镜示意图

a）尺寸 b）摆放位置

镜片从外观分类为长形、方形、圆形，从功能分类为单区多段、双区多段、多区多段。

图7-20所示为菲涅尔镜片实物图。菲涅尔镜片为红外线探头的“眼镜”，它就像人的眼镜一样，配用得当与否直接影响到使用的功效，若配用不当则会产生误动作和漏动作。菲涅尔透镜作用有两个：一是聚焦作用，即将热释红外信号折射（反射）在PIR上，第二个作用是将探测区域内分为若干个明区和暗区，使进入探测区域的移动物体能以温度变化的形式在PIR上产生变化热释红外信号。

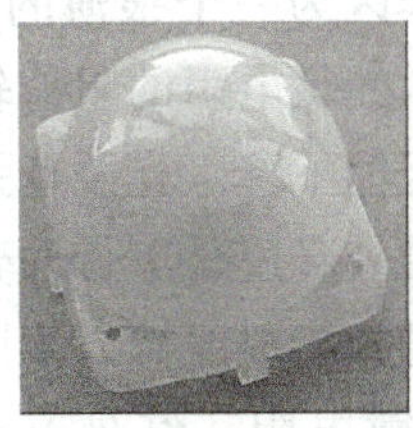
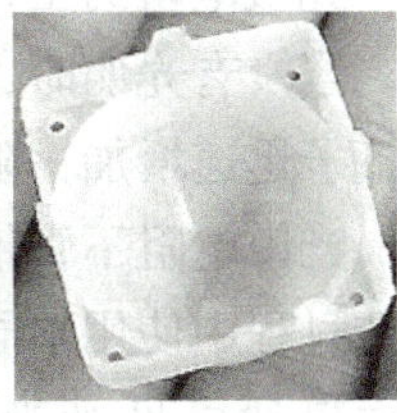

图7-20　菲涅尔镜片实物图

2. 光电传感器

光电传感器就是把光信号的变化转变为电信号的器件。它利用光导电效应，即光照射时引起光导材料的电阻值变化。

光电传感器广泛应用在光信号的检测、传输和作为电路自动控制等场合，也广泛使用在日常生活、医疗、航空航天和工农业生产上。

大家知道，半导体的导电特性受光照的影响。当半导体受到光照时，会产生大量的自由电子，形成了大量的电子—空穴对，电子带负电，空穴带正电，这就是我们所说的载流子，这个过程称为光激发。光照强度越强，增加的载流子就越多，半导体的导电性能越好，这就是光电效应。

光电传感器应用比较多的有光敏电阻、光敏二极管、光敏晶体管和光电池。

（1）光敏电阻　光敏电阻属于无源器件。它是一种对光敏感的元件，它的电阻值随外界光照的强弱变化而改变。

1）电路符号与标称。

光敏电阻的图形符号如图7-21所示，用RG表示。

2）结构与识别。

光敏电阻采用硅、硒、硒化镉、硒化铅、硫化铅、硫化锌或锑化铟等材料制成。其中带金属外壳的光敏电阻结构如图7-22所示。

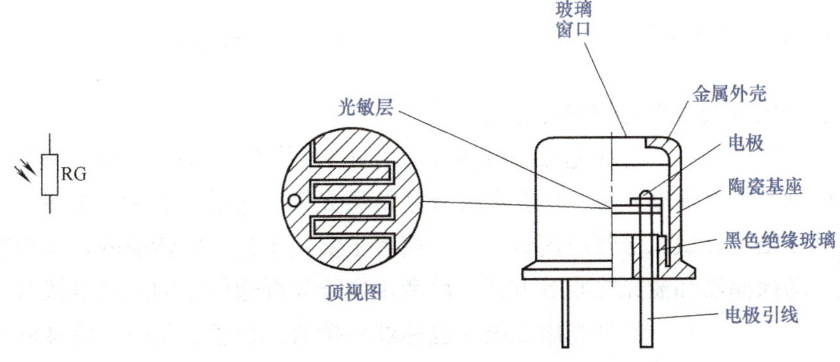

图7-21　光敏电阻的图形符号　　图7-22　带金属外壳的光敏电阻结构

光敏电阻的工作区为一个很薄的光敏层，光敏层具有电阻性，两端用金属电极引出。当没有光照时，光敏电阻的阻值较大；当光线照射在光敏层上时，半导体材料中的载流子迅速增加，阻值下降。光照越强，阻值越小。

光敏电阻不管带外壳还是不带外壳，其特性主要是由光敏层的电阻特性决定的。在制造过程中使用不同的材料或掺入不同的杂质，可以使光敏电阻具有不同的光谱特性，从而得到可见光光敏电阻、红外光光敏电阻、紫外光光敏电阻等不同类型的光敏电阻。

3）基本参数。

光敏电阻的特性参数比较多，有光谱特性、照度特性、响应时间、温度特性、最高工作电压、亮电流、暗电流、时间常数、灵敏度等，其中最重要的是其**亮电阻与暗电阻**。光敏电阻受光照时的电阻值称为亮电阻，没有光照时的电阻称为暗电阻。**暗电阻一般为 0.5～200MΩ；亮电阻一般为 0.5～20kΩ。**

（2）光敏管传感器　光敏管又可分为光敏二极管传感器和光敏晶体管传感器，它们都是能够直接将光能转变为电能的敏感性器件，均使用了半导体作为器件的材料。

1）光敏二极管传感器。

光敏二极管传感器旧称光电二极管传感器，一般简称光敏二极管。

光敏二极管的管芯是由一个 PN 结组成的，只要光线照射到管芯上，它就直接将光能转换成电能。图 7-23 所示是光敏二极管的符号。

光敏二极管的外壳可用金属、玻璃、陶瓷树脂封装。凡是金属管壳封装的光敏二极管都有一个用于进光的玻璃窗口，光线通过窗口照射到管芯上，如图 7-24 所示。

有一些光敏二极管的受光面在侧面（无字或无圆角的一面）。如用黑色树脂封装的光敏二极管可以滤掉 700nm 波长以下的光。

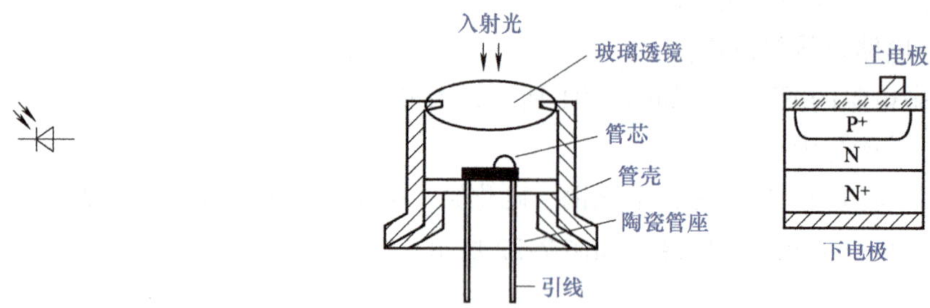

图 7-23　光敏二极管的符号

图 7-24　光敏二极管的结构

光敏二极管按对光的作用可分为三类：

普通光敏二极管：普通光敏二极管又分为硅 PN 结型（PD）光敏二极管、PIN 结型光敏二极管、锗雪崩型光敏二极管和肖特基结型光敏二极管。其中，硅 PN 结型光敏二极管和 PIN 结型光敏二极管应用最广泛。前者主要用于光—电转换的自动控制仪器、近红外光自动探测器和激光接收等方面，后者多用于光纤通信中的光信号接收。

红外光敏二极管：红外光敏二极管也称红外接收二极管，是一种特殊的 PIN 结型光敏二极管。它可以将红外发光二极管的红外光信号转换为电信号，广泛应用于各种遥控接收系统中，在自动控制中也有应用。

红外光敏二极管只能接收红外光信号，对可见光不敏感。

视觉光敏二极管：视觉光敏二极管具有人眼视觉光谱的响应曲线特性，对人眼可见光（波长为 380 ~ 760nm）敏感，对红外光不敏感，即只接收红外光时完全截止。

图 7-25 是光敏二极管的伏—安特性曲线。

由图 7-25 可见，曲线 *AOB* 是无光照时光敏二极管的伏安特性曲线，它与普通二极管一样，具有单向导电特性。当加正向电压时，二极管导通，电流随电压的升高而增大；加反向电压时，光敏二极管基本上处于截止状态，只有一个很小的反向电流存在。

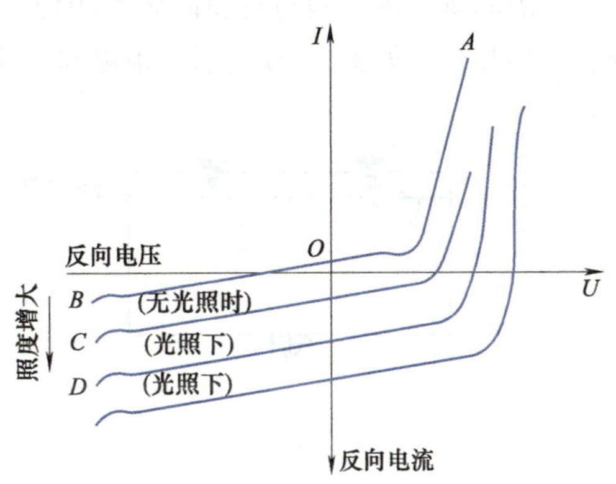

图 7-25　光敏二极管的伏安特性曲线

光敏二极管受到光照时，电子和空穴急剧增加，明显地影响反向特性，使反向饱和电流增大，反向曲线段从 *OB* 下移到 *OC* 位置。增加光照强度，曲线将下移到 *OD* 的位置。

光敏二极管无光照时的反向电流称为暗电流，有光照时的反向电流称为光电流，光电流具有恒流特性。

当光敏二极管加上反向电压时，反向电流随入射光照度的变化而成正比变化，即光照度越大，反向电流越大；但在一定的反向电压内，反向电流的大小几乎与反向电压无关。在入射光照度一定时，光敏二极管相当于一个恒流源，其输出电压随负载电阻增大而升高。

光敏二极管不加反向电压，且在入射光照度一定时，利用 PN 结受光照时产生正向压降的原理，可作为光电池使用。光照度越大、负载越小，电流越大。通常利用这一状态作为光检测器。

判断光敏二极管的好坏，可采用电阻判断法、电压判断法或电流判断法。

① 电阻判断法。光敏二极管的反向直流电阻在无光照时可达到几兆欧；有光照时，下降到几百欧左右。所以，用黑纸或黑布遮住光敏二极管的光信号接收窗口，然后用万用表的 R×1k 档测量光敏二极管的正、反向电阻值。正常正向电阻值在 10 ~ 20kΩ 之间，反向电阻值为∞（无穷大）。去掉黑纸或黑布，使光敏二极管的光信号接收窗口对准光源，然后测量其正、反向电阻值的变化。正常时，正、反向电阻值均应变小；阻值变化越大，说明该光敏二极管的灵敏度越高。

② 电压判断法。把万用表置于 1V（DC）电压档，黑表笔接光敏二极管负极，红表笔接光敏二极管正极。光照时万用表应有 0.2 ~ 0.4V 的电压读数。

③ 电流判断法。将万用表置于 50μA 或 500μA 电流档，仍然是黑表笔接光敏二极

管负极，红表笔接光敏二极管正极。正常光照时，随光照强度增加，电流应从几微安增大到几百微安。

2）光敏晶体管传感器。

光敏晶体管传感器旧称光电晶体管，简称光敏晶体管，是具有放大能力和光—电转换功能的晶体管。

光敏晶体管的结构与普通晶体管相似，而且也分 PNP 型和 NPN 型两类，它们的结构、外形和符号如图 7-26 所示，电路符号为 VT 表示。

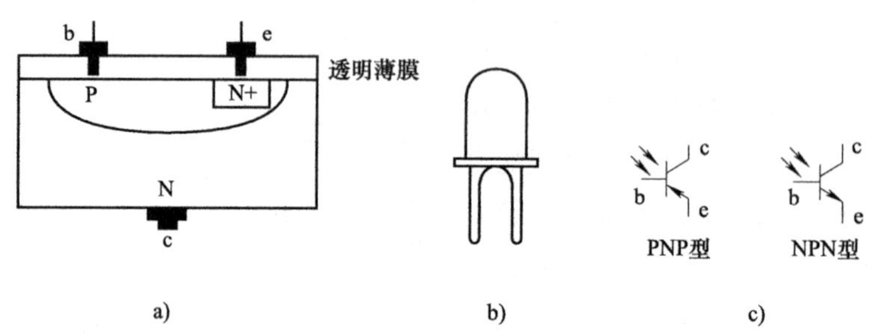

图 7-26 光敏三极管的结构、外形和符号
a）结构 b）外形 c）符号

光敏晶体管的引出脚有 3 个的，也有 2 个的。在 3 个引出脚的结构中，基极是可以利用的；在 2 个引出脚的结构中，光接收窗口（受光窗口）就是它的基极。

光敏晶体管在无光照时和普通晶体管一样，处于截止状态。当光信号照射其基极（受光窗口）时，半导体受光激发产生很多载流子，形成光照电流，从基极输入晶体管，这样集电极流过的电流就是光照电流的 β 倍。很显然，光敏晶体管比光敏二极管的灵敏度高得多，但暗电流大，响应速度慢。

光敏晶体管的输出特性与普通晶体管相同，差别仅在于参变量不同：普通晶体管的参变量为基极电流，而光敏晶体管的参变量是入射的光照度，如图 7-27 所示。

光敏晶体管的光敏特性与光敏二极管相同。同一型号的光敏晶体管，由于生产厂家不同，其光谱特性和峰值波长都有差异。

（3）光电池 光电池传感器简称光电池，又称为太阳电池，它是用光照直接感应出电动势的光电器件。它能接收不同强度的光照射，产生不同大小的电流。常用的有硒光电池和硅光电池，由于硅光电池的光电转换效率最高，因此一般采用这种光电池作为传感器。

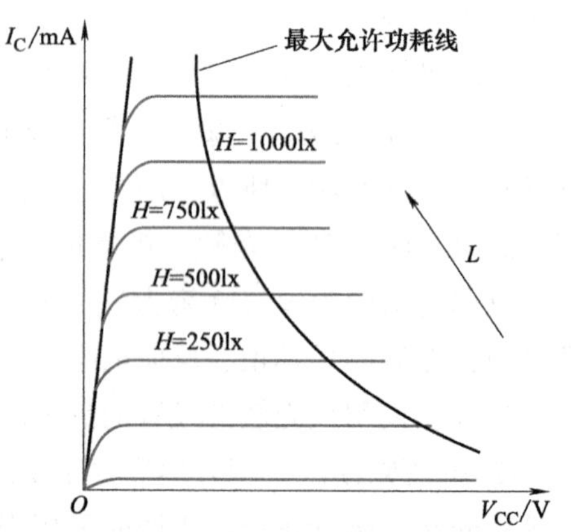

图 7-27 光敏晶体管输出特性曲线

1）硅光电池的结构与原理。

硅光电池的结构类似一只半导体二极管，也是由 PN 结组成的，只是其工作面积较大，以增大光照量。

图 7-28 是硅光电池的结构及外形。硅光

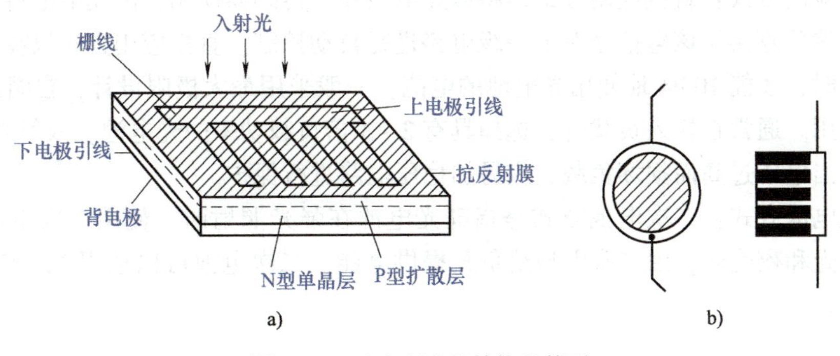

图 7-28　硅光电池的结构及外形

a）结构　b）外形

电池的几何形状有方形、矩形、圆形、环形，也有在一块硅单晶片上制作几个光电池的。

图 7-29 为硅光电池的电路符号和原理示意图。当光线照射到硅光电池半导体表面时，就会产生光激发，从而出现很多的电子—空穴对。它们在 PN 结内电场的作用下，带负电的电子向 N 区运动，带正电的空穴向 P 区运动，经过逐渐的积累，就会在 P 区和 N 区两端产生电动势，如果在上电极和下电极之间接上负载，负载中就会有电流流过。

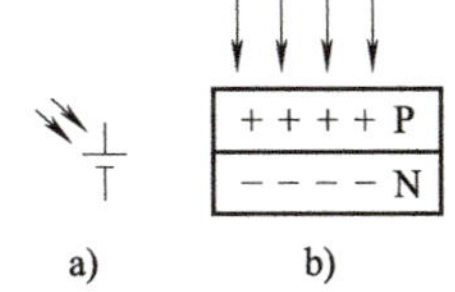

图 7-29　硅光电池的电气符号和原理示意图

a）电气符号　b）原理示意图

为了减小光线的反射，提高光电转换效率，通常还在硅光电池的表面涂上一层蓝色的一氧化硅抗反射膜。在结构上，与上电极引线相连的栅线是为了减小硅光电池的表面电阻，用于提高输出功率。

2）光电池的主要参数及其使用。

光电池的主要参数有以下几个：

开路电压 U_{OC}：光电池在标准光照条件下，输出端开路所测得的电压值为其开路电压 U_{OC}。理论分析和实践证明，改变入射光的强度，光电池的开路电压几乎保持不变。

短路电流 I_{SC}：光电池在标准光照条件下，将输出端短路所测得的电流称为短路电流。短路电流在一定范围内随入射光强度成比例增加。另外，随着环境温度升高，短路电流会有所增加（但开路电压则会降低）。

效率 η：光电池在标准光照条件下，最佳输出功率与入射光功率之比称为光电池的效率。目前，常见的单晶硅电池效率在 8% ~12% 之间，最高可达 30%，但这类光电池主要应用于航天、汽车等领域。

最佳输出功率：在光电池的输出端接入一只可调电阻，当改变该电阻阻值时，测量电压和电流，测得电流和电压乘积最大的工作点称为最佳工作点，这时的电流值称为最佳工作电流，这时的电压值称为最大工作电压，两者的乘积为最佳输出功率。

硅光电池的常见作用方式有两种：直接应用方式和二次电池方式。

直接应用方式：直接应用方式是将硅光电池作为传感器使用，由光电池将光能转换为电能，然后直接用该电信号对下一级电路进行自动控制。直接应用方式只在没有多余的元器件时，才能100%地使用光电池的电能。一般采用最大极限设计，在晴朗的天气条件下使用。通常在接入负载时，选择具有2～3倍负载功率的光电池。入射光过强时，为避免输出电压过高而损坏负载，应另加稳压电路进行保护。

二次电池方式：二次电池方式是指硅光电池在强光照射时，使用二次电池进行充电；在弱光和夜晚时，由二次电池给负载提供电能。二次电池可以选用Ni—Cd电池或铅蓄电池。

附　录

附录 A　其他电子单元电路模块

1. EDM102 温度传感器 LM35 模块

EDM102 温度传感器 LM35 模块属于传感器电路模块之一。

（1）模块电路　如图 A-1 所示。

（2）模块实物　如图 A-2 所示。

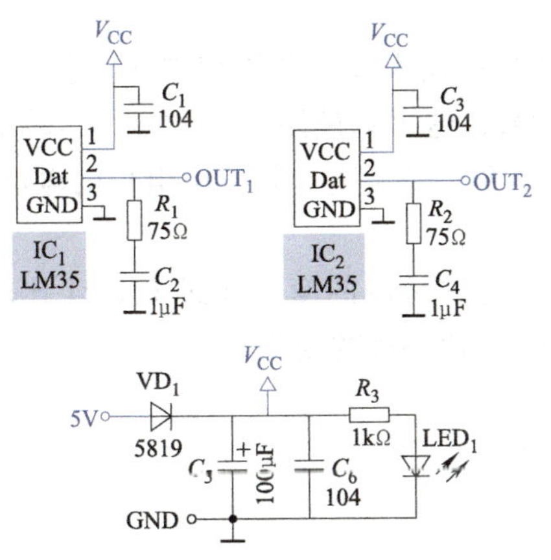

图 A-1　EDM102 温度传感器 LM35 模块电路图

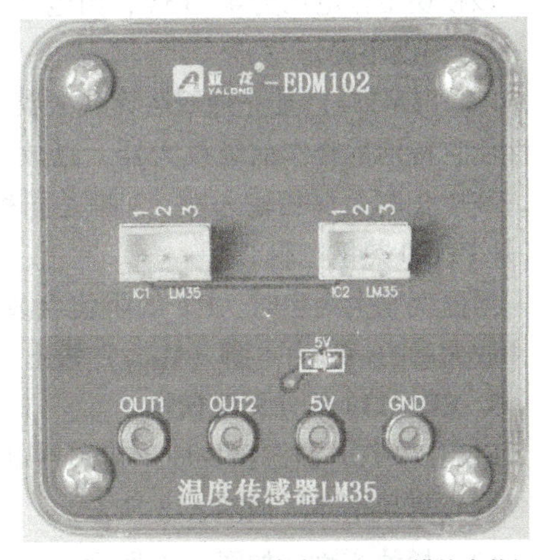

图 A-2　EDM102 温度传感器 LM35 模块实物图

（3）功能描述

1）电源电路。

该模块工作电压为 4 ~ 15V。

2）LM35 温度传感器电路。

IC_1 和 IC_2 是 LM35 温度传感器，LM35 可以在 4 ~ 20V 电压范围内可靠地工作，为电压输出型，输出转换系数为 10mV/℃。由于采用内部补偿，可以从 0℃ 开始输出，温度每升高 1℃，输出电压就增加 10mV。在常温下，LM35 不需要额外的校准处理即可达到 ±1/4℃ 的准确率。

2. EDM109 PT100 测温模块

EDM109 PT100 测温模块属于传感器电路模块之一。

（1）模块电路 如图 A-3 所示。

（2）模块实物 如图 A-4 所示。

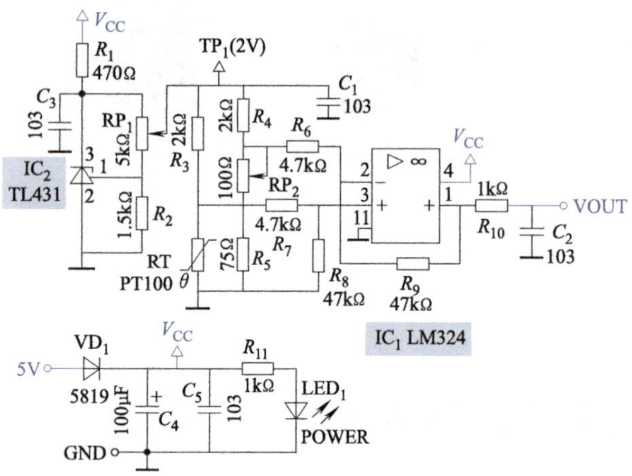

图 A-3 EDM109 PT100 测温模块电路图

图 A-4 EDM109 PT100 测温模块实物图

（3）功能描述

1）电源电路。

该模块工作电压为 4～15V，由电源模块供电。

2）测温电路。

IC_1（LM324）是一种四运算放大器，具有很低的输入失调电压和漂移。它的优良特性使它特别适合作前级放大器，以放大微弱信号，这里只使用其中的一个运算放大器。其中 2 脚是反相输入端，3 脚是同相输入端，RP_2 是调整 2 脚参考电位的电位器，RT 是 PT100 热敏电阻。

当温度发生变化时，RT 的阻值会发生变化，这种微弱的变化通过 LM324 比较放大，放大后的信号由 1 脚（V_{OUT}）输出，其大小反映出温度的变化。

3. EDM110 红外测温模块

EDM110 红外测温模块属于传感器电路模块之一。

（1）模块电路 如图 A-5 所示。

（2）模块实物 如图 A-6 所示。

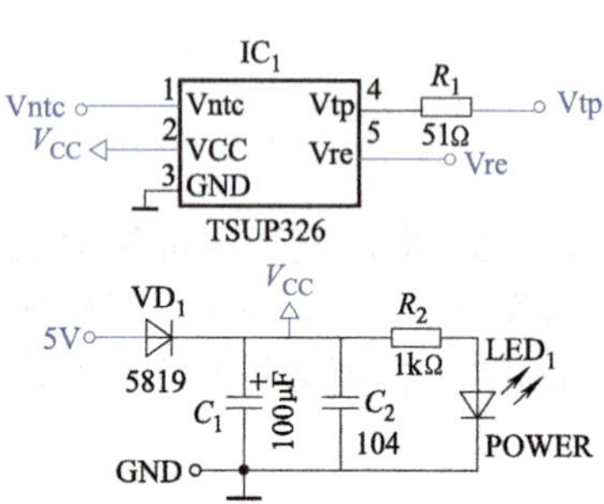

图 A-5 EDM110 红外测温模块电路图

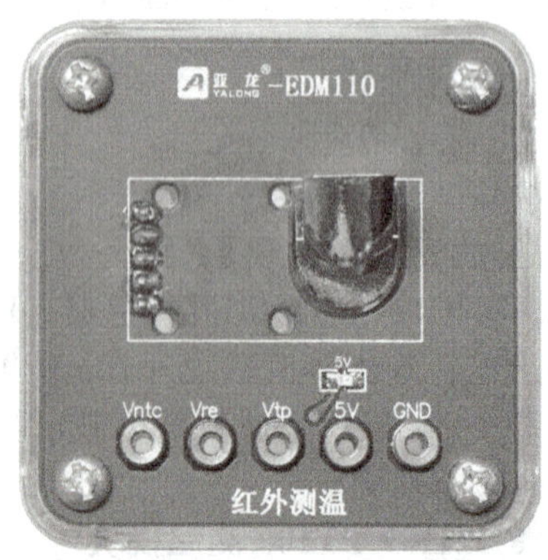

图 A-6 EDM110 红外测温模块实物图

（3）功能描述 接线端口说明：

Vntc：热敏电阻温度模拟电压信号输出。

Vre：1.225V 参考电压输出（精度 1%）。

Vtp：被测物体温度模拟电压信号输出。

1）电源电路。

该模块工作电压为 4～15V，由电源模块供电。

2）测温电路。

测温模块内部电路包括环境温度测量电路、红外探头测温电路以及稳压电路。5 脚 Vre 为 1.225V 参考电压输出，2 脚为模块供电电源端，4 脚为被测物体温度信号输出端，3 脚为接地端，1 脚为环境温度信号输出端。

4. EDM111 超声波收发模块

EDM111 超声波收发模块属于传感器电路模块之一。

（1）模块电路 如图 A-7 所示。

（2）模块实物 如图 A-8 所示。

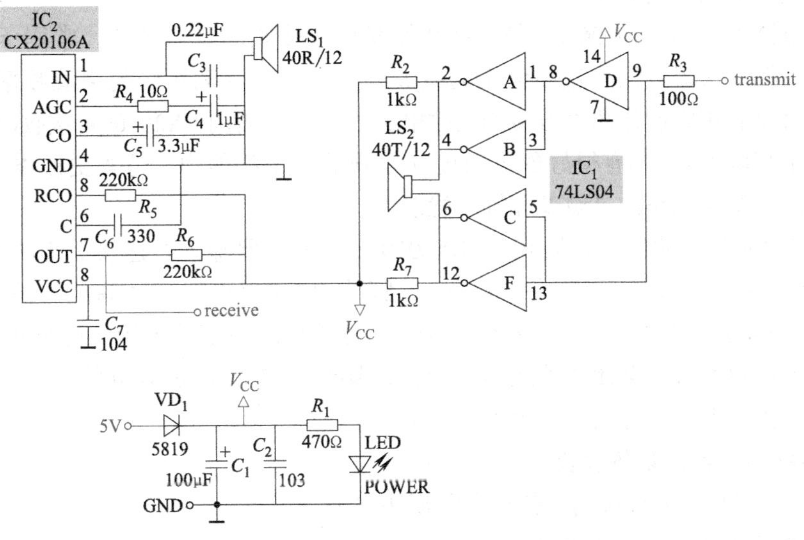

图 A-7 EDM111 超声波收发模块电路图

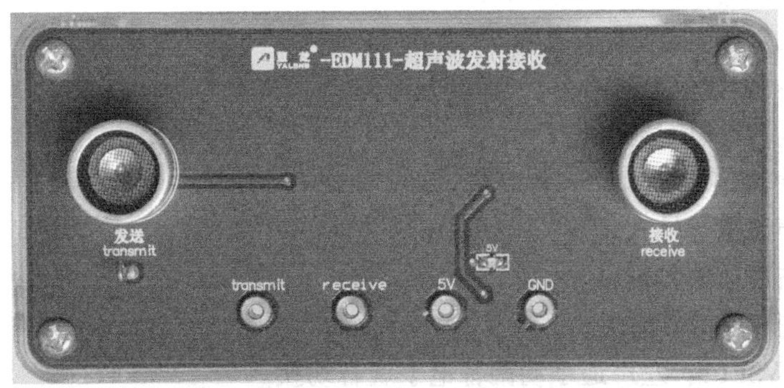

图 A-8 EDM111 超声波收发模块实物图

(3) 功能描述 接线端口说明：

transmit：发送信号输入端。

receive：接收信号输出端。

1）电源电路。

该模块工作电压为4～15V，由电源模块供电。

2）超声波发射电路。

超声波发射部分采用了压电超声波转换器LS_2，它利用压电晶体谐振工作。当它的两极外加脉冲信号，且脉冲信号频率等于压电晶体的固有振荡频率时，压电晶体将会发生共振，并带动共振板振动产生超声波，这时它就是超声波发生器。

IC_1（74LS04）为反相器，作用是组成振荡器，振荡产生的脉冲信号提供给转换器LS_2，使LS_2产生谐振，发射出信号。

3）超声波接收电路。

压电超声波转换器如没加电压，当共振板接受到超声波时，将迫使压电振荡器振动，将机械能转换为电信号，这时它就成为超声波接受转换器LS_1，超声波发射转换器与接受转换器的结构稍有不同。

集成电路IC_2（CX20106A）是一款红外线检波接收的专用芯片，常用于电视机红外遥控接收器。考虑到红外遥控常用的载波频率38kHz与测距的超声波频率40kHz较为接近，可以利用它制作超声波检测接收电路。实验证明用CX20106A接收超声波（无信号时输出高电平），具有很好的灵敏度和较强的抗干扰能力。适当更改电容C_3的大小，可以改变接收电路的灵敏度和抗干扰能力。

LS_1接收到超声波信号后从IC_2（CX20106A）的1脚输入，连接2脚的C_4、R_4组成RC串联网络；3脚的C_5是检波电容；5脚的R_5用以设置带通滤波器的中心频率，这里$R_5=220k\Omega$，这时中心频率$f_o \approx 38kHz$；6脚的C_6是积分电容，标准值为330pF，如果该电容取得太大，会使探测距离变短；7脚的R_6是输出负载电阻，没有接受信号时该端输出为高电平，有信号时则为低电平。

5. EDM202音频功放模块

EDM202音频功放模块属于执行电路模块之一。

(1) 模块电路 如图A-9所示。

(2) 模块实物 如图A-10所示。

(3) 功能描述 接线端口说明：

音频输入：音频信号输入。

音频输出：音频信号输出。

RIN：右声道信号输入。

LIN：左声道信号输入。

ROUT：右声道信号输出。

LOUT：左声道信号输出。

自锁开关VSEL1：左声道手动调音电子调音切换。

自锁开关VSEL2：右声道手动调音电子调音切换。

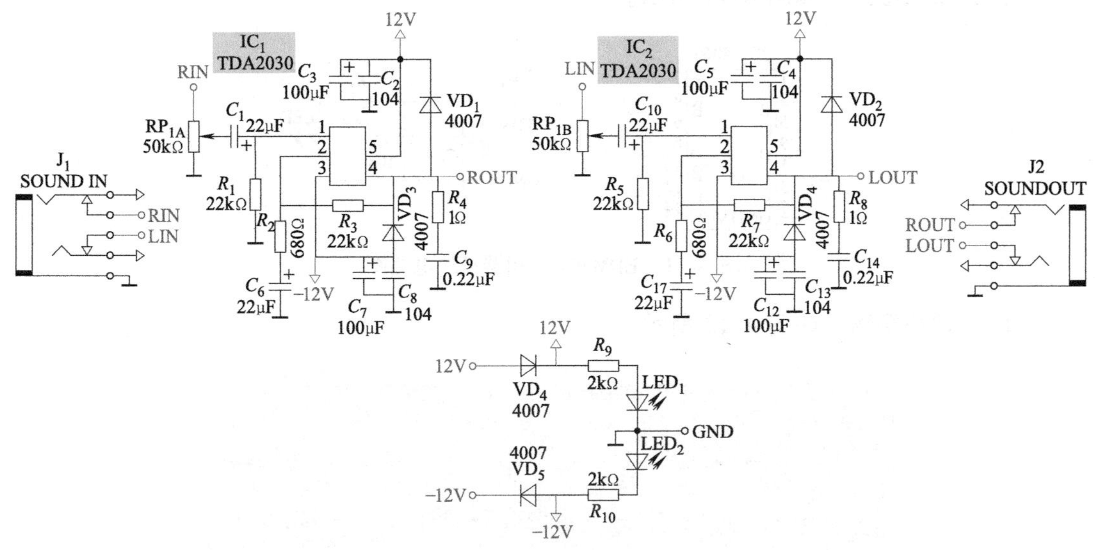

图 A-9 EDM202（音频功放模块）电路图

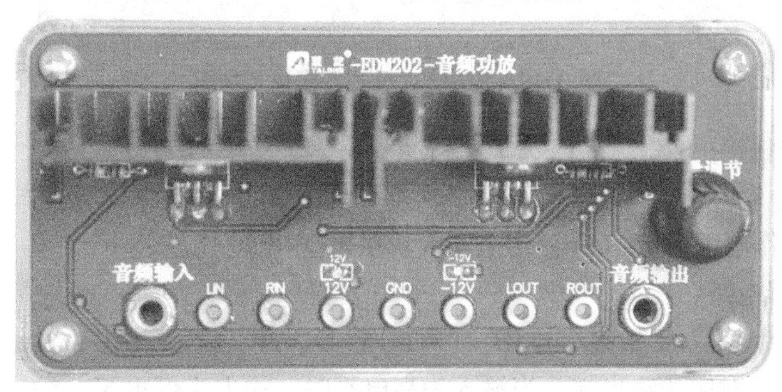

图 A-10 EDM202（音频功放模块）实物图

1）电源电路。

该模块工作电压为 ±12V，采用外部 ±12V 双电源供电。

2）功放模块电路。

该模块由功放电路、手动调音及电子调音电路组成。

IC_1、IC_2（TDA2030）是功放集成电路，内部包含恒流源差动放大电路构成的输入级、中间电压放大级、复合互补对称式 OCL 电路构成的输出级、启动和偏置电路以及短路、过热保护电路等，具有转换速率高、失真小、输出功率大、外围电路简单等特点。其中 1 脚为同相输入端；2 脚为反相输入端；3 脚为负电源；4 脚为输出端；5 脚为正电源。电位器 RP_{1A}和 RP_{1B}用于手动音量调节。

6. EDM204 反相器模块

EDM204 反相器模块属于执行电路模块之一。

（1）模块电路 如图 A-11 所示。

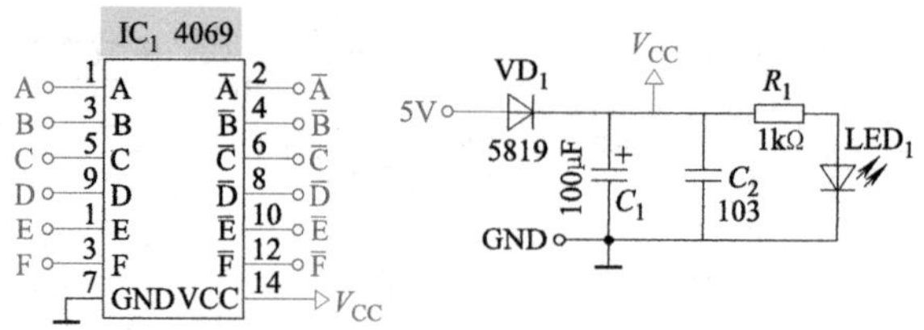

图 A-11 EDM204 反相器模块电路图

（2）模块实物 如图 A-12 所示。

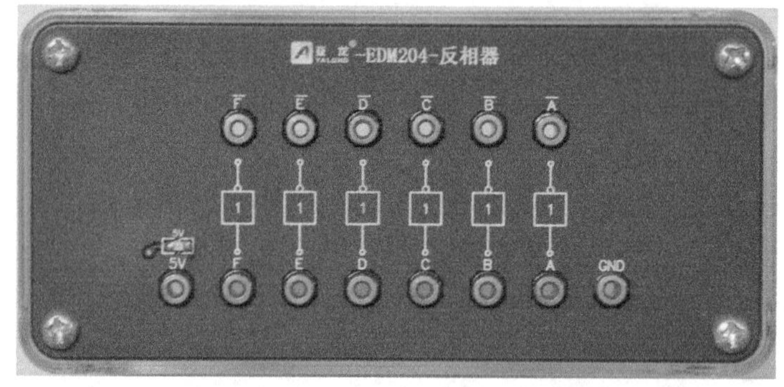

图 A-12 EDM204 反相器模块实物图

（3）功能描述

1）电源电路。

该模块工作电压为 4～15V，由电源模块供电。

2）反相器电路。

IC_1（4069）是六反相集成电路，1、3、5、9、11、13 脚为输入端，2、4、6、8、10、12 脚分别为对应的输出端。当输入为高电平时，输出为低电平；输入为低电平时，输出为高电平。

7. EDM301 倒车音乐模块

EDM301 倒车音乐模块属于警示器模块之一。

（1）模块电路 如图 A-13 所示。

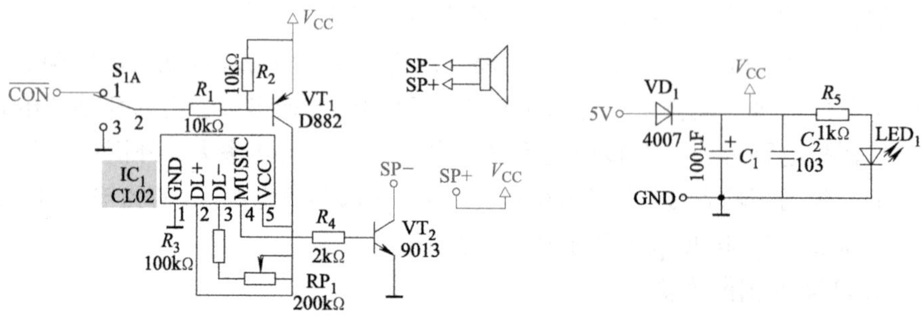

图 A-13 EDM301 倒车音乐模块电路图

（2）模块实物 如图 A-14 所示。

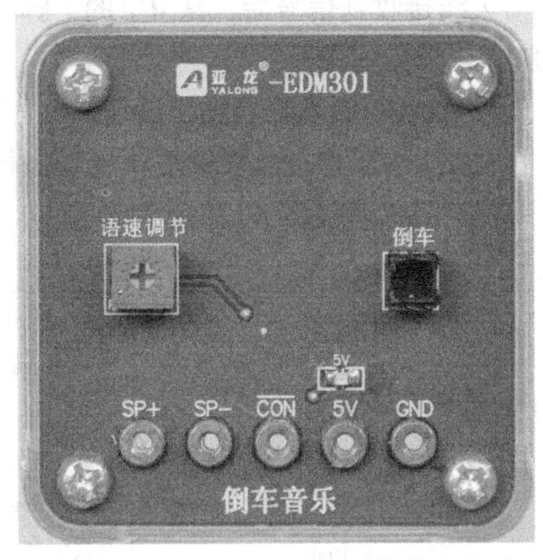

图 A-14 EDM301 倒车音乐模块实物图

（3）功能描述 接线端口说明：

SP+、SP−插孔：连接扬声器端口。

$\overline{CON}$插孔：触发脉冲输入端口。

1）电源电路。

该模块工作电压为 4～15V，由电源模块供电。

2）倒车音乐电路。

IC_1（CL02）是倒车语音芯片，当 S_{1A} 接到“1”，控制端口$\overline{CON}$有控制信号时 VT_1 导通，IC_1 工作，倒车音乐信号由 VT_2 放大，扬声器发出倒车语音提示。

8. EDM304 FM 接收模块

EDM304 FM 接收模块属于执行电路模块之一。

（1）模块电路 如图 A-15 所示。

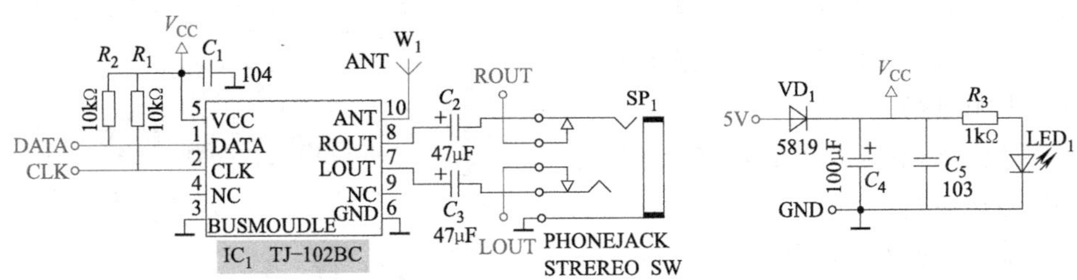

图 A-15 EDM304 FM 接收模块电路图

（2）模块实物 如图 A-16 所示。

图 A-16 EDM304 FM 接收模块实物图

（3）功能描述 接线端口说明：

ANT 插孔：天线插口。

CLK 插孔：基准脉冲输入端口。

DATA 插孔：数据信号输入端口。

ROUT 插孔：右声道信号输出端口。

LOUT 插孔：左声道信号输出端口。

1）电源电路。

该模块工作电压为 4～15V，由电源模块供电。

2）FM 接收电路。

IC_1（TJ-102BC）是 FM 收音芯片，其内部包含了高放、混频，中放、鉴频、立体声解码、功放等电路，组成了一个完整的 FM 收音电路，收音频率范围为 76～108MHz，具有自动数字调谐、高灵敏度、高稳定性、低噪声、低功耗，广泛应用于消费类电子视听产品、家用电器等。

天线接收到信号后，从 IC_1 的 1 脚输入，经集成电路内部处理后，从集成电路的 7、8 脚输出双声道信号。

9. EDM305 单稳态触发器模块

EDM305 单稳态触发器模块属于执行电路模块之一。

（1）模块电路 如图 A-17 所示。

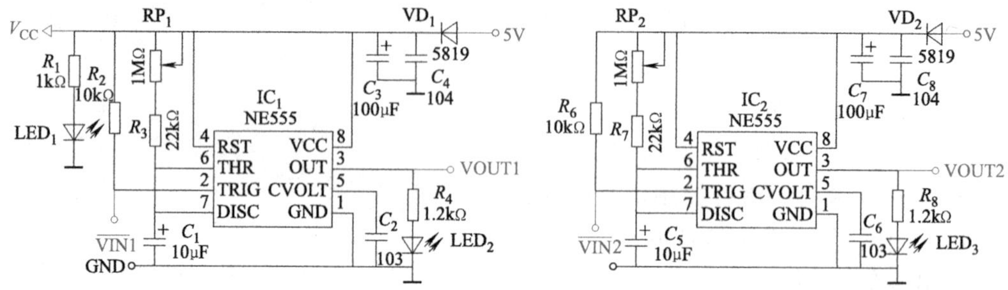

图 A-17 EDM305 单稳态触发器模块电路图

（2）模块实物 如图 A-18 所示。

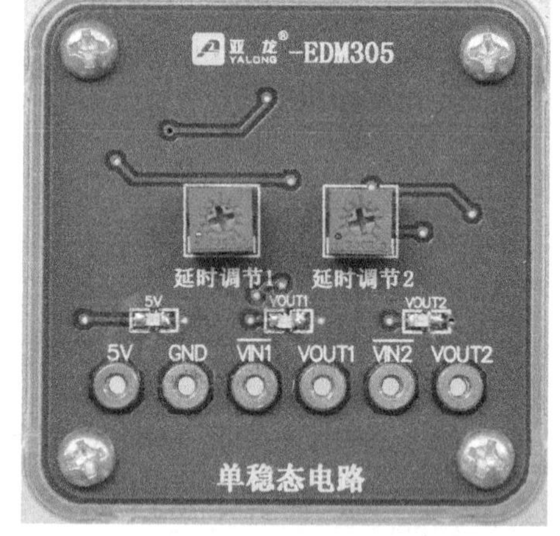

图 A-18 EDM305 单稳态触发器模块实物图

（3）功能描述 接线端口说明：

$\overline{\text{VIN1}}$、$\overline{\text{VIN2}}$：第一、二路输入。

VOUT1、VOUT2：第一、二路输出。

1）电源电路。

该模块工作电压为 4.5～5.5V，采用外部 5V 电源供电。

2）单稳态触发器电路。

该模块是由 IC_1～IC_2（NE555）组成的双路典型单稳态触发器。NE555 见工作任务一中的介绍。

该模块是脉冲启动型单稳态电路，带有 RC 微分电路，调节电位器 RP_1 和 RP_2 可调节触发时间，低电平触发，输出高电平有效。

单稳态触发器只有一个稳态，在没有触发脉冲信号时，电路处于稳定状态，当有触发信号输入时，电路翻转为另一种状态，但这个状态不稳定，经过一段时间后，电路会自动返回到原来的稳态。不稳定状态时间的长短与触发脉冲无关，仅仅取决于电路本身的参数，这种电路可用于整形、定时及延时电路中。

10. EDM306 双稳态触发器模块

EDM306 双稳态触发器模块属于执行电路模块之一。

（1）模块电路 如图 A-19 所示。

（2）模块实物 如图 A-20 所示。

（3）功能描述 接线端口说明：

$\overline{\text{VIN}}$：触发信号输入口。

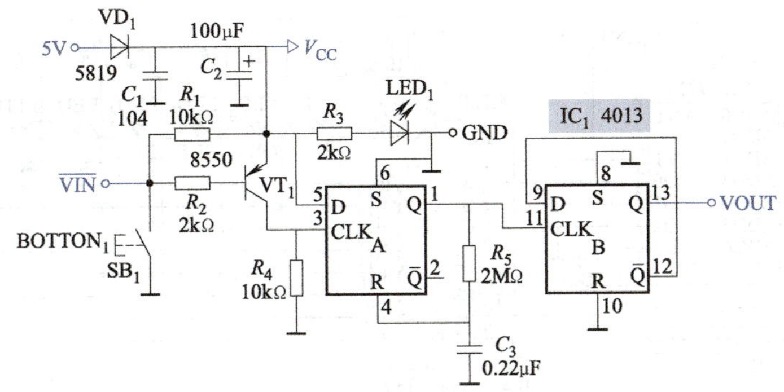

图 A-19 EDM306（双稳态触发器模块）电路图

VOUT：信号输出口中。

1）电源电路。

该模块工作电压为4.5～5.5V，采用外部5V电源供电。

2）单稳态触发器电路。

该模块电路中，由 CD4013 双 D 触发器分别组成一个单稳态电路和双稳态电路。

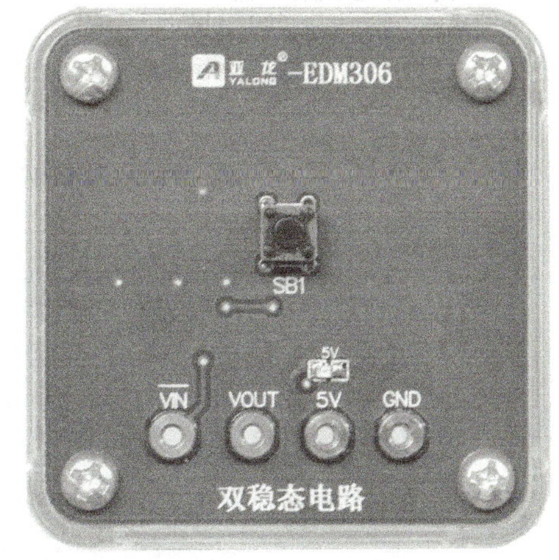

图 A-20 EDM306（双稳态触发器模块）实物图

IC_1（4013）由两个相同的、相互独立的数据型触发器构成。每个触发器有独立的数据、置位、复位、时钟输入和 Q 及 $\overline{Q}$ 输出，此器件可用作移位寄存器，且通过 $\overline{Q}$ 将输出连接到数据输入，可用作计数器和触发器。在时钟上升沿触发时，加在 D 输入端的逻辑电平传送到 Q 输出端。置位和复位与时钟无关，而分别由置位或复位线上的高电平完成。

IC_1（4013）A 构成的单稳态电路主要用于信号脉宽整形，为保证每次动作可靠，在输入下降沿动作，单稳态电路的输出 Q 作为 IC_1（4013）B 构成的双稳态电路的时钟信号，双稳态的 $\overline{Q}$ 将输出连接到数据输入 D 端，可作为计数。

双稳态电路有两个稳态，其触发方式为电平出发：输入电平上升到某一值时，触发器翻转；当输入电平下降到某一数值时，触发起会再次翻转。双稳态触发器广泛用作电压比较、波形变换和波形整形。

11. EDM308 无线接收模块

EDM308 无线接收模块属于执行电路模块之一。

（1）模块电路　如图 A-21 所示。

（2）模块实物　如图 A-22 所示。

（3）功能描述　接线端口说明：

FLAG 插孔：按键信号输出口。

F2～▶插孔：接收状态信号输出端口。

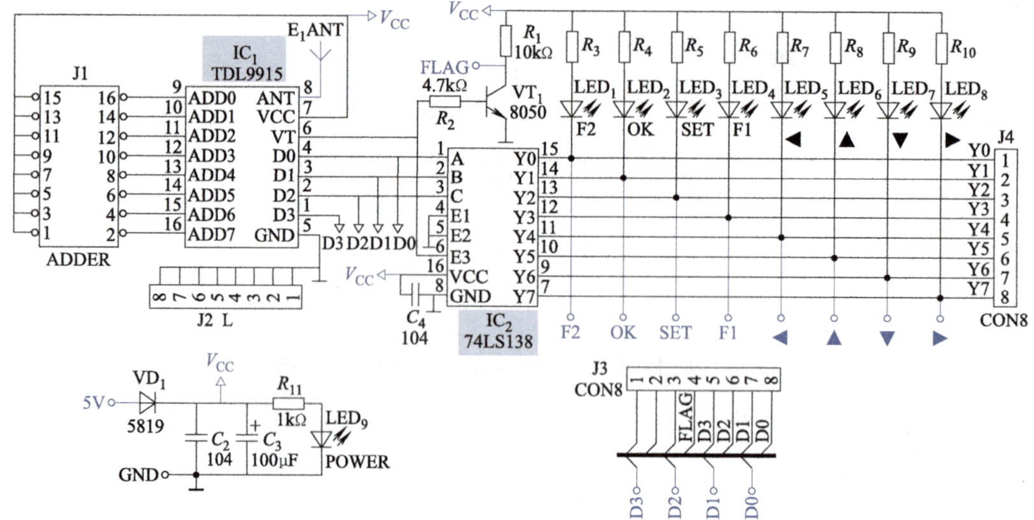

图 A-21　EDM308 无线接收模块电路图

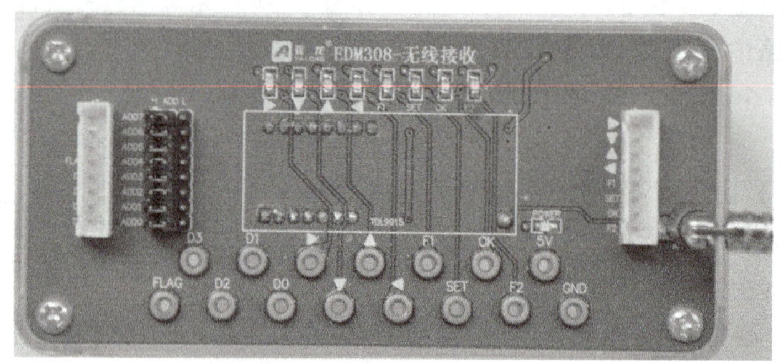

图 A-22　EDM308 无线接收模块实物图

D0 ~ D3 插孔：解码数据信号输出端口。

排插 J4 功能与 F2 ~ ▶插孔功能相同。

排插 J3 功能与 D0 ~ D3 插孔功能相同。

1）电源电路。

该模块工作电压为 4 ~ 15V，由电源模块供电。

2）接收电路。

该模块由无线接收电路、译码电路、指示电路组成。

IC$_1$（TDL9915）是接收模块，IC$_2$（74LS138）是 3 线—8 线译码器，J1 为短路线开关地址码，编码时必须与发射电路的地址码相同。由天线接收到的信号输入到 IC$_2$（74LS138）译码，并从 Y0 ~ Y7 输出译码信号。LED$_1$ ~ LED$_8$ 是低电平驱动，当译码信号输出端为低电平时，对应的发光二极管亮，比如，Y0 输出为低电平时，发光二极管 LED$_1$ 发亮。发光二极管点亮，说明该模块在执行相应的功能。

12. EDM309 无线发射模块

EDM309 无线发射模块属于执行电路模块之一。

（1）模块电路 如图 A-23 所示。

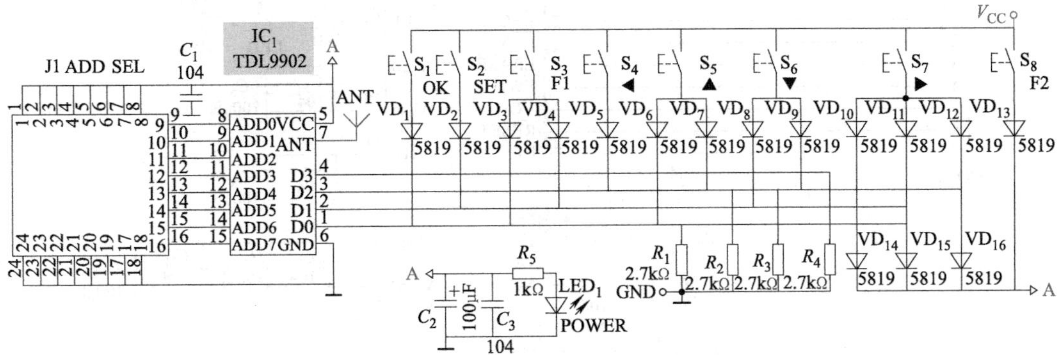

图 A-23 EDM309 无线发射模块电路图

（2）模块实物 如图 A-24 所示。

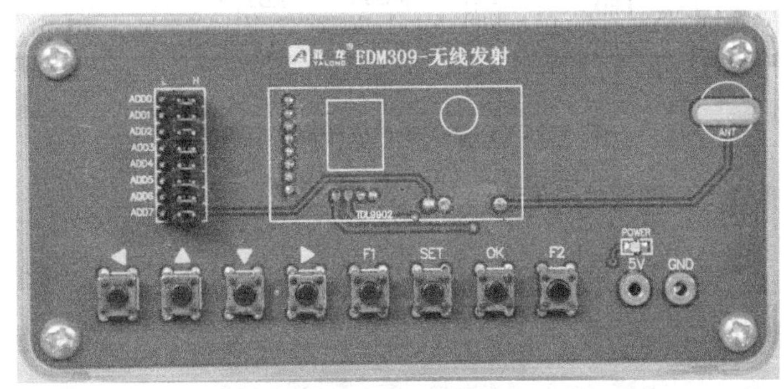

图 A-24 EDM309 无线发射模块实物图

（3）功能描述

1）电源电路。

该模块工作电压为 5～12V，采用外部 5V 电源供电。

2）发射电路。

J1 为地址编码器，ADD0～ADD7 为地址选择端，每个地址有高、低电平和悬空三种状态，最多有 2^8 个地址选择。

该模块由无线发射电路、8 个按键 F2～▶和 J1 地址编码器组成。

IC_1 TDL9902 是发射模块，体积小，工作电压范围极宽（3～12V），发射功率大，功耗低，广泛应用在简易数据无线传输，无线遥控，防盗报警等场合。

二极管 VD_1～VD_{16}对信号 D3、D2、D1、D0 编码，成为 BCD 码信号给无线发射模块，在按下 S_1～S_8 键时对应的信息才发射出去，平时不耗电，按键按下才消耗电。

13. EDM310 录放音模块

EDM310 录放音模块属于执行电路模块之一。

（1）模块电路 如图 A-25 所示。

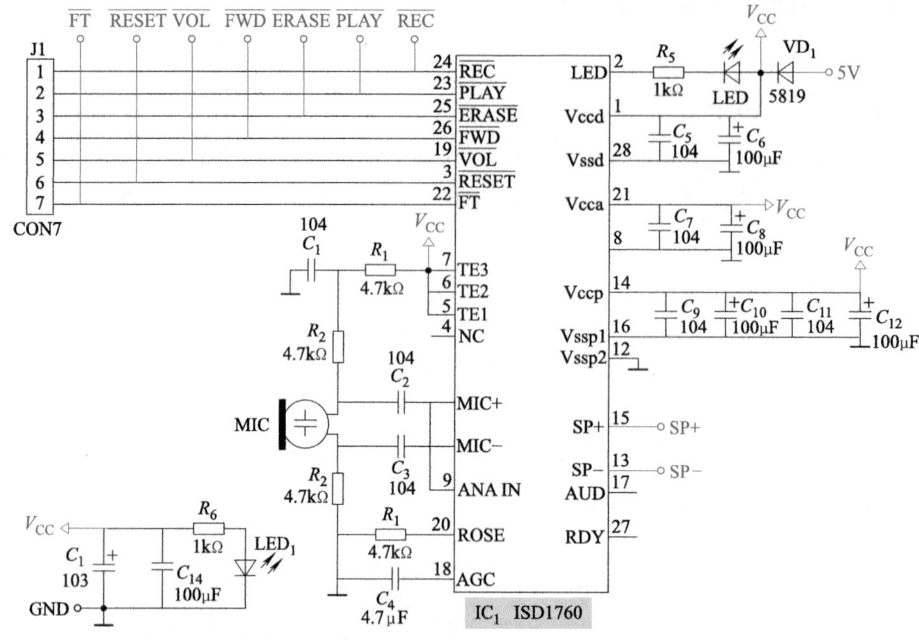

图 A-25 EDM310 录放音模块电路图

（2）模块实物 如图 A-26 所示。

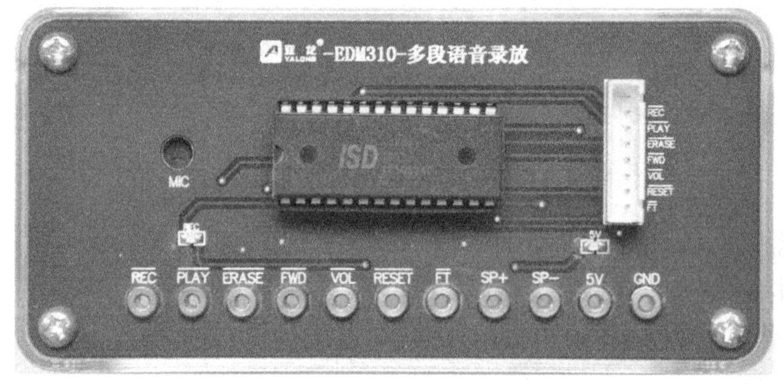

图 A-26 EDM310 录放音模块实物图

（3）功能描述 接线端口说明：

$\overline{\text{REC}}$插孔：录音控制端。

$\overline{\text{RESET}}$插孔：芯片复位。

$\overline{\text{VOL}}$插孔：音量调整。

$\overline{\text{FWD}}$插孔：快进控制端。

$\overline{\text{ERASE}}$插孔：擦除。

$\overline{\text{PLAY}}$插孔：播放语音。

SP +、SP - 插孔：输出信号，接扬声器。

$\overline{\text{FT}}$插孔：未用。

1）电源电路。

该模块工作电压为4～15V，由电源模块供电。

2）语音录放电路。

IC_1（ISD1760）是录音芯片，该芯片内部包含有自动增益控制、传声器前置扩大器、扬声器驱动电路、振荡器与内存等全方位整合系统功能。该芯片特点是可录、放音10万余次，具有两种录音输入方式和两种放音输出方式，可处理多达255段信息，有丰富多样的工作状态提示，多种采样频率对应多种录放时间，音质好，电压范围宽（2.4～5.5V）；应用灵活。

① 录音操作。

$\overline{\text{REC}}$变为低电平后开始录音，直到$\overline{\text{REC}}$变高或者芯片录满时结束。录音结束后，录音指针自动移向下一个有效地址。而放音指针则指向刚刚录完的那端语音地址。

② 放音操作。

放音操作有两种模式，分别是边沿触发和电平触发。

边沿触发模式：$\overline{\text{PLAY}}$获得低电平便开始播放当前段录音，并在遇到EOM标志后自动停止。放音结束后，播放指针停留在刚播放起始地址处，再次获得低脉冲会重新播放刚才的语音。如果在放音期间获得低脉冲信号，会停止放音。

电平触发模式：如果$\overline{\text{PLAY}}$持续为低电平，那么会将所有语音信息播放出来，并且循环播放直到$\overline{\text{PLAY}}$端拉高。当放音停止，播放指针会停留在当前停止的录音段的起始位置。

③ 快进操作

将$\overline{\text{FWD}}$拉低，会启动快进操作。快进操作用来将播放指针移向下一段录音信息。当播放指针到达最后一段录音处时，再次快进，指针会返回到第一段录音。当下降沿来到FWD端时，快进操作还要决定于芯片当时的状态：

a. 如果在掉电状态并且当前播放指针的位置不在最后一段，那么指针会前进一段，到达下一段录音处。

b. 如果在掉电状态并且当前播放指针的位置在最后一段，那么指针会返回到第一段录音处。

c. 如果正在播放一段录音（非最后一段），此时放音停止，播放指针将前进到下一段，紧接着播放新的录音。

d. 如果正在播放最一段录音，此时放音停止，播放指针返回到第一段录音，紧接着播放第一段录音。

④ 擦除操作。

擦除操作分为单段擦除和全体擦除两种擦除方式，区别如下：

a. 单个擦除：只有第一段和最后一段录音可以被单个擦除。将$\overline{\text{ERASE}}$拉低，这时具体的擦除情况要看播放指针的状态：

如果ISD1670空闲并且播放指针指向第一段录音，则会删除第一段录音，播放指针指向新的第一段录音（执行擦除操作前的第二段）。

如果芯片空闲并且播放指针指向最后一段录音，则会删除最后一段录音，播放指针指向新的最后一段录音（执行擦除操作前的倒数第二段）。

如果芯片空闲并且播放指针指向没有指向第一或最后一段录音，则不会删除任何录音，播放指针也不会被改变。

如果芯片当前正在播放第一段或最后一段录音，按下 $\overline{\mathrm{ERASE}}$会删除当前录音。

b. 全体擦除。

将$\overline{\mathrm{ERASE}}$电平拉低超过2.5s，会触发全体擦除操作，删除全部录音信息。

⑤ 复位操作。

当$\overline{\mathrm{RESET}}$被触发，芯片将播放指针和录音指针都放置在最后一段录音信息的位置。

⑥ 音量操作。

将$\overline{\mathrm{VOL}}$拉低会改变音量大小。每按一下，音量会减小一档，到达最小档后再按的话，会增加音量直到最大档，如此循环。总共有 8 个音量档供用户选择，每一档会改变 4dB。复位操作会将音量档放在默认位置，即最大音量。

14. EDM401 电动机驱动模块

EDM401 电动机驱动模块属于执行电路模块之一。

（1）模块电路　如图 A-27 所示。

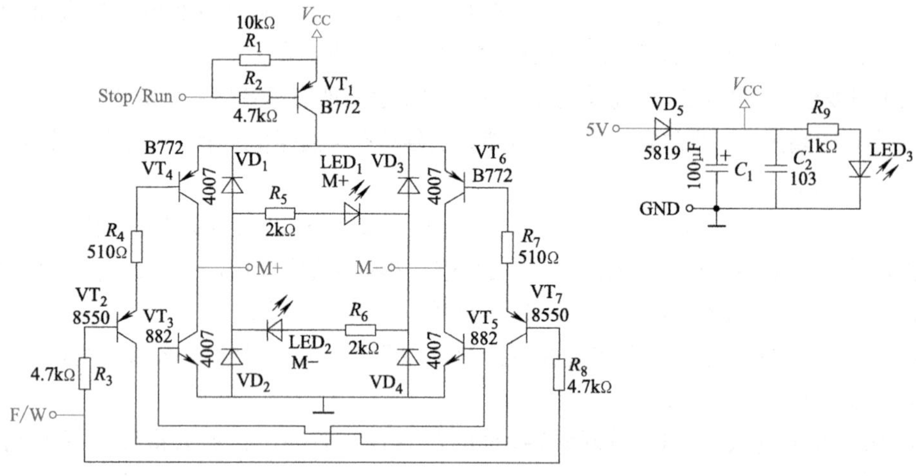

图 A-27　EDM401 电动机驱动模块电路图

（2）模块实物　如图 A-28 所示。

（3）功能描述　接线端口说明：

M+、M−插孔：连接电动机。

Stop/Run 插孔：电动机停止/转动信号输入端口。

F/W 插孔：正/反转信号输入端口。

1）电源电路。

该模块工作电压为 4～15V，由电源模块供电。

2）电动机驱动电路。

该模块是一个典型的直流电动机控制电路。该电路也叫 H 桥式驱动电路，这是因为

图 A-28　EDM401 电动机驱动模块实物图

它的形状酷似字母“H”，4 个晶体管组成“H”的 4 条桥腿，而电动机就是“H”中的横杠（M + 和 M - 之间）。

要使电动机运转，必须导通对角线上的一对晶体管。根据不同晶体管对的导通情况，电流可能会从左至右或从右至左流过电动机，从而控制电动机的转向。

当在 F/W 端口输入低电平时，VT_2 导通，并使 VT_4 和 VT_5 导通，电流就从电源正极经 VT_4 从 M + 穿过电动机至 M -，然后再经 VT_5 回到电源负极。晶体管 VT_4 和 VT_5 导通时，电流将从左至右流过电动机，从而驱动电动机按顺时针方向转动。

当在 F/W 端口输入高电平时，VT_7 导通，并使晶体管 VT_6 和 VT_3 导通，电流将从 M - 至 M + 流过电动机，从而驱动电动机沿逆时针方向转动。

15. EDM402 继电器驱动模块

EDM402 继电器驱动模块属于执行电路模块之一。

（1）模块电路 如图 A-29 所示。

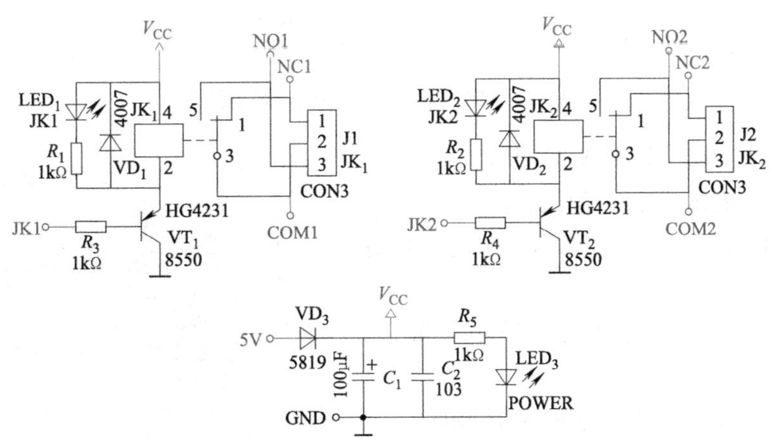

图 A-29 EDM402 继电器驱动模块电路图

（2）模块实物 如图 A-30 所示。

图 A-30 EDM402 继电器驱动模块实物图

（3）功能描述 接线端口说明：

JK1，JK2：两个继电器控制端口。

NO：继电器输出常开端口。

NC：继电器输出常闭端口。

COM：继电器输出公共端口。

1）电源电路。

该模块工作电压为 4 ~ 15V，由电源模块供电。

2）继电器驱动电路。

当输入低电平信号时，继电器 JK1 和 JK2 吸合，COM 端口与 NC 端口断开，变成 COM 端口与 NO 端口连接，发光二极管 LED_1 和 LED_2 亮，VD_1 和 VD_2 对继电器在释放时起保护作用。

16. EDM505 步进电动机

EDM505 步进电动机模块属于执行电路模块之一。

（1）模块电路　如图 A-31 所示。

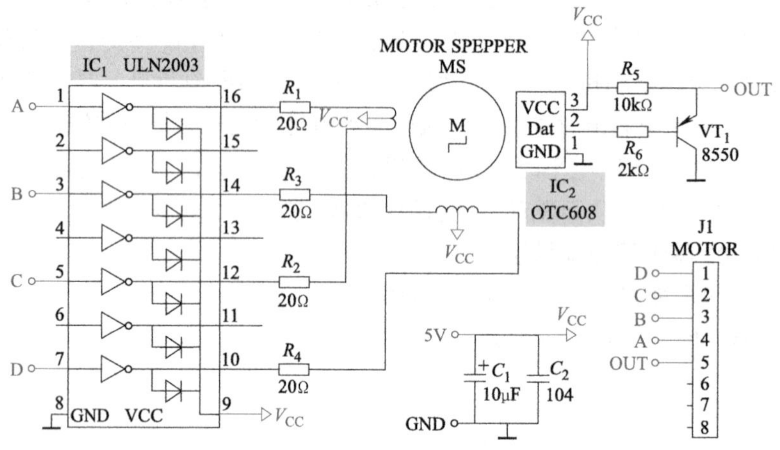

图 A-31　EDM505 步进电动机模块电路图

（2）模块实物　如图 A-32 所示。

图 A-32　EDM505 步进电动机模块实物图

（3）功能描述　接线端口说明：

A ~ D 插孔：步进电动机相线驱动信号输入端口。

OUT 插孔：霍尔传感器信号输出端口，低电平有效。

J1 排插与 A ~ D、OUT 插孔功能相同。

1）电源电路。

该模块工作电压为 4.5 ~ 5.5V，由外接 5V 直流电源供电。

2）步进电动机电路。

步进电动机必须加驱动信号才可以运转，驱动信号必须为脉冲信号，没有脉冲的时候，步进电动机静止，如果加入适当的脉冲信号，就会以一定的角度（称为步角）转动。转动的速度和脉冲的频率成正比，改变脉冲的顺序，可以方便地改变转动的方向。

IC_2（OTC608）是霍尔传感器。电动机运转时，当磁铁靠近霍尔传感器，其 2 脚输出高电平，VT_1 截止，输出端 OUT 输出高电平；当磁铁离开霍尔传感器，2 脚输出低电平，VT_1 导通，输出端 OUT 输出低电平。这样，就是一组脉冲串，该脉冲串如果被送入计数器等装置进行计数后便可以通过记录脉冲数量来获得电动机的转速。

17. EDM506 电阻加热模块

EDM506 电阻加热模块属于执行电路模块之一。

（1）模块电路　如图 A-33 所示。

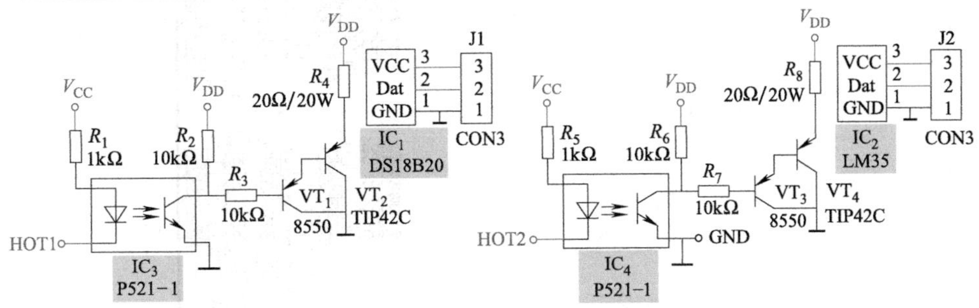

图 A-33　EDM506 电阻加热模块电路图

（2）模块实物　如图 A-34 所示。

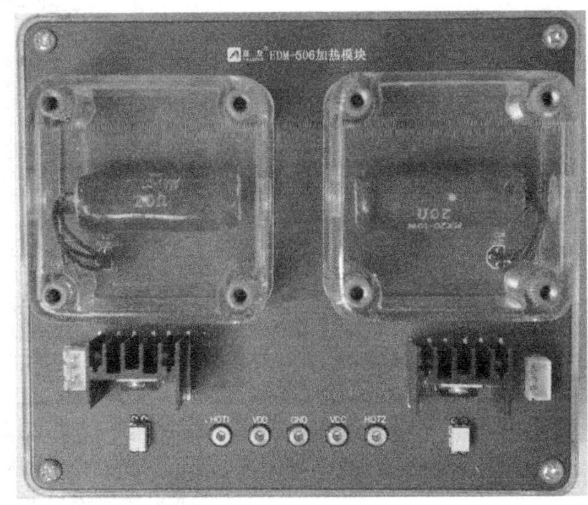

图 A-34　EDM506 电阻加热模块实物图

（3）功能描述　接线端口说明：

J1 排插：接数字温度传感器 DS18B20 输出。

J2 排插：接模拟温度传感器 LM35 输出。

HOT1、HOT2 插孔：控制电阻发热信号输入端。

1）电源电路。

该模块工作电压 V_{CC}为 4.5～5.5V，由外部 5V 直流电源供电。

工作电压 V_{DD}为 9～12V。

2）电阻加热电路。

采用外部 5V 电源供电，由 HOT1 或 HOT2 接入 PWM 脉冲码，PWM 脉冲码在低电平时产生电流并流经 IC_3 或 IC_4 的 P521—1 发光二极管，发光二极管发出的光线照射在光敏晶体管上而导通，VT_1 或 VT_3 基极低电平导通，R_4 或 R_8 电阻发热，发热量由 PWM 的频率和脉宽决定，温度由温度传感器 IC_1 或 IC_2 检测后由 J1 或 J2 输出信号。

18. EDM601 64×32 点阵 LED 模块

EDM601 64×32 点阵 LED 模块属于显示器模块之一。

（1）模块电路　如图 A-35 所示。

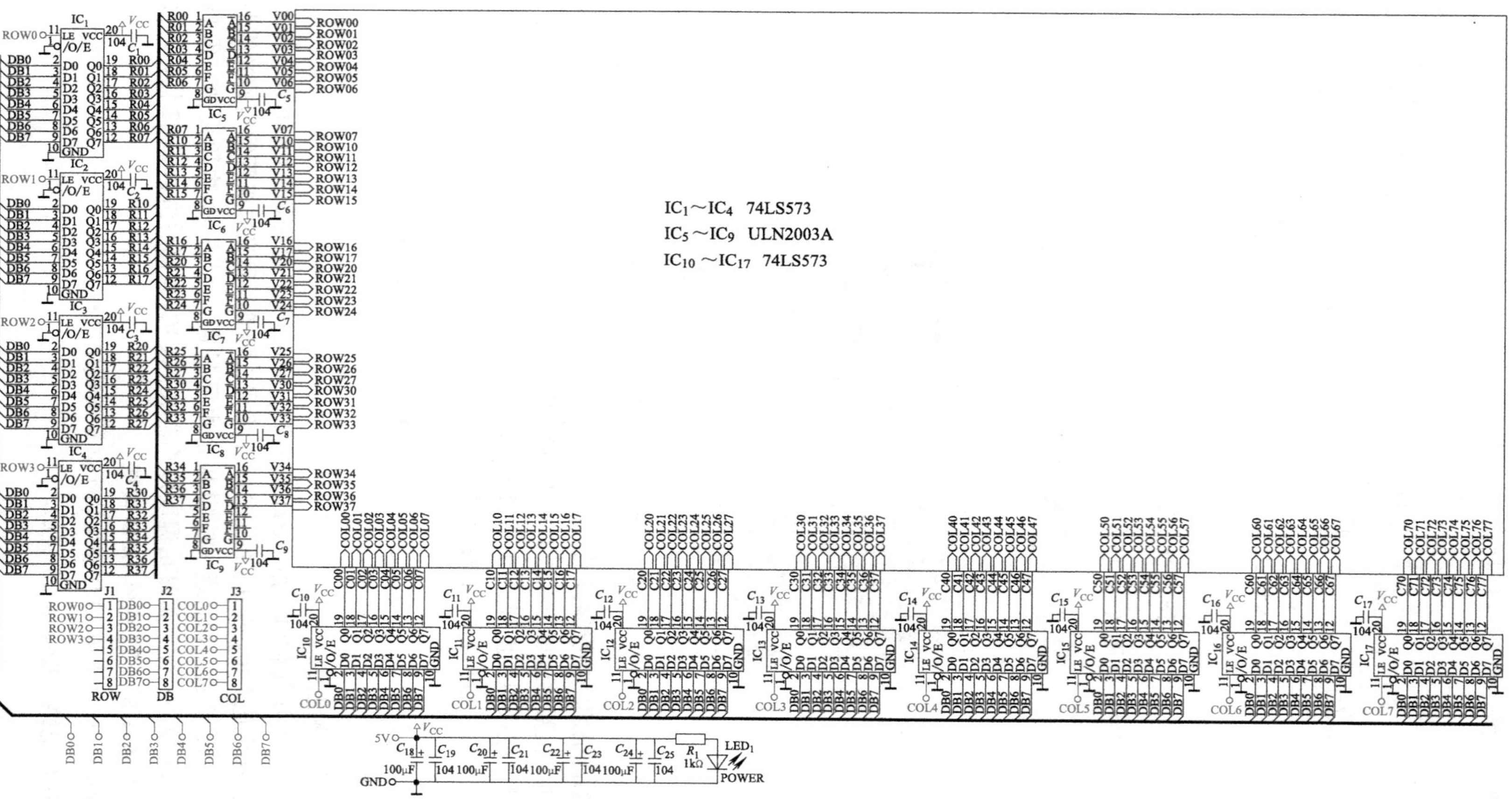

图 A-35 EDM601 64×32 点阵 LED 模块电路

(2) 模块实物　如图 A-36 所示。

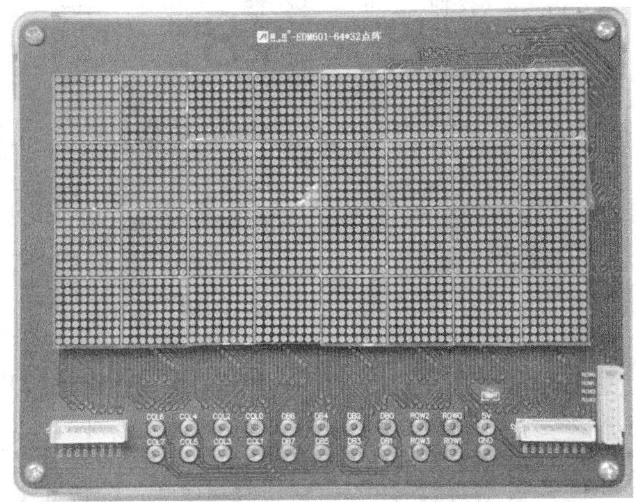

图 A-36　EDM601 64×32 点阵 LED 模块实物图

(3) 功能描述　接线端口说明：

DB0～DB7 插孔：数据信号输出端口。

COL0～COL7 插孔：列扫描选通线输出端口。

ROW0～ROW3 插孔：行扫描选通线输出端口。

排插 J2 功能与 DB0～DB7 插孔功能相同。

排插 J3 功能与 COL0～COL7 插孔插孔功能相同。

排插 J1 功能与 ROW0～ROW3 插孔功能相同。

1) 电源电路。

该模块工作电压为 4～15V，由电源模块供电。

2) 点阵 LED 模块电路。

该模块是行列扫描驱动 32×64 点阵 LED。

IC_1～IC_4、IC_{10}～IC_{17}是 74LS573 八锁存器，三态总线驱动输出。当使能端为高电平时，Q 输出将随数据输入端变化；当使能端为低电平时，输出端将锁存已有的数据电平。输出控制不影响锁存器的内部工作，即旧数据可以保持，甚至当输出关闭时，新的数据也可以置入。这种电路可以驱动大电容或低阻抗负载，可以直接与系统总线接口并驱动总线，而不需要外接口，特别适用于缓冲寄存器、I/O 通道、双向总线驱动器和工作寄存器。

IC_5～IC_9 为 ULN2003A 已在前面做过详细的介绍。使用该模块直接连接输出端口 J1、J2 和 J3 就可以了。

19. EDM602 交通灯显示模块

EDM602 交通灯显示模块属于显示器模块之一。

(1) 模块电路　如图 A-37 所示。

(2) 模块实物　如图 A-38 所示。

(3) 功能描述　接线端口说明：

排插 J1：控制红、黄、绿灯的点亮。

排插 J2：控制数码管的点亮。

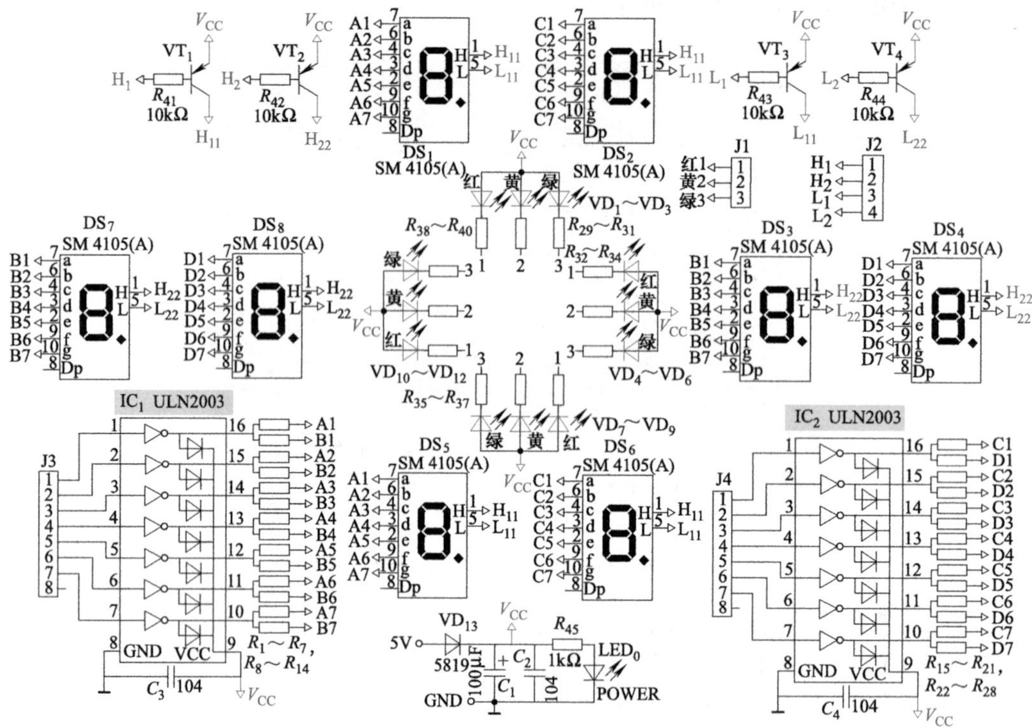

图 A-37　EDM602 交通灯显示模块电路图

图 A-38　EDM602 交通灯显示模块实物图

排插 J3：控制十位数码管数字的点亮。

排插 J4：控制个位数码管数字的点亮。

1）电源电路。

该模块工作电压为 4～15V，由电源模块供电。

2）显示电路。

该模块必须与其他模块电路综合使用，特别是连接已经设计好程序并把程序写入的微处理器才能使用，只要连接 J1、J2、J3、J4 便可以使用该模块。

IC_1（ULN2003）和 IC_2（ULN2003A）见本书前面的介绍。

20. EDM607 综合显示电路模块

EDM607 综合显示电路模块属于显示器模块之一。

（1）模块电路 如图 A-39 所示。

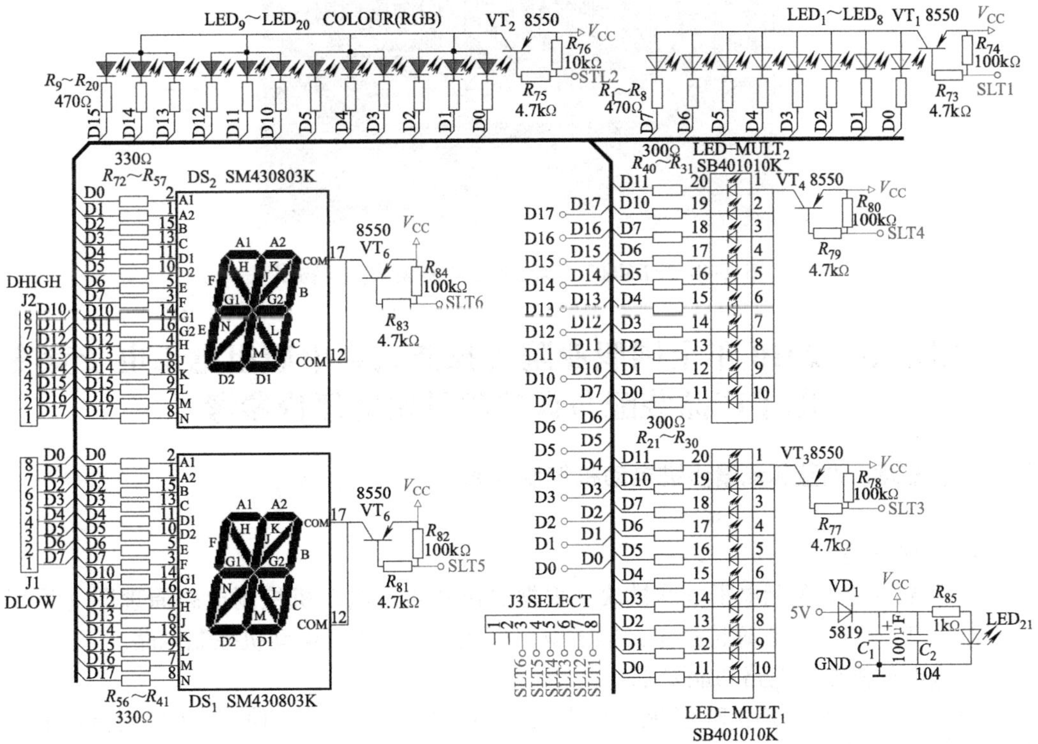

图 A-39 EDM607 综合显示电路模块电路图

（2）模块实物 如图 A-40 所示。

（3）功能描述 接线端口说明：

D0 ~ D7 插孔：控制综合管 A ~ F 段显示信号输入口。

D10 ~ D17 插孔：控制综合管 G、H、J ~ N 段显示信号输入口。

STL1 ~ STL6 插孔：控制综合管及发光二极管的点亮的信号输入口。

排插 J1 功能与 D0 ~ D7 插孔功能相同。

排插 J2 功能与 D10 ~ D17 插孔功能相同。

排插 J3 功能与 STL1 ~ STL6 插孔功能相同。

1）电源电路。

该模块工作电压为 4 ~ 15V，由电源模块供电。

2）显示电路。

这里是两位综合显示管，每块综合显示管的显示段由 16 只脚的电平控制，只有在对应管脚低电平的情况下，对应的段才会亮。除可以显示 2 位数字外，还可以显示 26 个英文字母，各段在亮时，两块集成发光二极管 LED—MULT 内对应的发光二极管同时也会亮。

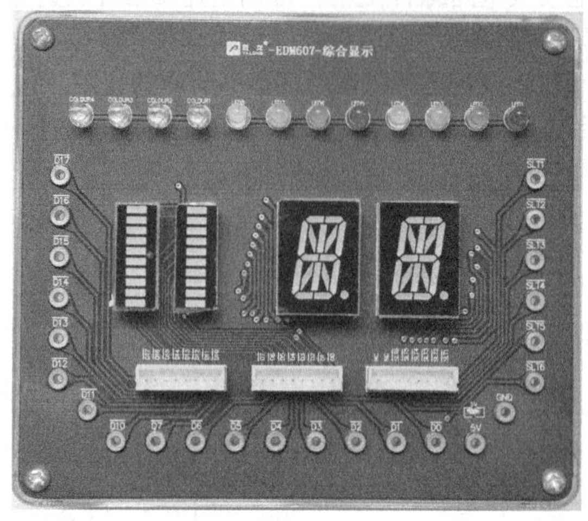

图 A-40 EDM607（综合显示电路模块）实物图

附录 B 2010 年全国职业院校技能大赛中职组电工电子竞赛电子产品装配与调试项目比赛评价参考

一、搭建、调整和测量步进电动机控制电路（本大项分 3 项，第 1 项 16 分，第 2 项 8 分，第 3 项 6 分，共 30 分）

1. 搭建电路（16 分）

使用 YL—291 单元电子电路模块，根据给出的步进电动机控制电路原理图（见图 B-1），在 YL—291 中正确选择单元电子电路模块，搭建步进电动机控制电路。

步进电动机控制电路功能要求：

（1）键盘功能 使用 F1 控制步进电动机 MS_1 的正、反转，使用 F2 控制步进电动机 MS_2 的正、反转。按“OK”键保存。（2 分）

（2）电动机转速 步进电动机转速分为 9 级，由“→”、“←”控制步进电动机 MS_1 转速级数的增减，由“↑”、“↓”控制步进电动机 MS_2 转速级数的增减。（2 分）

（3）数码管显示 DS_6、DS_7 显示电动机 MS_2 的工作状态，其中 DS_6 表示正、反转状态，DS_7 表示转速的级数；同样 DS_1、DS_2 显示电动机 MS_1 的工作状态，其中 DS_1 表示正、反转状态，DS_2 表示转速的级数。（2 分）

（4）报警 搭建电路如果出错，蜂鸣器 B_1 自动报警。（2 分）

评价参考：

1）能找出基本模块，含 EDM001（MCS51），EDM201（电容式触摸按键）或 EDM403（8 按键），EDM504（蜂鸣器），EDM505（步进电动机）2 个，EDM605（四位数码显示管），每个给 1 分，共 6 分。

2）能够完整地根据步进电动机控制电路原理图搭建电路，功能全部实现的给 8 分。没有功能的不给分。

3）排列紧凑，地线，电源线、信号线着色统一给 2 分。

使用模块搭建步进电动机控制电路实物如图 B-2 所示。

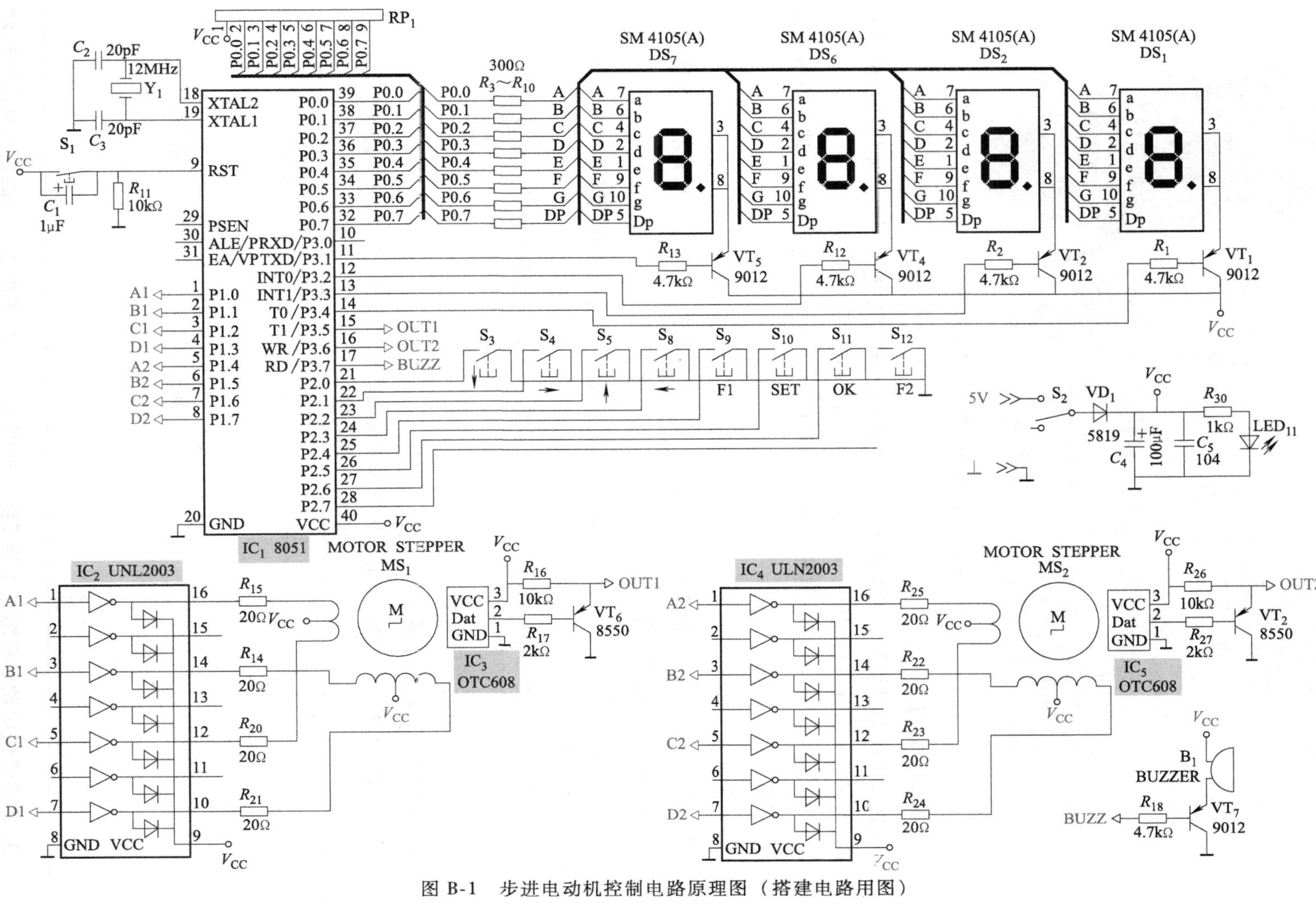

图 B-1 步进电动机控制电路原理图（搭建电路用图）

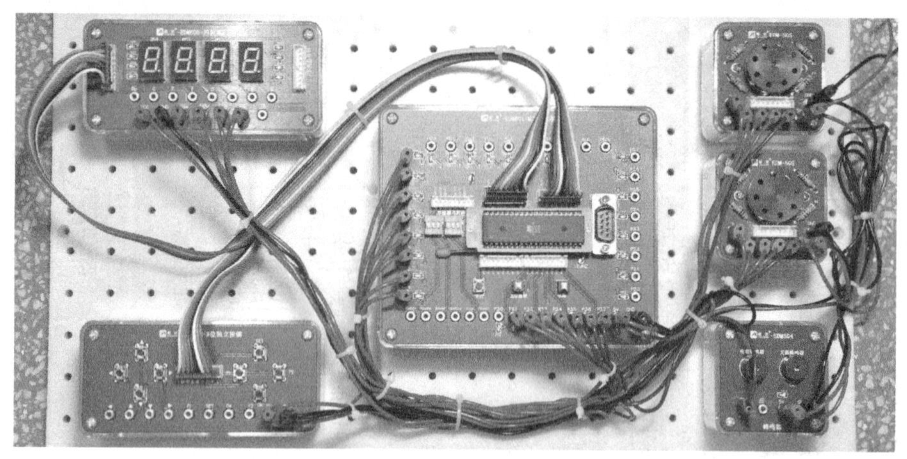

图 B-2 步进电动机控制电路实物图

2. 调整与测量（本项目分 2 小项，第 1 小项 2 分，第 2 小项 6 分，共 8 分）

根据步进电动机控制电路原理图（见图 B-1），对电路进行调整。使用提供的仪器设备对电路相关部分进行测量，并记录在相应的表格中。

1）根据步进电机控制电路原理图（见图 B-1），对电路进行调整，使步进电动机 MS_2 的转速为反转 9 级。

评价参考：

数码管 DS_1 有逆时针转动符号为逆转，DS_2 显示为 9，给 2 分。只显示一部分数字只给 1 分。没有显示的不给分。

2）根据步进电动机控制电路原理图（见图 B-1），使用仪器测量以下参数并记录在相关的表格中。

① 测量步进电动机 MS_1 的 A_1 输入端在步进电动机转速级数分别为 8 级和 7 级时，输入信号的频率。

转速 8 级，输入信号频率：17～18Hz（1 分）。

转速 7 级，输入信号频率：11～12Hz（1 分）。

② 测量步进电动机 MS_1 在正转 9 级时该模块的输出波形，并记录在表 B-1 中。

表 B-1 输出波形

波形(2 分)	周期(0.5 分)	幅度(0.5 分)
	30ms	2.5V
	量程范围 (0.5 分)	量程范围 (0.5 分)
	10ms/div	0.1V/div×10

3. 根据步进电动机控制电路原理图（见图 B-1），在下面空白处画出步进电动机控制电路的框图。（6 分）

参考框图如图 B-3 所示。

评价参考：

能把以上 6 个方框排列并画出连线，每个 1 分（步进电动机每个 0.5 分），共 6 分。只画出方框而未连线（或连错线），每个只给 0.5 分。没有用直尺而是手工画图的，扣 1 分。

特别注意的是两个步进电动机 MS_1、MS_2 与微处理器 IC_1 的连线，必须是双向线段，否则认作错误连线，每个扣 0.5 分。

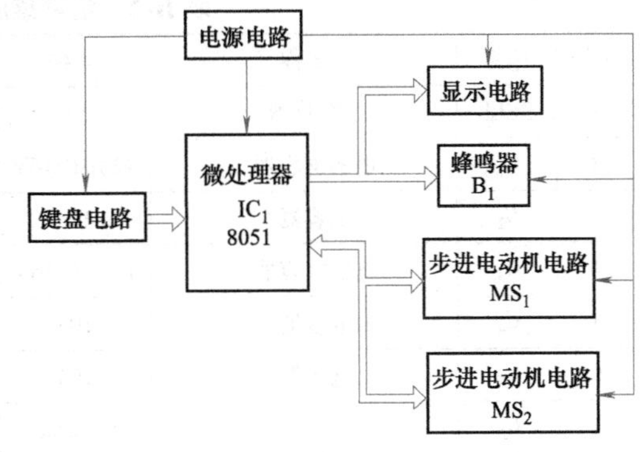

图 B-3 步进电动机控制电路框图

二、定额感应计数器装配及检测（本大项分 3 项，第 1 项 15 分，第 2 项 20 分，第 3 项 10 分，共 45 分）

1. 电子产品装配（本项分 3 小项，第 1 小项 4 分，第 2 小项 8 分，第 3 小项 3 分，共 15 分）

1）元器件选择（本小项 4 分）。

要求：根据给出的定额感应计数器电路原理图（见图 B-4）和元器件表（见表 B-2），正确无误地从赛场提供的元器件中选取所需的元器件及功能部件，并在印制电路板上（定额感应计数器）完成焊接和产品安装。

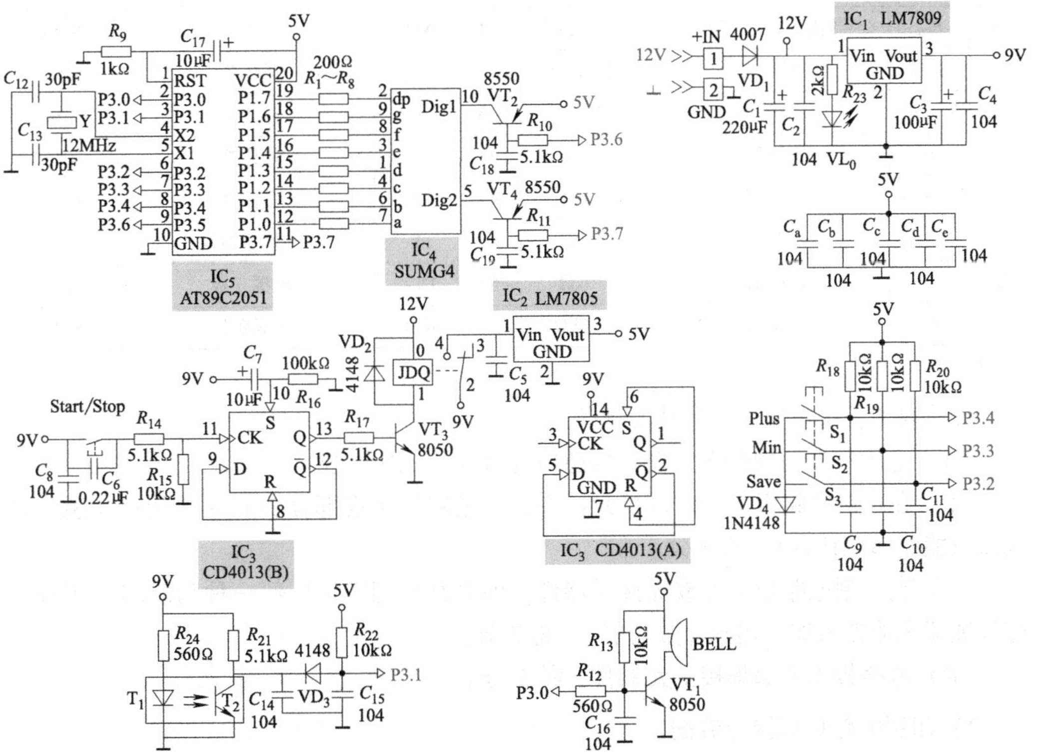

图 B-4 定额感应计数器电路图

表 B-2 定额感应计数器元器件表

序号	标称	名称	规格	序号	标称	名称	规格
1	BELL	蜂鸣器	5V	27	R_{15}	电阻器*	10kΩ
2	C_1	电解电容器*	220μF/16V	28	R_{16}	电阻器*	100kΩ
3	C_2	电容器*	104	29	R_{17}	电阻器*	5.1kΩ
4	C_3	电解电容器*	100μF/16V	30	$R_{18}\sim R_{20}$	电阻器*	10kΩ
5	C_4	电容器*	104	31	R_{21}	电阻器*	5.1kΩ
6	C_5	电容器*	104	32	R_{22}	电阻器*	10kΩ
7	C_6	电容器*	0.22μF	33	R_{23}	电阻器*	2kΩ
8	C_7	电解电容器	10μF/16V	34	R_{24}	电阻器*	560Ω
9	$C_8\sim C_{11}$	电容器*	104	35	Start	轻触按键(配按键帽)	10×10×4.3
10	$C_{12}\sim C_{13}$	电容器*	30pF	36	Save	轻触按键(配按键帽)	10×10×4.3
11	$C_{14}\sim C_{16}$	电容器*	104	37	Min	轻触按键(配按键帽)	10×10×4.3
12	C_{17}	电解电容器	10μF/35V	38	Plus	轻触按键(配按键帽)	10×10×4.3
13	$C_{18}\sim C_{19}$	电容器*	104	39	T_1	光电开关	GK152
14	$C_a\sim C_e$	电容器*	104	40	T_2		
15	IC_1	三端稳压器(配散热器)	LM7809	41	VL	发光二极管*	蓝色
16	IC_2	三端稳压器(配散热器)	LM7805	42	VD_1	二极管	1N4007
17	IC_3	集成块电路*	CD4013	43	$VD_2\sim VD_3$	二极管*	1N4148
18	IC_4	SN430502 数码管	SUMG4				
19	IC_5	集成块(配支架)	AT89C2051	44	VD_4	二极管	1N4148
20	JDQ	继电器	HG4321	45	VT_1	晶体管	8050
21	$R_1\sim R_8$	电阻器	200Ω	46	VT_2	晶体管	8550
22	R_9	电阻器*	1kΩ	47	VT_3	晶体管	8050
23	$R_{10}\sim R_{11}$	电阻器*	5.1kΩ	48	VT_4	晶体管	8550
24	R_{12}	电阻器*	560Ω	40	Y	晶体振荡器	12MHz
25	R_{13}	电阻器*	10kΩ	50	IN+	电源正极	SIP1
26	R_{14}	电阻器*	5.1kΩ	51	GND	电源负极	SIP1

*：贴片元器件。

评价参考：可按以下四种情况评价。

（A）电子产品功能全部实现定额感应计数器的工作功能，得4分。

（B）在印制电路板上完成焊接元器件，但电路只实现部分功能的（例定额感应计数器只能作递减计数），得3分。

（C）在印制电路板上完成焊接元器件，但电路未能实现任何一种功能的（定额感应计数器未能作累加、递减计数功能），得2分。

（D）电路板未全部焊接上元器件，得1分。

2）印制电路板焊接与装配（本小项分2部分，每部分各4分，共8分）

根据给出的定额感应计数器电路原理图（见图 B-4），将选择的元器件准确地焊接在赛场提供的印制电路板上。

要求：在印制电路板上焊接元器件的焊点大小适中、光滑、圆润、干净，无毛刺；无漏、假、虚、连焊，引脚加工尺寸及成形符合工艺要求；导线长度、剥线头长度符合工艺要求，芯线完好，捻线头镀锡。其中包括：

1）贴片焊接（本部分4分）。

评价参考：贴片焊接工艺按下面标准分级评价。

（A）A级：所焊接的元器件焊点适中，无漏、假、虚、连焊，焊点光滑、圆润、干净，无毛刺，焊点基本一致，没有歪焊。得4分。

（B）B级：所焊接的元器件焊点适中，无漏、假、虚、连焊，但个别（1~2个）元器件有下面现象：有毛刺，不光亮或出现歪焊。得3~3.9分。

（C）C级：3~5个元器件有漏、假、虚、连焊，或有毛刺，不光亮，歪焊。给2~2.9分。

（D）不入级：有严重（超过6个元器件以上）漏、假、虚、连焊，或有毛刺，不光亮，歪焊。得1分。

（E）完全没有贴片焊接。得0分。

2）非贴片焊接（本部分4分）。

评价参考：非贴片焊接工艺按下面标准分级评价。

（A）A级：所焊接的元器件焊点适中，无漏、假、虚、连焊，焊点光滑、圆润、干净，无毛刺，焊点基本一致，引脚加工尺寸及成形符合工艺要求；导线长度、剥线头长度符合工艺要求，芯线完好，捻线头镀锡。得4分。

（B）B级：所焊接的元器件的焊点适中，无漏、假、虚、连焊，但个别（1~2个）元器件有下面现象：有毛刺，不光亮，或导线长度、剥线头长度不符合工艺要求，捻线头无镀锡。得3~3.9分。

（C）C级：3~6个元器件有漏、假、虚、连焊，或有毛刺，不光亮，或导线长度、剥线头长度不符合工艺要求，捻线头无镀锡。得2~2.9分。

（D）不入级：有严重（超过7个元器件以上）漏、假、虚、连焊，或有毛刺，不光亮，导线长度、剥线头长度不符合工艺要求，捻线头无镀锡。得1分。

（E）超过五分之一的元器件（15个以上）没有焊接在电路板上。得0分。

3）电子产品装配（本小项3分）。

根据给出的定额感应计数器电路原理图，把选取的电子元器件及功能部件正确地装配在赛场提供的印制电路板上。

要求：元器件焊接安装无错漏，元器件、导线安装及元器件上字符标示方向均应符合工艺要求；电路板上插件位置正确，接插件、紧固件安装可靠牢固；线路板和元器件无烫伤和划伤处，整机清洁无污物。

评价参考：电子产品电路安装按下面标准分级评价。

（1）A级：焊接安装无错漏，电路板插件位置正确，元器件极性正确，接插件、紧固件安装可靠牢固，电路板安装对位；整机清洁无污物。得3分。

（2）B级：元器件均已焊接在电路板上，但出现错误的焊接安装（1~2个）元器件；或缺少（1~2个）元器件或插件；或1~2个插件位置不正确或元器件极性不正确；或元器件、导线安装及字标方向未符合工艺要求；或1~2处出现烫伤和划伤处，有污物。得2~2.9分。

（3）C级：缺少（3~5个）元器件或插件；3~5个插件位置不正确或元器件极性不正确；或元器件、导线安装及字标方向未符合工艺要求；3~5处出现烫伤和划伤处，有污物。得1~1.9分。

（4）E级：严重缺少（6个以上）元器件或插件；6个以上插件位置不正确或元器件极性不正确、元器件导线安装及字标方向未符合工艺要求；6处以上出现烫伤和划伤处，有污物。得0.5分。

定额感应计数器实物如图B-5所示。

图B-5　定额感应计数器实物图

2. 电子产品检测（本项目分2小项，每小项10分，共20分）

要求：将已经焊接好的定额感应计数器电路板，进行电路检测并实现电路工作正常。定额感应计数器电路功能请参见附件《定额感应计数器功能说明》。

在已经焊接好的电路板上，已经设置了两个故障，请根据以下说明加以排除，排除后电路才能工作正常。

（1）故障一　接上12V电源后，按Start键，发光二极管VL亮，但数码管IC_4没有显示，也不能进行其他操作。请测量IC_1（7809）的3脚，电压是<u>9（1分）</u>V，再测量IC_2（7805）的3脚电压是<u>0（1分）</u>V。IC_2（7805）1脚输入电压是<u>0（1分）</u>V。检查继电器JDQ的2脚，电压是<u>0（1分）</u>V。故障部位应该在<u>IC_1输出端3脚至IC_2输入端的部分电路（2分）</u>的位置。

用万用表检查IC_1输出端3脚到继电器JDQ的2脚之间的电路，发现电路<u>开路（2分）</u>。用导线<u>连接（2分）</u>后，再重新开机，数码管IC_4已经有显示，电源故障排除。

（2）故障二　接上12V电源，电源指示灯亮，当按下Start/Stop键后，数码显示管点亮，并显示为“00”。设置纸张数量后，数码管显示设置的数目，按Save键后，机器检测纸张时虽作递减计数，但到了“00”时未能恢复到原设定数量，说明设定纸张数量后，按 Save 键未能 保存（2 分） 。故障应在 保存（1 分） 电路上。

根据电路原理图，按下 Plus 和 Min 键时，微处理器 IC_5 的 P3.4 和 P3.3 由高（1 分）电平变为低（1 分）电平；而在按下 Save 键后，微处理器 IC_5 的 P3.2 电平始终为高（1 分）电平，说明 IC_5 "6"（1 分）脚至"Save" 键（1 分）开路。用万用表检查，发现 IC_5 6 脚至 Save 键的一个通孔开路（2 分）。用焊锡或导线连通后，Save 键保存功能恢复。

3. 定额感应计数器的功能（本项目分 5 小项，每小项 2 分，共 10 分）

评价参考：

（1）电源工作正常　接上 12V 电源，电源指示灯红灯亮（1 分），当按下 Start/Stop 键后，数码显示管点亮，并显示为"00"（1 分）。

（2）纸张检测电路工作正常　正常通电后，纸张通过光敏二极管 VD 和光敏晶体管 VT 间隙时，数码管显示数字递增。(2 分)

（3）纸张数量设定电路工作正常　正常通电后，按 Plus 或 Min 时，数码管 IC_4 显示数字也作递增或递减显示（1 分）；按 Save 键后，纸张通过光敏二极管 VD 和光敏晶体管 VT 间隙，数码管 IC_4 显示的数字递减，完成了印刷数量，数码显示管 IC_4 显示为"00"。(1 分)

（4）蜂鸣器电路工作正常　在按下 Save 键时，蜂鸣器 BELL 发出提示音（1 分）；设定纸张数后，完成了印刷纸张数量时，蜂鸣器 BELL 发出 5s 的提示音。(1 分)

（5）微处理器及显示电路工作正常：以上 4 部分正常工作时。(2 分)

三、绘画电路原理图（本项目 15 分）

内容：使用 Protel 2004 DXP 软件，根据赛场提供的某控制电路实物电路和一块印制电路板，准确地画出这个控制电路的原理图，并在电路原理图中元器件符号上标明标号和标称值（或型号）。

说明：选手在 E 盘根目录下以工位号为名建立文件夹（××为选手工位号，只取后两位），选手竞赛画出的电路图命名为 Sch××.schdoc，并存入该文件夹中。选手如不按说明存盘，将可能不予评价。

评价参考：参考图如图 B-6 所示。

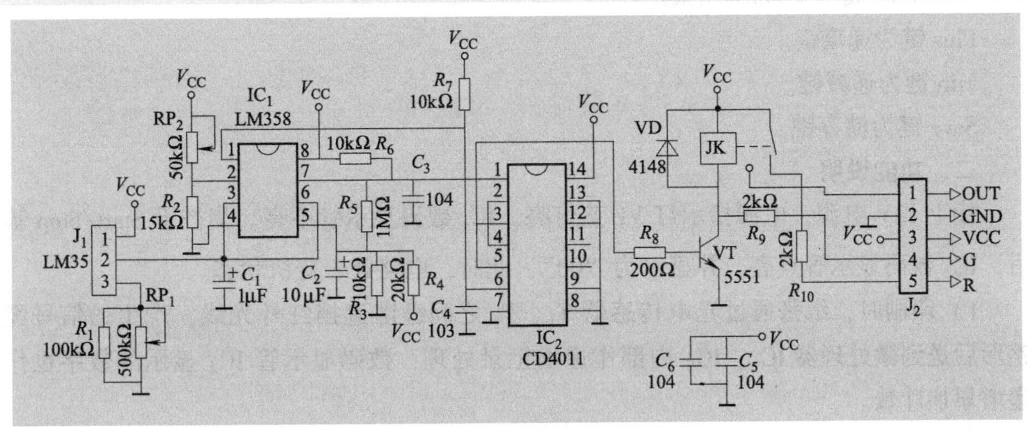

图 B-6 参考图

1. 按照要求存盘（1分）。

2. 所有元器件，包括符号（国标）、标号和标称值（或型号）等画齐（6分）。错或漏写一个扣0.2分。电阻单位不能漏写“Ω”，电容器容量单位也要完整，如“μF、pF”，不能写成“uF”。如单位没写或写错，每一种单位扣1分。

3. 元器件连线正确（5分）。错或漏画一条连线扣0.1分。

4. 整体（3分）。

1）J1、J2扣线插座，电源，地（共1分）；J1、J2缺失或没有标写可扣0.3分。J2扣线插座没有标出 V_{CC} 和地扣0.1分。

2）元器件布局合理（1分）；元器件缺失可扣0.5分。

3）走线简洁、整图美观（1分）。未完全画齐元器件的，这小项不给分。

四、职业与安全意识

操作符合安全操作规程；工具摆放、包装物品、导线线头等的处理，符合职业岗位的要求；遵守赛场纪律，尊重赛场工作人员，爱惜赛场的设备和器材，保持工位的整洁。

评价参考：

1. 工作过程安全
2. 仪器仪表操作安全
3. 工具使用安全、规范
4. 搭建模块安全摆放
5. 纪律、清洁

以上由各裁判员对所监考的选手按5项要求进行登记，再集中进行讨论，对选手的职业与安全进行评价。总分为10分。

附件　定额感应计数器功能说明

一、功能键作用

Start/Stop 键为启动/停止键。

Plus 键为递增键。

Min 键为递减键。

Save 键为储存键。

二、功能说明

接上12V电源，电源指示灯VL蓝灯亮，IC_4 数码显示管不亮。当按下 Start/Stop 键后，IC_4 数码显示管点亮，并显示为“00”，此时，电路处于待机状态。

1）印刷时，纸张通过光电传感器 T_1、T_2 之间缝隙遮挡红外光线，产生的信号经整形后送到微处理器 IC_5，IC_5 内部作递增记录处理，数码显示管 IC_4 显示的数字也作递增累加计数。

2）当设定要印刷一定数量的纸张时，可根据要求印刷纸张数按 Plus 键或 Min 键进行设定操作，每按一下 Plus 键作递增一张纸的设定记录，数码显示管 IC_4 显示数字递增；每按一下 Min 键作递减一张纸的设定记录，数码显示管 IC_4 数字作递减显示。在设定好以后，按一下 Save 键保存，且蜂鸣器发出提示音。

开始印刷纸张时，每一纸张通过光电传感器 T_1、T_2 之间缝隙时遮挡红外光线，产生的信号作输入信号，微处理器 IC_5 作递减数据处理，数码显示管 IC_4 显示的数字也作递减显示，直到显示“00”为止。此时便停止印刷，电路发出 5s 的提示音，之后数码显示管 IC_4 显示的数字回到按 Save 键时保存的数据，以后可重复上述的印刷功能。

3）当按下 Save 键后，再按 Plus 或 Min 键，两键已经不能起作用。如要重新设定印刷的数量，必须按两下 Start/Stop 键后再重复第 2 点的操作。

当再次按 Start/Stop 键后，电源停止供电，数码显示管熄灭，电路停止工作。

附录 C 电子电路常用元器件标准符号

序号	类别	名称	符号	标称	说明
1	电阻器	普通电阻器		R	
		电位器		RP	
		可变电阻器		RP	
		光敏电阻器		RG	
		热敏电阻器	θ	RT	
		压敏电阻器	U	R_Y	
2	电容器	普通电容器		C	
		电解电容器	+	C	
		可变电容器		C	
		预调电容器		C	
		同轴双联可变电容器		C	
3	电感器	普通电感器		L	
		铁氧体磁心电感器		L	

（续）

序号	类别	名称	符号	标称	说明
3	电感器	铁心电感器		*L*	
		磁心可调电感器	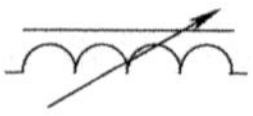	*L*	
		空心可调电感器		*L*	
4	变压器	变压器	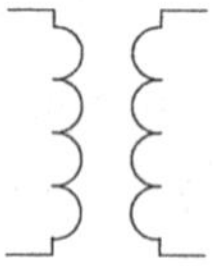	T	
		自耦变压器	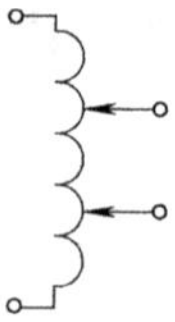	T	
5	半导体二极管	普通二极管	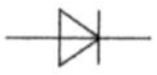	VD	
		变容二极管	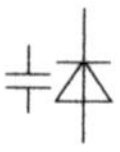	VD	
		双向二极管	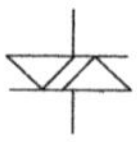	VD	
		稳压二极管		VS	
		双向稳压二极管		VS	
		发光二极管（含红外线发射二极管）		LED	
		光敏二极管（含红外线接收二极管）		VD	
		磁敏二极管		VD	
		双基极二极管	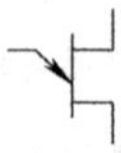	VT	

（续）

序号	类别	名称	符号	标称	说明
6	半导体晶体管	NPN 型晶体管	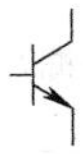	VT	
		PNP 型晶体管		VT	
		NPN 型光敏晶体管		VT	
		PNP 型光敏晶体管		VT	
		磁敏晶体管	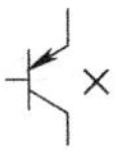	VT	
7	场效应晶体管	绝缘栅 N 沟道耗尽型		VT	
		绝缘栅 N 沟道增强型	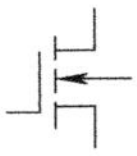	VT	
		绝缘栅 P 沟道耗尽型	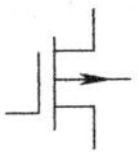	VT	
		绝缘栅 P 沟道增强型	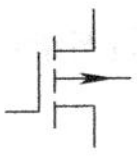	VT	
		结型 P 沟道耗尽型	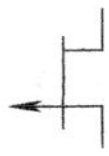	VT	
		结型 N 沟道增强型	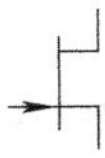	VT	
8	电池	直流电池		E	
		光电池		E	
9	晶闸管	单向晶闸管		SCR	
		双向晶闸管	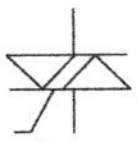	SCR	
10	石英晶体振荡器	石英晶体振荡器	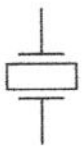	Y	

（续）

序号	类别	名称	符号	标称	说明
11	开关	单掷开关		S	
		双掷开关	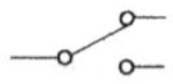	S	
		微动按钮		S	
		光电开关	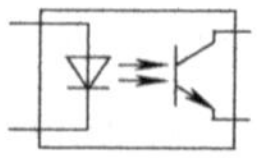	IC	
12	继电器	常开触点继电器	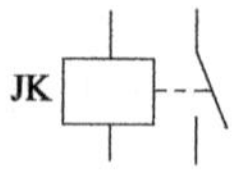 JK	JK	
		常闭触点继电器	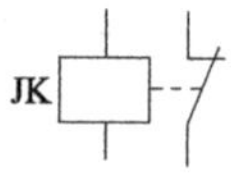 JK	JK	
		常闭、常开触点继电器	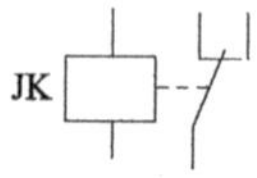 JK	JK	
		固态继电器	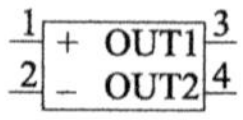 1 + OUT1 3 2 – OUT2 4	SSR	
13	电声器件	扬声器		BL	
		蜂鸣器		HA	
		传声器（话筒）		MIC	
		压电晶体	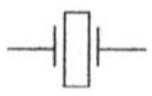	PB	
14	电动机	直流电动机	 M	M	
15	显示器	数码管	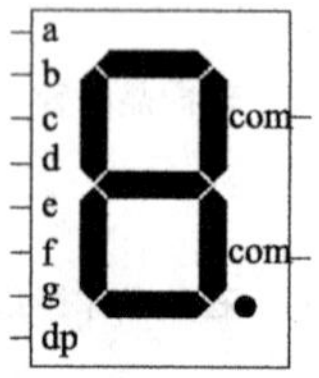 a b c d e f g dp com com	DSH	

（续）

序号	类别	名称	符号	标称	说明
15	显示器	综合管	A1 A2 B C D1 D2 E F G1 G2 H J K L M N；A1 A2 COM J F H K B G1 G2 C N M L COM D2 D1	DSH	
		液晶显示器	VSS VDD VO D/I R/W EN DB0 DB1 DB2 DB3 DB4 DB5 DB6 DB7 CS1 CS2 RST Vout LED+ LED−	LCD	
16	桥堆	整流桥堆		VD	
17	传感器	霍尔传感器	H	H	
		气敏传感器	f A A′ B B′ f′	RQ	
		压阻式压力传感器		R	
		湿敏电阻传感器		RS	
		热释电传感器	D S G 1 2 3	PIR	

（续）

序号	类别	名称	符号	标称	说明
18	灯泡	灯泡		L	
19	导线	不相连			
		一端相连			
		十字相连			
20	天线	天线		ANT	
21	地	零电位参考点		GND	
		接地		GND	

参 考 文 献

[1] 李关华，聂辉海．电子产品装配与调试备赛指导［M］．北京：高等教育出版社，2010.

[2] 赵广林．常用电子元器件识别/检测/选用一读通［M］．北京：电子工业出版社，2008.

[3] 广东、北京、广西中等职业技术学校教材编写委员会．电子技术基础［M］．广州：广东高等教育出版社，2001.